Python
でつくる
ゲーム開発 入門講座

廣瀬 豪 [著]

ソーテック社

- PythonはPython Software Foundationの登録商標です（"Python" and the Python Logo are trademarks of the Python Software Foundation.）。
- 本書中の会社名や商品名、サービス名は、該当する各社の商標または登録商標であることを明記して、本文中での™および®©は省略させていただきます。
- 本書はWindows 10およびmacOS High Sierraで動作確認を行っています。
- 本書で使用しているPythonは、Windows版・Mac版ともにバージョン3.7.3で解説しています。
- 本書掲載のソフトウェアのバージョン、URL、それにともなう画面イメージなどは原稿執筆時点（2019年7月）のものであり、変更されている可能性があります。本書の内容の操作の結果、または運用の結果、いかなる損害が生じても、著者ならびに株式会社ソーテック社は一切の責任を負いません。本書の制作にあたっては、正確な記述に努めていますが、内容に誤りや不正確な記述がある場合も、当社は一切責任を負いません。

まえがき

本書は**プロのゲームクリエイターが解説するゲーム開発の入門書**です。初心者が習得しやすい**Python**というプログラミング言語を用いてゲーム制作の技術を解説します。

筆者はゲーム業界で25年間（本書執筆時点）ゲームを作り続けています。大手ゲームメーカーと中堅ゲームメーカーに勤めた後、ゲーム制作会社を設立し、主にナムコやセガのゲーム開発に携わってきました。またゲームメーカーの老舗で、古くから多くのファンを持つケムコとタッグを組み、数多くのロールプレイングゲームを開発してきました。筆者の開発実績と、大学や専門学校でプログラミングを教えてきた経験を生かし、Pythonのプログラミングとゲーム開発の技術を分かりやすくまとめたものが本書です。**本書はPythonもプログラミングも未経験の方から、プログラミングの知識のある方まで、幅広い方々に最短でゲーム開発を学んでいただけるように構成**されています。

読者の皆さんの中には、将来ゲームクリエイターになる夢を抱く方もいらっしゃると思います。Pythonというプログラミング言語を習得したい方もおられるでしょう。本書は最初にPythonの基礎を手短に説明し、その後の多くのページをゲーム制作技術の解説に割きました。**プロの開発現場で使われる技術を元に解説**しているので、ゲームクリエイターを目指す方は、将来、実務に生かしていただけます。趣味でゲーム開発をしたい方は、もちろん十分な知識を学ぶことができます。Pythonを学びたい方も、ゲーム制作が題材ですから楽しく学んでいただけると思います。序章の最後の項（P.17）で、皆さんの技術に応じて本書をどのように活用すればよいかを説明しますので、参考になさってください。

さて、ここでゲーム開発を教える中で感じたことをお話させていただきます。ゲーム開発の授業で、生徒達は分からないところがあると「先生、ここ教えてください！」と気軽に手を挙げます。キャラクターが動いたり、凝った映像表現ができると歓声が上がることもあります。誰もが授業に前向きに取り組み、教室全体が活性化するのです。それは生徒達がゲーム作りを楽しんでいるからに他なりません。

筆者自身、趣味でも本職でも、楽しんでゲーム開発を続けてきました。**ゲームは遊ぶことも楽しいですが、作ることも楽しいコンテンツ**です。誰よりもそれを知っている筆者ですから、楽しみながらゲーム開発を学んでいただきたいと、処理の内容が分かりやすいプログラムを用意し、バラエティに富んだグラフィック素材やサウンド素材も用意しました。本書が皆さんのお役に立てることを願っています。

2019年春　廣瀬 豪

Contents

まえがき	3
はじめに〜本書のご利用方法	8
Prologue ゲームプログラマーになろう！	12

Chapter 1 Pythonのインストール

Lesson 1-1	Pythonとは？	20
Lesson 1-2	Pythonのインストール	21
Lesson 1-3	Pythonを起動しよう	26
COLUMN	ゲームクリエイターって儲かるの？	28

Chapter 2 Pythonを始めよう

Lesson 2-1	計算してみる	30
Lesson 2-2	文字列を出力する	32
Lesson 2-3	カレンダーを出力する	33
Lesson 2-4	プログラミングの準備	35
Lesson 2-5	プログラムを記述しよう	38
Lesson 2-6	入出力命令を知ろう	40
Lesson 2-7	プログラムの記述の仕方	42
COLUMN	ゲームが完成するまで	45

Chapter 3 プログラミングの基礎を学ぼう

Lesson 3-1	変数と計算式	48
Lesson 3-2	リストについて	52
Lesson 3-3	条件分岐について	55
Lesson 3-4	繰り返しについて	59
Lesson 3-5	関数について	64
COLUMN	ゲームの開発費はどれくらい？〈その1〉	70

Chapter 4 importの使い方

Lesson 4-1	モジュールについて	72
Lesson 4-2	カレンダーの復習	73
Lesson 4-3	日時を扱う	75

Lesson 4-4	乱数の使い方	78
COLUMN	RPGで逃げるのに失敗する確率	82

Chapter 5 CUIでつくるミニゲーム

Lesson 5-1	CUIとGUI	84
Lesson 5-2	クイズゲームを作る	85
Lesson 5-3	すごろくを作る	89
Lesson 5-4	消えたアルファベットを探すゲームを作る	94
COLUMN	ゲームの開発費はどれくらい？〈その2〉	99

Chapter 6 GUIの基礎①

Lesson 6-1	GUIについて	102
Lesson 6-2	ラベルを配置する	105
Lesson 6-3	ボタンを配置する	108
Lesson 6-4	キャンバスを使う	110
Lesson 6-5	おみくじを引くソフトを作る	112
COLUMN	キャンバスに図形を表示する	116

Chapter 7 GUIの基礎②

Lesson 7-1	テキスト入力欄を配置する	120
Lesson 7-2	複数行のテキスト入力欄を配置する	122
Lesson 7-3	チェックボタンを配置する	124
Lesson 7-4	メッセージボックスを表示する	127
Lesson 7-5	診断ゲームを作る	129
COLUMN	RGBによる色指定	138

Chapter 8 本格的なゲーム開発の技術

Lesson 8-1	リアルタイム処理を実現する	140
Lesson 8-2	キー入力を受け付ける	144
Lesson 8-3	キー入力で画像を動かす	147
Lesson 8-4	迷路のデータを定義する	153
Lesson 8-5	二次元画面のゲーム開発の基礎	157

COLUMN	ゲームソフトを完成させるには	160
Lesson 8-6	ゲームとして完成させる	162
COLUMN	デジタルフォトフレームを作る	169

Chapter 9 落ち物パズルを作ろう！

Lesson 9-1	ゲームの仕様を考える	172
Lesson 9-2	マウス入力を組み込む	174
Lesson 9-3	ゲーム用のカーソルの表示	177
Lesson 9-4	マス上のデータを管理する	180
Lesson 9-5	ブロックを落下させるアルゴリズム	183
Lesson 9-6	クリックしてブロックを置く	186
Lesson 9-7	ブロックが揃ったかを判定するアルゴリズム	190
Lesson 9-8	正しいアルゴリズムを組み込む	196
Lesson 9-9	タイトル画面とゲームオーバー画面	200
Lesson 9-10	落ち物パズルの完成	208
COLUMN	winsoundで音を鳴らす	215

Chapter 10 Pygameの使い方

Lesson 10-1	Pygameのインストール	218
Lesson 10-2	Pygameのシステム	223
Lesson 10-3	画像を描画する	227
Lesson 10-4	図形を描画する	232
Lesson 10-5	キー入力を行う	236
Lesson 10-6	マウス入力を行う	239
Lesson 10-7	サウンドを出力する	241
COLUMN	Pygameで日本語を使う	244

Chapter 11 本格RPGを作ろう！ 前編

Lesson 11-1	ロールプレイングゲームについて	248
Lesson 11-2	迷路を自動生成する	252
Lesson 11-3	ダンジョンを作る	259
Lesson 11-4	ダンジョン内を移動する	265

Lesson 11-5	戦闘シーンを作る　その1	272
Lesson 11-6	戦闘シーンを作る　その2	278
Lesson 11-7	戦闘シーンを作る　その3	282
COLUMN	ゲームの画面演出	287

Chapter 12　本格RPGを作ろう！　後編

Lesson 12-1	ロールプレイングゲームの全体像	292
Lesson 12-2	ファイルのダウンロードとプログラムの実行	295
Lesson 12-3	プログラムリスト	298
Lesson 12-4	プログラムの詳細	312
COLUMN	Pythonでのファイル処理	320

Chapter 13　オブジェクト指向プログラミング

Lesson 13-1	オブジェクト指向プログラミングについて	324
Lesson 13-2	クラスとオブジェクト	327
Lesson 13-3	tkinterを使ってオブジェクト指向を学ぶ	331
Lesson 13-4	オブジェクト指向プログラミングをもっと学ぶ	338
COLUMN	筆者も苦労したオブジェクト指向プログラミング	341

Appendix　池山高校Python研究部

Intro	ゲームをつくろう！	344
1つ目	一筆書き迷路ゲーム	346
2つ目	英単語学習ソフト	353
3つ目	ブロック崩し	358

| あとがき | 368 |
| 索引 | 370 |

はじめに　本書のご利用方法

　ここでは、本書に登場する二人の女性ナビゲーターと、これから作るゲームの紹介、サポートページの利用方法など、はじめに知っておいてほしい事柄を紹介します。

▶▶▶ 登場人物プロフィール

　本書は、ゲーム開発で業績を残し、また教育現場でプログラミングを指導している筆者が、Pythonを用いたゲーム開発の技術を余すところなく解説していきます。

　そこで協力していただくのが、ここで紹介する二人の女性です。いずれもPythonのエキスパートであり、読者の皆さんが躓きがちな点をフォローしながら、正しい理解へと導く案内役として活躍します。

水鳥川すみれ
IT企業の若き女性経営者で、母校の慶王大学で客員准教授もしている。
夢は「これまでにない斬新なSNSサービスを作ること」

白川いろは
慶王大学大学院 電子情報研究科に在籍する大学院生。
Pythonが得意な理系女子。
大学生の時に受けた、すみれが教えるプログラミングの授業でPythonの楽しさに目覚め、大学院に進みプログラミングとアルゴリズムの研究をしている。すみれの授業のTA（ティーチングアシスタント）をしている。
夢は「簡単に記述できるプログラミング言語を自分の力で作ること」
悩みは「寝癖がひどく、髪型がまとまらないこと」

▶▶▶ こんなゲームを作ります

　本書では、「最終的に本格RPGを作成する」ことを目標に、合計9つのゲームを作っていきます。はじめはシンプルなものからはじめ、徐々に高度なものへとレベルアップしていきます。また、特別付録として3つのゲームプログラムを提供します。

　すべてを作り終えた時、あなたのスキルは何倍にも成長していることでしょう。

Chapter 5

- **クイズゲーム**
問題を出力し、ユーザーが入力した答えを判定するプログラムを作ります。

- **すごろく**
関数や乱数を用いた、コンピュータと対戦できる"すごろく"のプログラムです。

- **消えたアルファベットを探すゲーム**
表示されるアルファベットの中で抜けている文字を探すというプログラムです。

Chapter 6 おみくじを引くゲーム

ウィンドウに巫女さんを表示し、ボタンを押すとおみくじの結果を表示するプログラムです。大吉、中吉、小吉、凶がランダムで表示されます。

Chapter 7 ネコ度診断アプリ

前世は猫だったのかを診断するアプリです。「食べたことのあるラーメンの種類でラーメン好きかを診断する」など、色々なテーマに応用できます。

Chapter 8 迷路の床を塗るゲーム

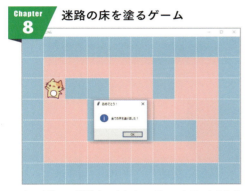

ネコを動かし「迷路内の床をすべて塗ることができたらクリア」というゲームです。応用次第では、タイトル画面の追加やステージ数の増加も可能です。

Chapter 9 落ち物パズル

同じ色のネコを縦、横、斜めいずれか3つ以上揃えると消すことができ、それによってスコアが入るゲームです。タイトル画面、ゲームオーバー画面の表示などにも対応。

Chapter 10 アニメーション

Pythonの拡張モジュール「Pygame」を用い、勇者の一行が歩いていくアニメーションを表示するプログラムです。Pygameの基礎と、画面のスクロールについて学ぶことができます。

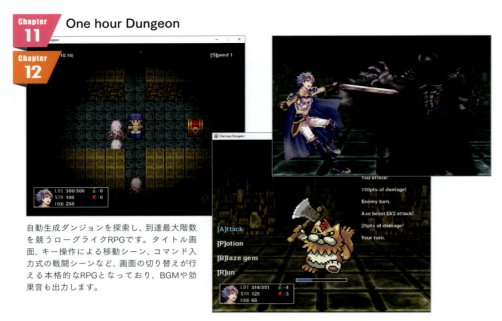

Chapter 11 / Chapter 12　One hour Dungeon

自動生成ダンジョンを探索し、到達最大階数を競うローグライクRPGです。タイトル画面、キー操作による移動シーン、コマンド入力式の戦闘シーンなど、画面の切り替えが行える本格的なRPGとなっており、BGMや効果音も出力します。

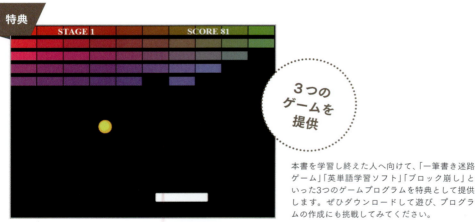

特典　3つのゲームを提供

本書を学習し終えた人へ向けて、「一筆書き迷路ゲーム」「英単語学習ソフト」「ブロック崩し」といった3つのゲームプログラムを特典として提供します。ぜひダウンロードして遊び、プログラムの作成にも挑戦してみてください。

⟫⟫⟫ サンプルプログラムの利用方法

　　本書に掲載しているサンプルプログラムは、書籍サポートページからダウンロードできます。下記URLからアクセスしてください。

- **書籍サポートページ**　　http://www.sotechsha.co.jp/sp/1239/

　　サンプルプログラムはパスワード付きのZIP形式で圧縮されていますので、P.373のパスワードを入力して解凍してお使いください。次ページの図のように、各Chapterごとにフォルダに分けて保存されています。

本書の解説ごとに、どのサンプルプログラムを使っているのかは、そのつどフォルダ名とファイル名を明記してあります。ご自身でプログラムを入力してもうまく動作しないときなどは、該当するフォルダを開き、サンプルを参照してください。

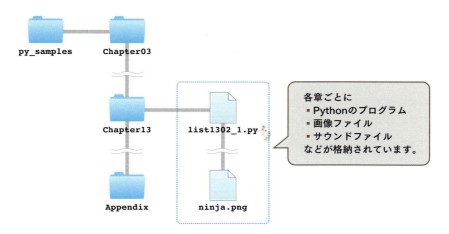

▪ プログラムの表記について

本書掲載のプログラムは以下のように、**行番号・プログラム・解説**の3列で構成されています。1行に収まりきらない長いプログラムの場合は行番号をずらし、空行を入れることで表現しています。なお、プログラムの色は、Pythonの開発ツールIDLEのエディタウィンドウに表示される色と同じにしています。

リスト▶list0602_1.py

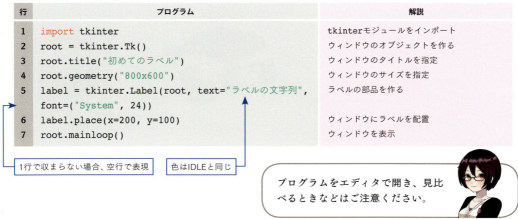

▪ 注意事項

プログラム、画像、サウンドなど、すべてのサンプルファイルの著作権は、著者が所有しています。ただし、読者の皆さんが個人的に利用する限りにおいて、プログラムの改良や改変は自由に行なえます。

Prologue ゲームプログラマーになろう！

　序章では、様々な開発の現場を経験してきた筆者が、ゲームプログラマーについて話をさせていただきます。ゲーム業界に興味のある方もいらっしゃると思いますので、「ゲーム業界とゲーム開発は、ずばり、こういうもの」という話を交えて説明します。
　本書は皆さんが最短でゲームを作れるようになることを目指し、内容を構成しています。この章の最後の項で、皆さんのレベルに合わせた本書の活用方法も説明します。

コンピュータゲームのプログラミングを学ぶ準備として、ゲーム業界やゲーム開発についての話を聞いてみましょう。

01. ゲーム業界とゲームクリエイター

　「ゲーム業界とはどのような産業であるか」と「ゲームを作る職業」の話から入りましょう。ゲーム産業は図0-1-1のように、ゲームメーカーが開発したゲーム機やソフトをユーザーが購入したり、ゲーム内で課金することで、企業と消費者の間で商品とお金が回る仕組みになっています。

図0-1-1　ゲーム産業

　「そんなこと知ってるよ」とか「改めて考えると、どこの業界も一緒だね」という声が聞こえてきそうです。ではもう少し詳しく説明します。

ゲーム業界の市場は業務用と家庭用に分かれます。業務用のゲーム市場とは、ゲームセンターに置かれるゲームと機械の製造、及びゲームセンターの運営です。家庭用ゲーム市場は、家庭用のハードウェアとソフトウェアからなる市場です。

ここでは**家庭用ゲームの市場**について詳しくお話します。

主なハードウェアには家庭用ゲーム機、スマートフォン、パソコンがあります。家庭用ゲーム機の分野では、長年、任天堂とソニーが覇権を争っていることをご存知の方も多いでしょう。2010年代にはスマートフォンのゲームアプリの市場[1]が家庭用ゲーム機の市場を上回り、多くのゲームメーカーがスマホ用のゲームアプリ、特にソーシャルゲームの開発に力を入れています。

家庭用ゲームの商品は、ゲーム機やパッケージされたゲームソフトのように実体のあるものと、スマホにダウンロードして遊ぶアプリのように実体のないデジタルデータに分かれます。光ディスクなどの媒体に記憶され、説明書などと共にパッケージされたゲームを**パッケージソフト**といいます。スマートフォンやパソコンなどに直接ダウンロードするゲームは、ダウンロード型アプリや**ダウンロード型ソフト**と呼ばれます。

パッケージソフトとして販売されるゲームもダウンロード型のゲームも、ゲームクリエイター達がチームを組んで開発します。ゲームクリエイターには**表0-1-1**のような職種があります。

例えば大規模なプロジェクトなら30〜40人が開発に参加します。その場合、プランナーだけで数名、グラフィックデザイナーが十数名参加……といったチームもあります。筆者がゲームメーカーの社員だった時は、10名前後のチームで業務用ゲーム機や家庭用ゲームソフトを開発しました。自分の会社を作ってからは1チーム数名程度でゲーム開発を行ってきました。どの職種のクリエイターが何名参加するかは、開発するゲームの内容や会社規模によって変わってきます。

次は、これらの職種のうち、ゲームプログラマーについて詳しく見ていきましょう。

表0-1-1　ゲームクリエイターの種類

職種	主な仕事
プロデューサー	開発全体を指揮する
ディレクター	スケジュールなど開発工程を管理する
プランナー	ゲームの内容、仕様を考案する
ゲームプログラマー	プログラムを記述し、ゲームを動くものにしていく
グラフィックデザイナー	グラフィックデータを制作する
サウンドクリエイター	BGMや効果音を制作する
デバッガー	開発中のゲームの不具合を探したり、ゲームの難易度について意見を出す

※1：ここで言う「市場」とは、ゲーム業界全体の1年間の売り上げを指します。

図0-1-2　ゲームはクリエイター達がチームで開発する

POINT

クリエイターだけが働いているわけではない

「ゲーム業界で働く」というと、皆さんはどのようなイメージを思い浮かべますか？

多くの方は、クリエイター達がプログラミングしたり絵を描いたりして、ゲームを作っていく様子を思い浮かべるのではないかと思います。もちろんその通りですが、ゲーム業界ではクリエイターだけが働いているわけではありません。

営業や販売部門ではその会社のゲームを売るために働く人達がいますし、ある程度規模の大きな会社なら、事務、経理、人材管理などを行う部署で何人もの人達が働いています。ゲーム業界全体を見ると、ゲームセンターを運営するナムコ、セガ、タイトーなどでは、全国各地のゲームセンターで働く社員やアルバイトスタッフがいます。業務用ゲームの部品製造や、プライズマシン用の景品の製造、輸入などを仕事とする方々もいます。

つまり、ゲーム業界にも様々な分野の仕事があるのです。

02. ゲームプログラマーとは

　ゲームプログラマーの仕事は、プランナーなどが考案した仕様書を元にプログラムを記述し、ゲームを実際に動くものにしていくことです。プログラマーはプログラミングの能力と担当分野によって、大きく**表0-2-1**のように分かれます。

　その他、スマートフォン用ゲームなど、ネットワークを介してデータをやりとりするゲームの開発では、サーバー側のプログラミングを担当するプログラマーが開発に参加します。

表0-2-1　ゲームプログラマーの種類

職種	主な仕事
システムプログラマー	ゲームを作るベースとなるシステムプログラムを開発する
メインプログラマー	ゲームのメイン部分を開発する。例えばアクションゲームでは、ゲーム全体の流れと主人公を動かす処理を制作できる技術を持つ人がメインプログラマーになる
サブプログラマー	ゲームのサブ的な処理を担当する。これもアクションゲームを例に挙げると、敵の動きやメニュー画面を作れる人材がサブプログラマーになる

　またプログラマーはゲーム本体だけでなく、ゲーム開発に必要なツールソフトを作ることもあります。例えば、ロールプレイングゲームの開発では、地図データを制作するマップエディタや、モンスターのデータを効率良く管理するためのツールソフトなどを作ります。

図0-2-3　複数のプログラマーが役割を分担

　複雑な内容や高度な機能を持つソフトウェアは、一般的に複数のプログラマーが参加して開発します。

　ゲームも同じで、例えばシステムプログラマー1名、メインプログラマー1名、サブプログラマー3名の計5人のプログラマーで1つのゲームソフトを開発するという形です。その場合はシステムプログラマーかメインプログラマーのどちらかがリーダーとなり、チームをまとめながら開発を行います。

15

03. ゲームプログラマーになるには？

　ゲームプログラマーになるにはどうすればよいでしょうか？　そのヒントをお伝えします。
　ゲームプログラマーを2つに分けて考えてみましょう。1つは本職としてのゲームプログラマーで、これはゲーム会社で働く正社員や契約社員の方達です。もう1つはゲーム業界以外で働きながら、個人的な活動でゲームプログラマーをしている方々です。

▪ 本職のプログラマー

　まずは本職としてゲームプログラマーを目指す方へのヒントです。ゲームプログラマーになるにはゲーム会社の入社試験に合格する必要があります。ゲーム会社は入社する時点でゲームを作ることのできるプログラマーを募集します。新卒者、中途採用者とも、入社した時点で即戦力となるプログラミング能力が要求されるのです。
　ゲームクリエイターの募集では一般的に作品提出があります。作品とはプログラマーであれば自分で作ったゲームのプログラム、デザイナーであればイラストや3DCGのデータです。本書は本職としてゲームプログラマーを目指す方を念頭に、プログラミングの知識と技術を解説しています。ゲーム会社の入社試験に提出する作品は、C系言語やJavaで作ることが条件となることもありますが、本書で学ぶプログラミングとゲーム開発の技術は、他の言語にも応用が利くので幅広く役に立ちます。
　提出作品はゲーム内容がチェックされるだけでなく、ゲーム会社のプログラマーが、そのプログラムがどのように記述されているかを確認します。ゲームがフリーズするなどの重大なバグがあったり、処理の内容が判読しにくいプログラムでは不採用になる可能性が高く、バグのない正確なプログラムであれば合格する可能性が高くなります。
　バグは無駄な記述の多いプログラムほど発生しやすいものです。本書掲載のプログラムは極力シンプルな記述を心がけました。採用試験に挑む方にとっては、「無駄のないプログラム」の手本として参考にしていただけます。

▪ 趣味のプログラミング

　次に個人的な活動を行うゲームプログラマーを目指したい方へのヒントをお伝えします。
　ゲーム関連とは別の仕事をしながら、個人や同人でゲームを作りネットで配信する方がいます。そのような活動を目指すのであれば、プログラミングとゲーム開発の技術を学び、ご自分で完成させたオリジナルゲームをネットで発表することで、その時点でゲームプログラマーとしてスタートできます。
　完成したゲームを不特定多数の人達に遊んでもらい、ネットの交流手段として用いたり、収益につなげたいと考える方もおられると思います。今はインターネットで個人の作品を発表できる素晴らしい時代ですので、ぜひそれを実現なさってください。
　では、ゲームプログラミングの技術は、どのようにして身につければよいのでしょう？　次は本書での学習の流れを説明します。

04. 本書の活用の仕方

　各章で学ぶ内容をまとめました。**図0-4-1**を参考に、皆さんのプログラミングのレベルに合わせて本書を活用していただければと思います。

　例えば既にPythonを使っている方なら、Chapter 5からスタートできます。Pythonはかじったけど、まだ自信がないという方なら、Chapter 3から始めましょう。Pythonを使いこなしており、本格的なゲーム開発のためにPygameを導入したいという方なら、Chapter 10からスタートするのが良いでしょう。

図0-4-1　ゲーム開発を習得するためのロードマップ

　趣味でゲームプログラミングをしたい方や同人作品を作りたい方は、Chapter 9までの知識と、あとは皆さんの努力次第でオリジナルゲームが作れるようになります。

　Pythonで高度なゲームを作りたい方に役立つのが、Chapter 10のPygameの知識です。Chapter 11と12ではPygameを用いてロールプレイングゲーム（RPG）を作ります。筆者の知る限り、**RPGが作れる技術のあるプログラマーなら、その他の多くのジャンルのゲーム**

==を制作できます==。RPG開発にはそれだけ高い技術力が必要だからです。本書ではその技術をできるだけ分かりやすく説明しています。

　本職としてプログラマーを目指す方のために、最後のChapter 13ではオブジェクト指向プログラミングを学べるようになっています。

　Pythonはやさしいプログラミング言語ですが、プログラミング初心者の方は難しいと感じる内容もあると思います。分からない箇所があったら、そこに付箋紙を貼るなり印を付けるなりして先へ進みましょう。最初は分からないことも、プログラミングの知識が増えるにつれて理解が伴うので、付箋を貼った箇所を後で読み返してください。

わたしたちがナビゲートしていきます。プログラミング未経験の方も気楽に読み進めてください。

COLUMN

プログラマーのメリット

　プログラマーのメリットはずばり、転職しやすいこと、そして独立しやすいことです。これは筆者がプログラマーとして活動してきた経験を踏まえた上での結論です。筆者はナムコではプランナーとして働いていましたが、プログラミングができたので任天堂の子会社に転職できました。そしてプログラミングの能力があったので自分の会社を設立することができました。

　コンピュータ関連の産業やコンピュータを使って行うビジネスは発展・拡大を続けており、今後もそれは続くでしょう。多くの企業が常時、プログラマーなどの技術者を募集しています。技術をしっかり身につけた人達には仕事があります。プログラミングができるということは手に職があるということです。正確なプログラミングができる能力は"資格"に当たるといっても過言ではありません。

　皆さんの中には「ゲーム制作会社を作りたい！」という野心を燃やされている方がおられるかもしれません。プログラマー、プランナー、デザイナーなどのクリエイターの中で、最も独立しやすいのはプログラマーです。ゲームを開発するにはグラフィックデータやサウンドデータなどが必要ですが、それらの素材はインターネットで仕事を請け負うクリエイターを探したり、素材制作を請け負う会社に発注すれば、いくらでも用意することができます。もちろん制作費は必要ですが、プログラマーであれば手に入れた素材を使ってゲームを組み上げていくことができます。一方、プランナーやデザイナーが独立して会社を作りたいと考えても、プログラマーを見つけることはなかなか難しいのです。

　「働いて食べていく」ということを考えた時、プログラミングの技術は武器になります。

この章ではPythonというプログラミング言語について説明し、皆さんのパソコンにPythonをインストールします。インストールや設定が難しいプログラミング言語もありますが、Pythonのインストールは簡単です。そしてインストールが済めばすぐに使うことができます。

Pythonのインストール

Chapter 1

Lesson 1-1 Pythonとは？

コンピュータのソフトウェア開発はプログラミング言語を用いて行います。プログラミング言語には様々な種類があり、Pythonはその中の1つです。

図1-1-1　様々なプログラミング言語

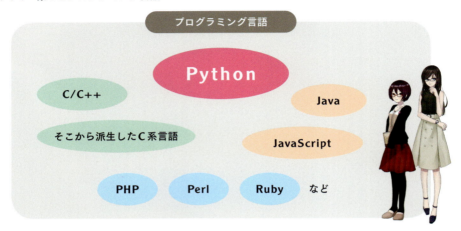

　メジャーなプログラミング言語をリストアップしてみました。これらの中でPythonは記述の仕方がシンプルで覚えやすい言語です。Pythonのプログラムは記述してすぐに実行でき、動作を確認できるため、初心者が学ぶのにうってつけのプログラミング言語といえます。
　Pythonには多方面に渡るプログラムを開発できる機能が充実しています。Pythonをインストールした時点でみなさんのパソコンに入る標準ライブラリには、様々なソフトウェア開発を可能にするモジュールが用意されています。例えばカレンダーを扱うモジュール、グラフィカルユーザインタフェース（GUI）を扱うモジュール、平方根や三角関数など数学の計算を行うモジュールなどがあり、他にも様々なものがあります。
　標準ライブラリのモジュール以外にも、世界中の開発者が様々な機能を持ったモジュールを開発しており、それらの拡張モジュールも自由に利用できます。本書では標準ライブラリを使ったゲーム制作を学んだ後、Pygameという拡張モジュールを用いて本格的なロールプレイングゲームを開発します。

> ホームページを記述する言語にHTMLがあります。HTMLはマークアップ言語と呼ばれ、PythonやC言語などのプログラミング言語と区別されます。

Lesson 1-2 Pythonのインストール

　Pythonはバージョンに2.x系と3.x系があります。2.x系は開発が終了しており、3.x系への切り替えが進んでいます。本書では将来性のある「バージョン3.x系」を用います。
　WindowsとMacそれぞれのインストール方法を説明します。Macをお使いの方はP.23へお進みください。

≫≫ Windowsパソコンへのインストール方法

WebブラウザでPython公式サイトにアクセスします。

https://www.python.org/

図1-2-1　Python公式サイト

❶「Downloads」をクリックし、❷「Python 3.*.*」のボタンをクリックします。

図1-2-2　インストーラをダウンロード

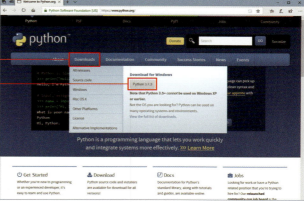

❸「実行」か「保存」を選んでインストールを始めます。「保存」を選んだ場合は、パソコンにダウンロードしたインストーラを実行します。

図1-2-3　インストーラを実行

3　選択します（通常は「実行」をクリックして構いません）

❹「Add Python 3.* to PATH」にチェックを入れ、❺「Install Now」をクリックしてインストールを進めます。

図1-2-4　インストールを進める

5　クリックします

4　チェックを入れます

❻「Setup was successful」の画面で「Close」をクリックします。これでインストールは完了です。

図1-2-5　インストール完了

6　クリックします

POINT

本書を執筆するにあたり複数のパソコンでインストールを試したところ、「実行」を選んだ時、「Setup Progress」の画面で「Initialling...」という表示が出たまま、数分間止まったようになるパソコンがありました。しばらく放っておいたらインストールが進み、無事、「Setup was successful」まで行きました。パソコンやネット環境によってはインストールに少し時間がかかるかもしれません。

▶▶▶ Macへのインストール方法

WebブラウザでPython公式サイトにアクセスします。
https://www.python.org/

図1-2-6　Python公式サイト

❶「Downloads」をクリックし、❷「Python 3.*.*」のボタンをクリックします。

図1-2-7　インストーラをダウンロード

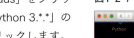

❸ダウンロードした「python-3.*.*-macosx***.pkg」をクリックします。

図1-2-8　インストーラを開く

3　pkgファイルをクリックします

❹「続ける」を選び、インストールを開始します。

図1-2-9　インストール開始

4　クリックします

❺使用許諾に「同意する」を選び、インストールを続けてください。

図1-2-10　使用許諾に同意

5　クリックして続けます

24

❻カスタマイズなどは必要ありません。そのままインストールを続けます。

図1-2-11　インストール

6　クリックします

❼インストールが終わったら、「閉じる」をクリックします。これでインストールは完了です。

図1-2-12　インストール完了

7　クリックします

Lesson 1-3 Pythonを起動しよう

　Pythonには統合開発環境と呼ばれる、プログラムを入力し、実行する機能を持つツール「IDLE」が付属しています。本書では、このIDLEを使ってプログラムの入力や実行確認を行います。
　まずは一般的には統合開発環境とはどのようなものなのかを説明し、その後PythonのIDLEを起動するところまで進めます。

>>> 統合開発環境について

　統合開発環境とは、ソフトウェア開発を支援するツールです。それらの多くはインターネットからダウンロードして、無料で使うことができます。高度なものになると、プログラムを少しずつ実行して不具合を見つける機能があったり、開発に使う画像データやサウンドデータを管理するツールが付いています。統合開発環境はIntegrated Development Environmentの頭文字をとってIDEとも呼ばれます。
　Pythonに付属するIDLEは機能が絞られたシンプルな統合開発環境ですが、プログラミング初心者の学習や趣味のゲーム制作であれば、これだけでも十分開発することができます。そこで本書では、プログラミングの学習からゲーム制作まで、すべてのレッスンをこのIDLEを用いて解説します。

> もちろんIDLEに限らず、皆さんが使い慣れたテキストエディタがあれば、そちらを使っていただいてもかまいません。無料で使えるテキストエディタには「Brackets」や「Sublime Text」などがありますが、それらについてはChapter 2で改めて紹介します。

>>> IDLEの起動

　では、IDLEを起動してみましょう。WindowsとMacは、それぞれ次の方法で起動してください。

▪ WindowsでIDLEを起動する

　「スタートメニュー」→「Python3.*」→ IDLE(Python3.* **-bit)」を選び、IDLEを起動します。

図1-3-1　Windowsの場合

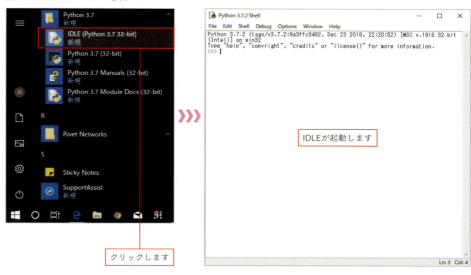

クリックします

IDLEが起動します

MacでIDLEを起動する

LaunchpadからIDLEを選びます。

図1-3-2　Macの場合

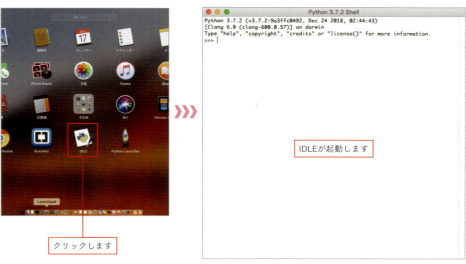

クリックします

IDLEが起動します

次の章ではこのIDLEに簡単な計算式や命令を入力し、動作を確認していきます。

COLUMN

ゲームクリエイターって儲かるの？

　結論から先にいいましょう。ヒット作を出し、一生遊んで暮らせるほどの富を築くゲームクリエイターもいれば、万年安月給で頑張っているゲームクリエイターもいます。とても高収入の人から、かなり低収入の人まで、実に幅広い収入があるのがゲーム業界です。

　ゲームソフトは当たり外れの大きい商品です。何億円も開発費をかけて作ったゲームの実売が数千万円だったという話はざらにあります。逆に数千万円で作ったゲームが何億円、あるいは何十億円も稼いでくれたというラッキーな話もあります。多くのタイトルは赤字か、良くてとんとん（なんとか開発費と同額程度売れる）というのがゲームという商品です。その中でドーン！と売れるものがあり、ヒット作が出た時にゲーム会社の経営者達がほっと胸を撫で下ろすというのが、この業界なのです。

　筆者の経営する制作会社は小さな法人ですので、億単位のお金を使うプロジェクトとは縁がありませんが、過去には2000万円以上かけて作ったゲームの売り上げが、開発費の十分の一程度だったことがありました。逆に開発費の何倍もの利益をもたらしてくれた作品もあります。

　ヒット作に恵まれなくても、長年コツコツとゲームを作り続けている友人がいます。彼は経験豊富で人脈も豊かになり、楽しんでクリエイターを続けています。ゲーム開発会社を設立して成功した友人達もいれば、経営していた会社が倒産しゲーム業界から離れた知人もいます。ゲームを大ヒットさせる夢を追うもよし、楽しみながらコツコツと開発を続けるもよし、というのがゲームクリエイターという職業ではないかと思います。

> Pythonのプログラミングを始めましょう。初めはIDLEに直接、計算式や命令を入力し、コンピュータに簡単な処理をさせてみます。基本的な操作に慣れたら、次はプログラムファイルを作成し、プログラムを入力します。

Pythonを始めよう

Chapter 2

Lesson 2-1 計算してみる

IDLEを使って簡単な計算を行い、コンピュータに四則算をさせる記述を学びます。

>>> IDLEを計算機として使う

IDLEを起動します。IDLEを起動した状態が**シェルウィンドウ**（Shell window）です。

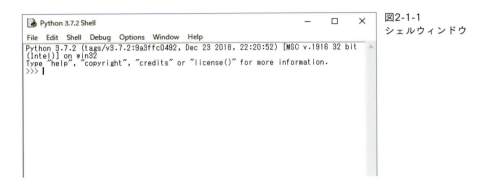

図2-1-1
シェルウィンドウ

シェルウィンドウに表示された「>>>」は**コマンドプロンプト**あるいはプロンプトと呼ばれます。コマンドプロンプトは命令の入力を促すものです。そこへ次のように「1+2」と入力し、Enterキーを押してください（MacではreturnキーЏ以後の説明はEnterで統一します）。**コンピュータへの命令は半角文字で入力する決まり**なので、数字も「+」の記号も半角文字としてください。

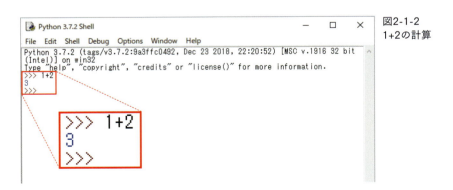

図2-1-2
1+2の計算

計算結果の3が出力されました。
次に「10-3」と入力し、Enterキーを押してみましょう。計算結果の7が出力されます。IDLEのシェルウィンドウは計算機と同じ機能も備えています。

四則算の演算子

コンピュータで四則算（足し算、引き算、掛け算、割り算）を行う記号は次のようになります。計算に使うこれらの記号を **演算子** といいます。

表2-1-1　四則算の演算子

四則算	数学の記号	コンピュータの記号（演算子）
足し算	＋	＋
引き算	－	-
掛け算	×	*
割り算	÷	/

掛け算や割り算も試してみましょう。ここからは計算式や命令の後ろに Enter とあるなら、Enter キーを押すという意味です。

```
>>>7*8  Enter
```

56が出力されます。

```
>>>10/2  Enter
```

5.0が出力されます。

割り算で「10/0」のように **ゼロで割ろうとするとエラー** になります。算数や数学で学んだようにゼロで割ってはいけません。コンピュータを使った計算もゼロで割ってはいけない決まりがあります。

長い計算式を入力することもできます。算数や数学のルールと一緒で、掛け算、割り算が先に計算されます。

()を用いた計算もできます。これも数学のルールと一緒で()内が先に計算されます。

```
>>>(5+2)*(4-1)  Enter
```

21が出力されます。

PythonのIDLEは電卓とは違って、()を使った計算式をそのままの形で入力し、答えを求めることができます。

Lesson 2-2 文字列を出力する

　コンピュータでは数値と文字列というデータを扱います。例えばゲームのキャラクターの生命力は数値であり、キャラクターの名前は文字列です。文字列はダブルクォーテーション（"）でくくって扱います。IDLEで文字列を出力する方法を試しながら、Pythonに慣れていきましょう。

print()の使い方

　IDLEのコマンドプロンプトに「こんにちは」と入力し、Enterキーを押してください。すると次のようなエラーメッセージが出力されます。

図2-2-1
文字列出力時のエラー

　半角文字で「Hello」と入力してもエラーになります。全角、半角関わらず、**文字列**を出力するには**print()**という命令を使います。
　では次に、「print("こんにちは")」と入力し、Enterキーを押してください。今度は無事に「こんにちは」と出力されます。

図2-2-2
print()により、文字列が正しく出力された

　Pythonで文字列を扱うには**ダブルクォーテーション**（"）か、**シングルクォーテーション**（'）で前後をくくります。本書はダブルクォーテーションで統一します。

Lesson 2-3 カレンダーを出力する

Python ではモジュールを用いて様々な機能を使うことができます。ここではカレンダーを扱うモジュールの使い方を説明します。

モジュールの使い方

Lesson 2-1 で行った計算や Lesson 2-2 の print() 命令は、特に準備なしに式や命令を記述し、Enter キーを押せば実行できます。カレンダーの機能を使うには、最初に calendar の **モジュール** をインポート (**import**) する必要があります。

実際に試してみましょう。まず IDLE のコマンドプロンプトに次のように入力します。

```
import calendar  Enter
```

そして

```
calendar.month(2019, 5)   Enter
```

と記述すると、次のように出力されます。

図2-3-1　モジュールによるカレンダーの表示

```
>>> import calendar
>>> calendar.month(2919, 5)
'      May 2919¥nMo Tu We Th Fr Sa Su¥n 1  2  3  4  5  6  7¥n 8  9 10 11 12 13 1
4¥n15 16 17 18 19 20 21¥n22 23 24 25 26 27 28¥n29 30 31¥n'
>>>
```

calendar.month(西暦, 月) と記述して Enter キーを押すと、calendar モジュールの month() という命令が働きます。月の英単語と曜日の略号、日付などが出力されましたが、これでは見にくいですね。

Lesson 2-2 で学んだ print() 命令を使い、次のように入力してみましょう。

```
print(calendar.month(2019, 5))   Enter
```

print() 命令を使うことで、次のように日付がきれいに並びます。

```
>>> print(calendar.month(2019, 5))
      May 2019
Mo Tu We Th Fr Sa Su
          1  2  3  4  5
 6  7  8  9 10 11 12
13 14 15 16 17 18 19
20 21 22 23 24 25 26
27 28 29 30 31

>>>
```

図2-3-2
print() 命令によるカレンダーの表示

1年分のカレンダー

1年分のカレンダーも出力してみましょう。1年分のカレンダーはcalendarモジュールのprcal()命令で出力します。コマンドプロンプトに次のように入力してください。

```
print(calendar.prcal(2019)) Enter
```

これで1年分のカレンダーが出力されます。

図2-3-3　prcal()命令による1年分のカレンダーの表示

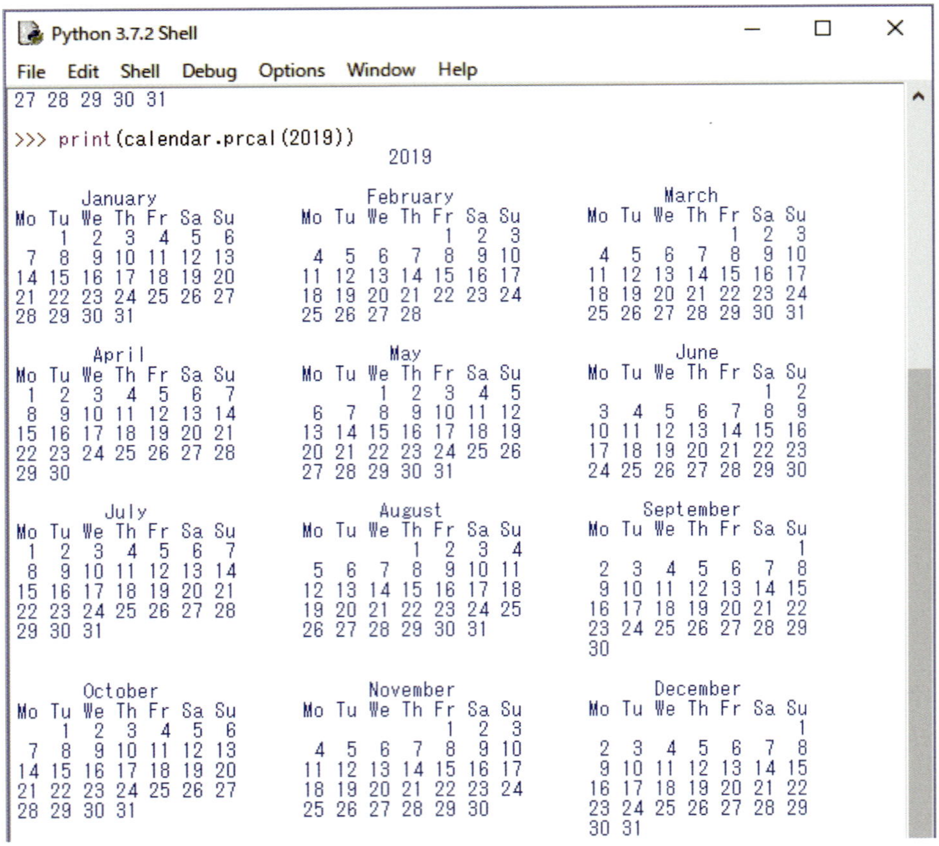

モジュールにはたくさんの種類があります。本書ではChapter 4で日時を扱うモジュールと乱数を作るモジュールの使い方を学習します。それからChapter 6からは画面にウィンドウを表示し、ボタンなどを配置するモジュールの使い方を学んでいきます。

print()、month()、prcal()など、()の付いた命令は関数といいます。もう少し先で関数とは何かということに加えて、自分で新たな関数を作る方法を学びます。

Lesson 2-4　プログラミングの準備

　ここまではIDLEのシェルウィンドウに計算式や命令を入力しましたが、この先はファイルにプログラムを記述し、それを実行するという手順で学習を進めます。プログラミングを始める前に、作業がしやすいように拡張子を表示し、作業フォルダを作ります。Windows、Macユーザーとも、それら2つの準備を行いましょう。

ファイルの拡張子を表示する

　拡張子とはファイルのタイプを表すために、ファイルの名前の末尾に付ける文字列のことです。ファイル名と拡張子はドット（.）で区切ります。

図2-4-1　ファイル名と拡張子

　Pythonのプログラムファイルの拡張子は**py**になります。コンピュータプログラムは単に**プログラム**と呼ばれたり、**ソースコード**と呼ばれます。本書では「プログラム」という呼び方で統一します。

　ゲーム開発でよく使われるファイルの拡張子には次のようなものがあります。

表2-4-1　ゲーム開発でよく使われる拡張子

拡張子	ファイルの種類
doc、docx、pdfなど	文書ファイル
txt	テキストファイル
png、jpeg、bmpなど	画像ファイル
mp3、m4a、ogg、wavなど	サウンドファイル

　皆さんがお使いのパソコンで拡張子を表示しているなら、ここは読み飛ばしてかまいません。まだの方は次の方法で表示してください。

- **Windows10で拡張子を表示する**

  1. フォルダを開きます。
  2. 「表示」タブをクリックします。
  3. 「ファイル名拡張子」にチェックを入れます。

- **Macで拡張子を表示する**

  1. Finderの「環境設定」を選びます。
  2. 「詳細」タブにある「すべてのファイル名拡張子を表示」をチェックします。

  以下、macOS High Sierra の画面で説明します。

❯❯❯ デスクトップに作業フォルダを作る

次はプログラムファイルを保存するための**作業フォルダ**を作ります。Windowsをお使いの方、Macをお使いの方、それぞれ次の方法でデスクトップにフォルダを作ってください。

▪ **Windowsの場合**

デスクトップ上で右クリックし、「新規作成」→「フォルダー」を選択します。

右クリックから「新規作成」→「フォルダー」を選択して作成します

▪ **Macの場合**

Finderメニューから「ファイル」→「新規フォルダ」を選択します。

「ファイル」→「新規フォルダ」を選択して作成します

フォルダ名は皆さんが自由に付けてかまいません。本書では「**python_game**」というフォルダ名で説明していきます。

Lesson 2-5 プログラムを記述しよう

プログラミングを始める準備が整いました。新規にプログラムファイルを作成し、それを保存し、プログラムを実行する方法を確認します。

ソースコードの新規作成と保存

IDLEのシェルウィンドウのメニューバーにある「File」→「New File」を選ぶと、**エディタウィンドウ**（Edit Window）が起動します。これがプログラムを入力する**テキストエディタ**です。

図2-5-1　エディタウィンドウ

ここにプログラムを記述し、そのファイルを保存し、実行して動作を確認します。エディタウィンドウの起動直後はタイトルがUntitled（タイトルなし）になっています。いったんファイル名を付けて保存しましょう。

エディタウィンドウで「File」→「Save as...」を選び、先ほど作った作業フォルダ内に「test.py」というファイル名で保存してください。この時、拡張子の.pyを付けずファイル名をたんに「test」としても、IDLEは自動的に.pyという拡張子を付けて保存します。

図2-5-2　作業フォルダにプログラムファイルを保存

シェルウィンドウとエディタウィンドウの違いを知り、プログラムファイルを新規に作成し、保存する、そして実行して動作を確認するという一連の手順を覚えるようにしてください。

図2-5-3　シェルウィンドウとエディタウィンドウ

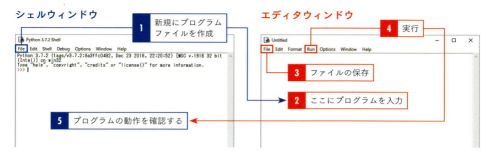

　プログラムの実行はエディタウィンドウのメニューバーの「Run」→「Run Module F5」です。保存したプログラムファイルを開くには、シェルウィンドウかエディタウィンドウのメニューバーの「File」→「Open」で開くファイルを指定します。

エディタウィンドウについて

　IDLEのエディタウィンドウには行番号の表示機能がありませんが（本書執筆時点のPython3.7）、カーソル位置の行番号はウィンドウ右下に「Ln:*」と表示されるので、プログラムを入力する際、参考にしてください。

図2-5-4
IDLEで行番号を確認する

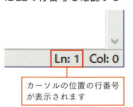

カーソルの位置の行番号が表示されます

　本書のプログラムの多くは短い行数なので、IDLEのエディタウィンドウで入力や確認ができます。ただ、長いプログラムを確認するにはテキストエディタがあると便利なので、代表的な2つのエディタの情報をお伝えします。どちらも無料で利用できます。

表2-5-1　無料で使えるテキストエディタ

ブラケッツ **Brackets**	Adobe Systems社が開発している無料のテキストエディタで、Pythonを含め多くのプログラミング言語に対応しています。 http://brackets.io/
サブライム テキスト **Sublime Text**	オーストラリアのJon Skinnerさんが開発しているテキストエディタで、こちらもPythonを含め多くのプログラミング言語に対応しています。 https://www.sublimetext.com/

※Sublime Textは無料で使えますが、厳密にはシェアウェア（気に入った方は購入してくださいというタイプのソフト）なので、時々、購入を促すメッセージが出ます。
※これらのツールのインストールは必須ではありません。テキストエディタには様々な種類があるので、インターネットで情報を仕入れるなどして、好みのエディタを使っていただいてかまいません。

> **MEMO**
>
> 　Pythonで本格的なソフトウェアを開発しようとお考えの方は、最初から本格的な統合開発環境を用いてもよいでしょう。Pythonの開発を便利にする統合開発環境がいくつかあるので、興味を持たれた方は検索エンジンで「Python 統合開発環境」などで検索し、ツールを準備しましょう。

Lesson 2-6 入出力命令を知ろう

プログラミングの第一歩は画面に文字を出力するところから始まります。ここではprint()命令について改めて説明します。それから入力を行うinput()命令についても説明します。

>>> 出力を行うprint()

エディタウィンドウに次のようなプログラムを入力してください。

リスト▶test.py

```
1  a = 10              # aという名前の変数に10という数を代入
2  print(a)            # 変数aの値（中身）を出力
```

入力したらファイルを保存します。上書き保存する場合は「File」→「Save」です。「Run」→「Run Module F5」で実行すると、シェルウィンドウに次のように出力されます。

図2-6-1
test.pyの実行結果

このプログラムはaという**変数**に10という数を入れ、print()命令でaの値を出力します。変数は数や文字列を入れる箱のようなものとお考えください。Chapter 3で詳しく説明します（→P.248）。

次は変数に文字列を入れ、それを出力するプログラムです。次のプログラムを入力したら、「File」→「Save As...」でtest2.pyという名前で保存し、実行しましょう。

リスト▶test2.py

```
1  txt = "はじめてのPython"     # txtという名前の変数に「はじめてのPython」と代入
2  print(txt)                  # 変数txtの値（中身）を出力
```

シェルウィンドウに次のように「はじめてのPython」と出力されれば成功です。

図2-6-2
test2.pyの実行結果

プログラミングの変数の概念は数学のそれとほぼ同じですが、プログラムでは変数で文字列を扱うこともできます。

入力を行う input()

次は文字列の入力を行う **input()** 命令を使ってみましょう。次のプログラムを入力し、test3.py というファイル名で保存してください。

リスト▶test3.py

```
1  print("名前を入力してください")
2  name = input()
3  print("名前は" + name + "です")
```

「名前を入力してください」と出力
ユーザーが入力した文字列を変数nameに代入
「名前は」、変数nameの値、「です」をつなげて出力

このプログラムを実行するとシェルウィドウに｜が点滅し、入力を受け付ける状態になります。何か文字列を入力し Enter キーを押すと、次のように出力されます。

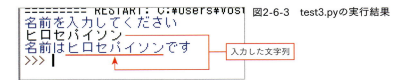

図2-6-3　test3.pyの実行結果

2行目のように **変数名 = input()** と記述して実行すると、シェルウィンドウで入力した文字列がその変数に入ります。3行目で「名前は」と、変数nameの中身、そして「です」という3つの文字列を「+」でつなぎ出力します。Pythonではこのように **複数の文字列を「+」でつなぐ** ことができます。

Pythonで入力を行う最も基本の命令がこのinput()です。ゲーム開発ではキーボードのキーが押されたことをリアルタイムに判定したり、マウスの動きを判定する必要があります。リアルタイムのキー入力やマウス入力はゲーム開発の技術の中で解説していきます。

Lesson 2-7 プログラムの記述の仕方

　プログラムを記述するにはいくつかの決まりごとがあります。次の章から色々なプログラムを入力するので、記述ルールを知っておきましょう。

▶▶▶ プログラムの記述ルール

　Pythonを含めた多くのプログラミング言語に共通する基本ルールから説明します。

❶プログラムは半角文字で入力し、大文字、小文字を区別する

例えばprint()のPを大文字で書くとエラーになります。

```
○ print(" こんにちは ")
✗ Print(" こんにちは ")
```

❷文字列を扱うときにはダブルクォーテーションでくくる

変数に文字列を入れたり、print()命令で文字列を出力するには「"」を用いて記述します。

```
○ txt = " 文字列を扱う "
✗ txt = 文字列を扱う
```

❸スペースの有無について

変数宣言や命令の()内の半角スペースは、あってもなくてもかまいません。

```
○ a=10
○ a␣=␣10
○ print("Python")
○ print(␣"Python"␣)
```

※❻で説明する字下げのスペースはPythonでは必ず入れる決まりがあります

❹プログラムの中にコメントを入れられる

　コメントとはプログラム中に記述するメモのようなものです。難しい命令の使い方や、どのような処理を行っているかを書いておくと、プログラムを見直す時に役立ちます。Python

では「#」を用いてコメントを記述します。

```
print(" こんにちは ")  # コメント
```

このように記述すると、#以降の改行するまでの部分が実行時に無視されます。
　例えば次のように命令の頭に#を入れると、その行に書いた命令は実行されなくなります。実行したくない命令を削除するのではなく、残しておきたい場合はこのようにコメントを利用すると便利です。これを**コメントアウト**といいます。

```
#print(" こんにちは ")
```

また、複数行のコメントはダブルクォーテーション（"）を3つ連ねて書くことができます。

```
"""   ← ここから始まり
コメント 1
コメント 2
    ：
"""   ← ここまでがコメントになる
```

他のプログラミング言語では「//」や「/* ～ */」で、コメントすることをご存知の方もおられるでしょう。Pythonではこのように「#」や「"""」を用います。

≫ Python特有のルール

　Pythonの記述にはC系言語やJavaなどのメジャーなプログラミング言語と違うルールがあります。初めてプログラミングを学ばれる方は、「Pythonはこういうものだ」と考えればよいですが、C言語などを学んできた方は戸惑われることがあるので、ここで説明します。

❺変数を宣言する時、型の指定が不要

　C系言語やJavaなどのプログラミング言語では、変数を使う前にデータ型を指定して宣言する必要があります。Pythonでは例えば「score = 0」と記述した時点から、変数scoreが使

えるようになります。

❻字下げには重要な意味がある

字下げ（インデント）とは次のようにプログラムの記述を、ある文字数分、下げることをいいます。Pythonでは通常、半角スペース４文字分下げます。

図2-7-1　Pythonの字下げ

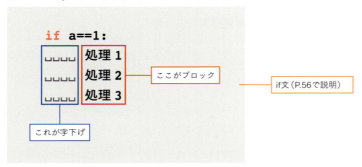

　Ｃ系言語など他のプログラミング言語の字下げは、プログラムを書く人がプログラムを見やすくするために自由に行うことができます。一方、Pythonの字下げは処理のまとまり（ブロック）を表すものであり、他の言語のように好きに字下げしてはいけません。詳しくは次章のLesson 3-3（→P.55）とLesson 3-4（→P.59）で説明します。

　他にもＣ系言語やJavaとの違いがあり、他のプログラミング言語で命令ごとに記述するセミコロン（;）はPythonには不要です。また関数の宣言やグローバル変数の使い方で他の言語と違ったルールがあり、それらについてはこの後のLessonで順に説明します。

色々な記述ルールがありますが、実際にプログラムを入力しながら覚えていきましょう。

COLUMN

ゲームが完成するまで

家庭用ゲームソフトやスマホのゲームアプリは、一般的に

という流れで発売、配信します。

　企画立案ではプランナーがゲームルールやキャラクターの設定などを考え、それを書面にまとめます。その企画書を元にゲーム内容が面白いか議論し、そのゲームを作るにはどれくらいの人員が必要で、どの程度の開発期間が掛かるかを検討します。そのゲームを開発することで会社が利益を得ることができる（可能性あり）と、決裁権を持つ社員（開発部長や役員など）が判断すれば、開発がスタートします。

　ゲーム開発はアルファ（α）→ベータ（β）→マスター（M）とスケジュールを区切って行われます。α版は試作と呼ぶこともあり、まずそのゲームの主要部分を作り、本当に面白いかや、ユーザーが理解できる操作やルールになっているかを確認します。α版で改良すべき点を洗い出し、β版の開発に進みますが、α版で「つまらないゲームだ、発売しても儲からない」と判断されてしまうと、そこで開発中止となることもあります。

　β版ではそのゲームの仕様全体を組み込みます。β版が完成すると、再度、修正すべき箇所を洗い出し、マスター版の制作に入ります。マスター版の開発の終盤では、ゲームを細部までチェックし、バグ（プログラムやデータの不具合）を探し出し、修正しながら完成を目指します。

ここまではPythonの使い方の基本を学びました。

次章ではプログラミングの基礎学習に入り、その後、ゲームの開発方法を学んでいきます。

ゲーム制作が楽しみです。

そうですね。実は私たち二人もコンピュータゲームが大好きです。みなさん、一緒に楽しく学んでいきましょう。

本書ではゲーム開発の前にプログラミングの基礎を学びます。この章では、変数とその計算、リスト※、条件分岐、繰り返し、そして関数について説明します。この章の知識はゲーム開発だけでなく、あらゆるプログラムを作る上で重要なものです。「早くゲームを作りたい！」という方もはやる気持ちを抑え、しっかり目を通していただければと思います。

※C/C++やJavaの「配列」に当たるもの

プログラミングの基礎を学ぼう

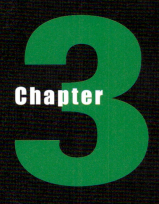

Chapter

Lesson 3-1 変数と計算式

変数はプログラミングの最も基本となるものです。変数とはどのようなものかと、その使い方を説明します。

> ゲーム開発では変数でステージ数やキャラクターの座標を管理したり、スコアの計算を行います。

変数とは

変数とはコンピュータのメモリ上に用意された、==値を入れる箱==のようなものです。この箱に数や文字列を入れ、計算や判定を行います。変数をイメージ図で表してみます。

図3-1-1 変数のイメージ

この図は「a」という名前の箱（変数）に「100」という数を、「score」という箱に「0」という数を、そして「job」という箱に「勇者」という文字列を入れる様子を表しています。箱の中身は自由に変更でき、どの箱に何が入っているかを知ることができます。箱の中身を知ることを「==変数の値を取り出す==」と表現することがあります。取り出すといっても中身がなくなるわけではありません。

変数の宣言と初期値

変数を使うには、次のように記述して変数の名前を決め（**宣言**）、最初の値（**初期値**）を入れます。Pythonではこう記述した時点から、その変数を使うことができます。

書式：変数の宣言と初期値の代入

```
a = 100
score = 0
job = "勇者"
```

変数に値を入れるのに用いるイコール（=）を**代入演算子**といいます。文字列はダブルクオーテーション（"）でくくって代入します。

プログラミング言語のイコールは、数学のイコールと使い方が異なると覚えておきましょう。

POINT

プログラムファイルはChapterごとにフォルダ分けして保存しよう

この先、いろいろなプログラムを入力し、Pythonとゲーム制作を学びます。これから入力するプログラムは、作業フォルダ内に各章ごとのフォルダを作り、そこに入れるようにしましょう。**デスクトップに作った作業フォルダ内（本書では「python_game」とします）にChapter 3というフォルダを作ってください。**フォルダ分けしてファイルを入れておけば、後でプログラムの復習がしやすくなります。

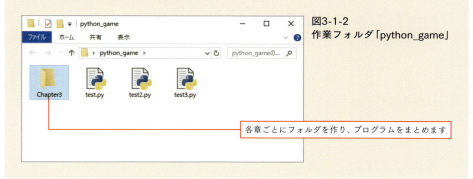

図3-1-2
作業フォルダ「python_game」

各章ごとにフォルダを作り、プログラムをまとめます

▶▶▶ 変数の値を変化させる

ゲームの点数を計算する変数をscoreとするなら、例えば100点の宝を拾った時に「score = score + 100」と記述することで、scoreの値が100増えます。

変数の値が変化するプログラムを確認します。IDLEを起動し、「File」→「New File」でファイルを新規作成し、次のプログラムを入力してください。そして名前を付けて保存し[※]、実行して動作を確認しましょう。実行はエディタウィンドウの「Run」→「Run Module F5」です。

リスト ▶list0301_1.py

1	`score = 0`	scoreという変数を宣言し、初期値0を入れる
2	`print(score)`	print()命令でscoreの値を出力
3	`score = score + 100`	scoreの値を100増やす
4	`print(score)`	再びprint()命令でscoreの値を出力

※ファイル名はサンプルと同じ「list0301_1.py」として保存してください。

print()の()内に変数を記述すると、その変数の値がシェルウィンドウに出力されます。このプログラムを実行すると、次のようになります。

図3-1-3　プログラムの実行結果

```
0
100
>>>
```

Chapter 2で学んだ演算子（+ - * /）を使って、変数の値を変化させることができます。

変数で文字列を扱う

　Chapter 2で学んだように、変数で文字列を扱うことができます。ここで文字列の扱い方を詳しく見てみます。次のプログラムを入力し、ファイル名を付けて保存し、実行しましょう。

リスト▶list0301_2.py

1	job = "見習い剣士"	jobという変数を宣言し「見習い剣士」という文字列を入れる
2	print("あなたの職業は"+job)	「あなたの職業は」とjobの値をつなげて出力
3	print("クラスチェンジした！")	「クラスチェンジした！」と出力
4	job = "駆け出し勇者"	jobに新たな文字列を代入
5	print("新たな職業は"+job)	「新たな職業は」とjobの値をつなげて出力

　このプログラムを実行すると次のように出力されます。

図3-1-4　プログラムの実行結果

```
あなたの職業は見習い剣士
クラスチェンジした！
新たな職業は駆け出し勇者
>>>
```

　このプログラムでは文字列を+でつなぎ、print()命令で出力しました。Pythonでは複数の**文字列を+でつなぐ**ことができます。またPythonは、**文字列の掛け算**も可能です。リストと実行画面は省略しますが、

```
a = "文字列" * 2
print(a)
```

というプログラムを試してみましょう。

　文字列を+でつなぐことのできるプログラミング言語は多いですが、文字列の掛け算ができるプログラミング言語は少ないので、他の言語では注意が必要です。

Pythonの「文字列*n」という記述はけっこう便利に使えます。本書では、Chapter 5のミニゲーム制作で文字列の掛け算を用います。

》》》変数名の付け方

変数名の付け方には次のルールがあります。

- アルファベットとアンダースコア（ _ ）を組み合わせ、任意の名称にできる
- 数字を含めることができるが、数字から始めてはいけない
- 予約語は使用してはいけない

予約語（キーワード）とはコンピュータに基本的な処理を命じるための語で、if、elif、else、and、or、for、while、break、import、def、class、False、Trueなどがあります。ここに挙げた予約語の意味はこの後で順に説明します。

図3-1-5 変数名の例

```
○ x = 0
○ gold = 1000
○ game_bgm = 1    2つ以上の単語を組み合わせる時はアンダースコアを入れると分かりやすい
× 1player = 0     数字から始めてはいけない
× if = 0          ifは予約語なので使ってはいけない
× for = 0         forも予約語なので使ってはいけない
```

ここでは変数の基礎知識を学びました。変数とその計算では他にいくつか覚えるべき知識があり、それらは後の章で順に説明します。

POINT

筆者は学生達にゲーム制作を教えてきた経験から、最初にプログラミングの基礎を学ぶと、ゲームが最短で作れるようになることを知っています。基礎知識は退屈という方にも（笑）、手短に説明しますので、頑張って読み進めてください。

Pythonの変数名と関数名は小文字で付けることが推奨されています。大文字を使うこともできますが、特に理由がなければ小文字とアンダースコアを使いましょう。なお大文字と小文字は区別されます。例えば、Appleとappleは別の変数になります。

Lesson 3-2 リストについて

変数の次はリストについて説明します。変数は数や文字列を入れる箱で、リストはその箱に番号をつけて管理するものです。PythonのリストはC系言語やJavaなど、他のプログラミング言語の配列にあたります。

プログラミング初心者の方はリストをすぐに理解することは難しいかもしれません。後の章のゲーム開発の技術の中で再度説明しますので、ここに書かれた内容が難しいと感じる方は、大枠を押さえておくという気持ちで読み進めてください。

ゲーム開発ではリストで複数のキャラクターをまとめて管理したり、マップデータを扱います。

リストとは

リストをイメージで表すと次のようになります。この図ではcardという名前の箱がn個あります。

図3-2-1　リストのイメージ

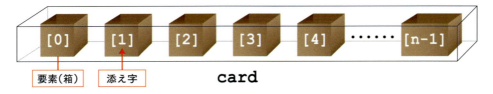

cardがリストであり、リストの箱1つ1つを要素といいます。箱がいくつあるかを要素数といい、例えばcardと名の付いた箱が10個あれば要素数は10です。何番目の箱かを管理する番号が添え字（インデックス）です。添え字は0から始まり、n個の箱があるなら最後の添え字はn-1になります。リストは変数と同じようにデータ（数や文字列）を出し入れして使います。

リストの初期化

次の書式でリストにデータを代入します。

図3-2-2　リストの書式

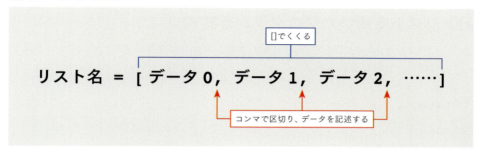

Pythonでは空のリストを宣言し、後からappend()命令で要素を追加することができます。本書では、ゲーム制作の中でその方法を説明します。現時点では図3-2-2で指定した値の入ったリストが作られる、と覚えておいてください。

リストの使用例

例えばトランプのゲームを作る時、リストを使って手持ちの札がどのカードであるかを管理します。次の図はmy_cardという名前のリストで、トランプを管理するイメージです。

図3-2-3　カードの種類をリストで管理

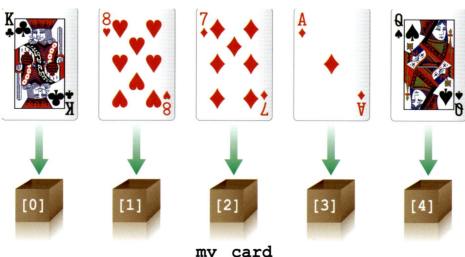

これはあくまでイメージで、「クラブのキングの絵柄のカード」がそのまま my_card[0] に入るわけではありません。プログラムを作る人がどのカードを何番にするかを決め（各カードを数値に置き換える）、その値をリストに出し入れすることでカードを管理します。

>>> リストを用いたプログラムを試す

リストを用いたプログラムを確認します。次のプログラムを入力し、ファイル名を付けて保存し、実行しましょう。

リスト▶list0302_1.py

```
1  enemy = ["スライム", "ガイコツ兵", "魔法使い"]
2  print(enemy[0])
3  print(enemy[1])
4  print(enemy[2])
```

リストの宣言、モンスター名を代入
enemy[0]の値を出力
enemy[1]の値を出力
enemy[2]の値を出力

実行すると次のように出力されます。

図3-2-4　プログラムの実行結果

```
スライム
ガイコツ兵
魔法使い
>>> |
```

モンスター名という文字列をリストで定義しましたが、変数と同様に数の出し入れや計算ができます。リスト名の付け方も変数名の付け方と同じルールです（→P.51）。

以上がリストの基礎知識です。ここで使ったenemyというリストは一次元のリストです。ゲームのマップデータは二次元のリストで管理します。二次元リストの定義や使い方はChapter 8で学習します。

Lesson 3-3 条件分岐について

条件分岐は何らかの条件が成立した時に処理を分岐させる仕組みで、ゲームに限らず様々なソフトウェア開発で使われます。条件分岐について学びましょう。

ゲーム開発では条件分岐で様々な判定と処理を行います。キー入力の判定や「ステージクリアの条件を満たしたか」という判定もそうです。また、「敵と接触したか」といったことも条件分岐で判定します。

条件分岐とは

「もし何々なら、この処理をしなさい」と、条件によってコンピュータに処理を命じることが**条件分岐**です。「何々なら」の部分を**条件式**といいます。アクションゲームで考えてみましょう。

- もし　左キーが押されたら　キャラクターを左に動かせ
- もし　右キーが押されたら　キャラクターを右に動かせ
- もし　Aボタンが押されたら　ジャンプしろ
- もし　Bボタンが押されたら　攻撃動作をしろ
- もし　ゴール地点に達したら　ステージクリアの処理に移れ
- もし　体力がゼロになったら　ゲームオーバーの処理に移れ

図3-3-1　アクションゲームの条件分岐

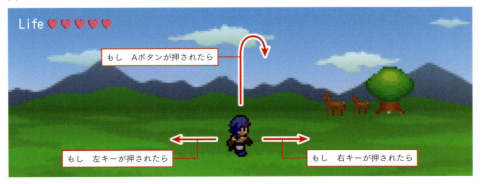

ゲーム内では条件分岐で様々な状況を判断しています。条件分岐は**if**という命令を用いて記述します。

Pythonなどのプログラミング言語には直接キャラクターを動かすような命令はないので、キャラクターの座標を変数で管理します。そして方向キーが押されたら変数の値を変化させ、新たな座標にキャラクターを描画することで、キャラクターを動かします。

ifの記述の仕方

ifを使って記述した部分を**if文**といいます。Pythonのif文は次のように記述します。

図3-3-2　ifの書式

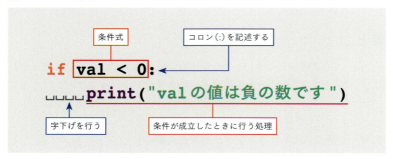

字下げした部分を**ブロック**といい、処理のまとまりを表します。

図3-3-3　ブロック

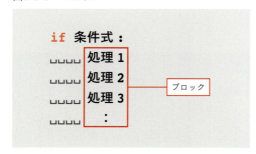

　条件が成り立った時に複数の処理を行うなら、それらの処理をすべて字下げして記述します。

> **MEMO**
> C系言語やJavaでは、「{」と「}」で囲んだ部分がブロックですが、Pythonは字下げでブロックを構成します。

》》》条件式について

条件式を記述するさいに使う記号を**関係演算子**といいます。記述の仕方をまとめると、次のようになります。

表3-3-1　関係演算子

演算子	記述例	意味
==	a == b	aとbの値が等しいか調べる
!=	a != b	aとbの値が等しくないか調べる
>	a > b	aはbより大きいか調べる
<	a < b	aはbより小さいか調べる
>=	a >= b	aはb以上か調べる
<=	a <= b	aはb以下か調べる

値が等しいかを調べるには「==」と、イコールを2つ並べて記述します。等しくないかを調べるには「!=」と記述します。

Pythonでは条件式が成り立つ時は**True**という値になり、成り立たない時は**False**という値になります。つまり**if文は条件式がTrueであれば、字下げして記述した処理を行います**。TrueとFalseはbool型（ブール型）と呼ばれる値で、P.74で説明します。

> ==と!=は数学にない記述なので、初めてご覧になる方もいると思います。条件式で等しいか等しくないかを調べるには、「こう記述する」と覚えてしまいましょう。

》》》ifを用いたプログラム

if文を記述したプログラムを確認します。次のプログラムを入力し、ファイル名を付けて保存し、実行しましょう。

リスト ▶ list0303_1.py

```
1  life = 0
2  if life <= 0:
3      print("ゲームオーバーです")
4  if life > 0:
5      print("ゲームを続行します")
```

変数lifeに0を代入
lifeの値が0以下なら
　「ゲームオーバーです」と出力
lifeの値が0より大きいなら
　「ゲームを続行します」と出力

このプログラムを実行すると次のように出力されます。

```
ゲームオーバーです
>>> 
```

図3-3-4
プログラムの実行結果

lifeの値が0なので2行目の条件式が成り立ち、3行目が実行されます。1行目のlifeの値を10などの正の数に書き換えて実行すると、今度は4行目の条件式が成り立つので、5行目が実行されます。1行目のlifeの値を書き換えて試してみましょう。

≫≫ if～elseを用いる

if文では else という命令で、条件が成り立たなかった時に行う処理を記述できます。else の使い方を確認します。次のプログラムを入力し、ファイル名を付けて保存し、実行しましょう。

リスト▶list0303_2.py

```
1  gold = 100
2  if gold == 0:
3      print("所持金がゼロです")
4  else:
5      print("買い物をしますか？")
```

変数goldに100を代入
goldの値が0なら
　　　「所持金がゼロです」と出力
そうでなければ
　　　「買い物をしますか？」と出力

このプログラムを実行すると次のように出力されます。

図3-3-5　プログラムの実行結果

買い物をしますか？
>>> |

goldの値が100なので2行目の条件式は成り立たず、elseの後に記述した5行目が実行されます。

ここでは条件分岐の基本的な使い方を学びました。if文では他に、複数の条件を順に判定する「if～elif～else」という記述の仕方と、複数の条件をまとめて判定するandやorの使い方を知る必要があります。それらについては後の章で説明します。

Lesson 3-4 繰り返しについて

プログラムでは繰り返しの処理がよく行われます。ここでは繰り返しについて学びます。

> ゲームでは繰り返しの処理で複数のキャラクターを動かしたり、背景を描画します。繰り返しはループ処理ともいいます。

繰り返しとは

繰り返しとはコンピュータに一定回数、同じ処理をさせることです。繰り返しを理解するために、複数のモンスターが登場するゲームで考えてみます。

画面上にモンスターが5体いるとします。モンスターの動きはプログラムで作られていますが、5体動かすのに、それぞれ1体ずつの行動をプログラミングすると、処理が膨大になってしまいます（**図3-4-1**）。そこでモンスターを動かす処理を1つ作り、その処理を繰り返すことですべてのモンスターを動かします（**図3-4-2**）。

図3-4-1
このようなプログラムはNG

図3-4-2
繰り返しを用いたGoodなプログラム

繰り返しは変数の値を変化させながら処理を行います。変数の値とは、このゲームの例ではモンスターの番号のことです。繰り返しは **for** という命令を用いて記述します。

forの記述の仕方

forを使って記述した部分を **for文** といいます。Pythonのfor文は次のように記述します。

図3-4-3　for文の書式

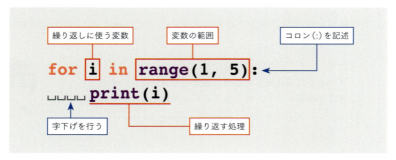

繰り返しで複数の処理を行うには、それらの処理をすべて字下げして記述します。

図3-4-4　処理が複数ある場合

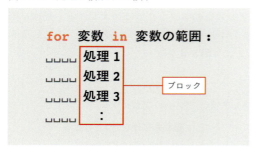

range()命令の使い方

繰り返す値の範囲は **range()** 命令で指定します。range()の引数には次の書き方があります。

表3-4-1　range()命令の引数

引数	意味
range(繰り返す回数)	変数の値は0から始まり、指定回数繰り返す
range(初めの数, 終わりの数)	変数の値は「初めの数」から始まり、「終わりの数」まで繰り返す
range(初めの数, 終わりの数, 数をいくつずつ増減するか)	変数を指定した値ずつ増やしたり、あるいは減らしながら繰り返す

　range()は指定した範囲の数列を表します。例えばrange(10)は、0, 1, 2, 3, 4, 5, 6, 7, 8, 9という数列を表し、forの繰り返しに使う変数は、この数列の範囲で値が変化する仕組みになっています。

forを用いたプログラム

表3-4-1で示したrange()命令の3つのパターンを、for文で確認しましょう。繰り返しに使う変数は慣例的にiとすることが多いので、iを用いて記述します。

1つ目は繰り返す回数を指定するプログラムです。次のプログラムを入力し、ファイル名を付けて保存し、実行しましょう。

リスト ▶ list0304_1.py

| 1 | `for i in range(10):` | 10回繰り返しを行うと指定。iの初めの値は0になる |
| 2 | `    print(i)` | iの値を出力 |

このプログラムを実行すると次のように出力されます。

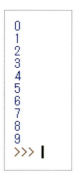

図3-4-5
プログラムの実行結果

このプログラムではiの値が0から始まり、指定した回数、繰り返しが行われます。

2つ目は「初めの数」と「終わりの数」を指定するプログラムです。次のプログラムを入力し、ファイル名を付けて保存し、実行しましょう。

リスト ▶ list0304_2.py

| 1 | `for i in range(1, 5):` | range()で初めの数と終わりの数を指定 |
| 2 | `    print(i)` | iの値を出力 |

このプログラムを実行すると次のように出力されます。

図3-4-6
プログラムの実行結果

「終わりの数」で指定した値は出力されないことに注意しましょう。==range(初めの数, 終わりの数)は「初めの数」から始まり「終わりの数」の直前の値まで繰り返す==ことになります。

3つ目は、指定した値ずつ増やしたり、減らしたりしながら、繰り返すプログラムです。今回は2ずつ値を減らしていく繰り返しを確認します。次のプログラムを入力し、ファイル名を付けて保存し、実行しましょう。

リスト ▶ list0304_3.py

```
1  for i in range(10, 0, -2):
2      print(i)
```

iの初めの値は10で、0より大きい間、2ずつ減らしていくiの値を出力

このプログラムを実行すると次のように出力されます。

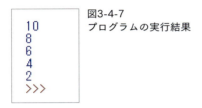

図3-4-7
プログラムの実行結果

これも、==range(初めの数, 終わりの数, 数をいくつずつ増減するか)の「終わりの数」の直前の値まで出力される==点に注意してください。

⋙ while命令で繰り返す

繰り返しはforの他に==while==という命令で行うことができます。while文の書式は次のようになります。

図3-4-8　while文の書式

==条件式にはforで使ったrange()命令ではなく、条件分岐で学んだ条件式（→P.57）を書きます。==また繰り返し用の変数をwhile文の前に宣言する必要があります。どのように記述するかをプログラムで確認します。次のプログラムを入力し、ファイル名を付けて保存し、実行しましょう。

リスト▶list0304_4.py

1	`i = 0`	繰り返しに使う変数iに0を代入
2	`while i < 5:`	whileで条件式を指定
3	`    print(i)`	iの値を出力
4	`    i = i + 1`	iを1増やす

このプログラムを実行すると次のように出力されます。

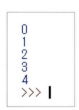

図3-4-9
プログラムの実行結果

　ここでは繰り返しの基本的な使い方を学びました。繰り返しでは他に、途中で処理を中断するbreakの使い方を知る必要があります。それから**繰り返しの中に別の繰り返しを入れる方法**があり、これを**二重ループのfor**といったり、「forを入れ子にする」と表現します。二重ループのforはプログラミングの大切な知識です。2D（二次元）画面のゲーム制作で背景を描画する時に二重ループを用います。それらについては後の章で説明します。

Lesson 3-5 関数について

プログラミング言語では、コンピュータが行う処理を関数にまとめることができます。ここではPythonの関数の作り方と使い方を学びます。関数はプログラミング初心者にとって少し難しいものですが、ゲーム開発だけでなく、あらゆるソフトウェア開発に欠かせない知識です。頑張って読み進めてください。

> ゲーム開発では、例えば敵を動かす関数、キャラクターや背景を描画する関数などを用意し、それらを使って効率よくプログラムを作ります。

関数とは

関数とはコンピュータが行う処理を1つのまとまりにして記述したものです。何度も行う処理があれば、それを関数として定義すると、無駄のないプログラムを作ることができます。関数をイメージで表してみます。

図3-5-1 関数のイメージ

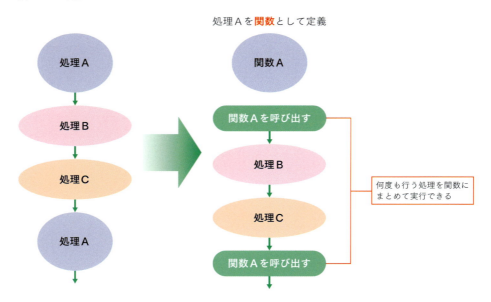

関数の書式

Pythonの関数は次のように **def** を用いて定義します。関数名には()の記述が必要です。

図3-5-2　関数の書式

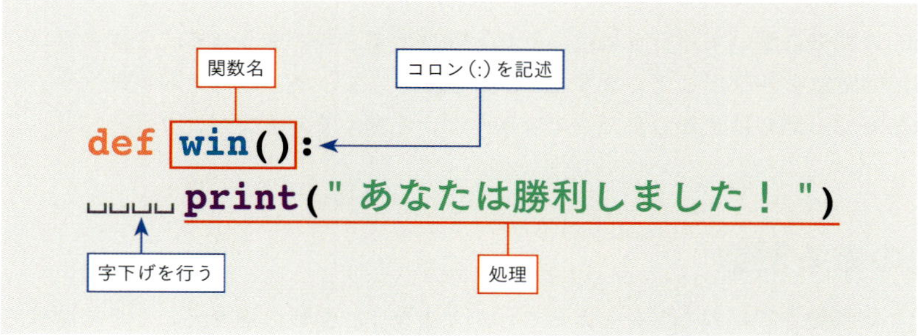

複数の処理を記述するには、それらをすべて字下げします。

図3-5-3
処理が複数ある場合

> Pythonは字下げした部分が処理のまとまり（ブロック）になります。
> if、forとwhile、そしてこの関数の字下げをしっかり理解しましょう。

関数を呼び出す

関数を定義して呼び出すプログラムを確認します。次のプログラムを入力し、ファイル名を付けて保存し、実行しましょう。

リスト ▶ list0305_1.py

```
1  def win():
2      print("あなたは勝利しました！")
3
4  win()
```

win()という名前の関数を定義
「あなたは勝利しました！」と出力

関数を呼び出す

このプログラムを実行すると次のように出力されます。

図3-5-4　プログラムの実行結果

```
あなたは勝利しました！
>>>
```

定義した関数に働いてもらうには、それを**呼び出す**必要があります。今回のプログラムでは4行目で関数を呼び出しています。4行目を記述しないとプログラムを実行しても何も出力されません。関数は定義しただけでは動かないと覚えておきましょう。

引数のある関数

関数には**引数**と呼ばれる値を与えることができます。引数の値を元に、その関数内で処理を行います。引数の意味と使い方を理解するのは、最初は難しいと思います。まずはプログラムを確認し、感触をつかんでください。次のプログラムを入力し、ファイル名を付けて保存し、実行しましょう。

リスト▶list0305_2.py

```
1  def recover(val):
2      print("あなたの体力は")
3      print(val)
4      print("回復した！")
5
6  recover(100)
```

recover()という関数を定義、引数は変数val
「あなたの体力は」と出力
引数の値を出力
「回復した！」と出力

関数を呼び出す

このプログラムを実行すると次のように出力されます。

図3-5-5　プログラムの実行結果

プログラミング初心者の方は、プログラム、右欄の説明、そして動作結果を照らし合わせ、引数のイメージをつかんでおきましょう。ここですべてを理解できなくても大丈夫です。今後解説するゲーム開発の中で、再度、引数を用いた関数が出てくるので、そこで改めて学びましょう。

戻り値のある関数

　関数では、計算した値などを **戻り値** として返すことができます。戻り値もすぐに理解することは難しいかもしれません。これもプログラムを確認し、感触をつかんでください。次のプログラムを入力し、ファイル名を付けて保存し、実行しましょう。

リスト▶list0305_3.py

```
1  def add(a, b):
2      return a+b
3
4  c = add(1, 2)
5  print(c)
```

add()という関数を定義、引数はaとbの2つ
　　　aとbを足した値をreturn命令で返す　※これが戻り値

関数を呼び出し、変数cに戻り値を代入
cの値を出力

　このプログラムを実行すると、cに1と2を足した値が入り、次のように出力されます。

```
3
>>> |
```

図3-5-6
プログラムの実行結果

　プログラミング初心者の方は、リスト内のプログラム、右欄の説明、そして実行結果を照らし合わせ、戻り値のイメージをつかんでおきましょう。引数と同様、現時点ですべてを理解できなくても大丈夫です。後半解説するゲーム開発の中で、再度、戻り値を用いた関数が出てくるので、そこで改めて学びましょう。

引数と戻り値

　関数の引数と戻り値の有無を表にまとめます。

表3-5-1　関数の引数と戻り値の有無

	引数	戻り値
①	なし	なし
②	あり	なし
③	なし	あり
④	あり	あり

　本レッスンで確認したプログラムの「list0305_1.py」は①、「list0305_2.py」は②、「list0305_3.py」は④のパターンです。

　関数、引数、戻り値をイメージで表すと次のようになります。

Chapter 3

プログラミングの基礎を学ぼう

67

図3-5-7　関数の処理のイメージ

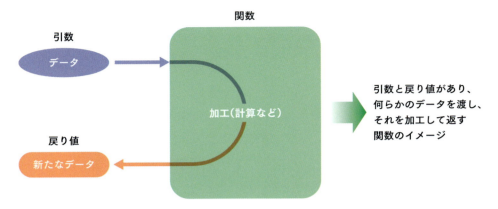

関数はプログラミング初心者にとって、とっつき難いものであると思います。現時点ではよく分からないという方も立ち止まらずに次へ進み、ゲーム制作の章で復習しましょう。

関数名は小文字のアルファベットとアンダースコアを使って付けるようにしましょう。

私はプログラミングを学び始めて、しばらくの間は、リストと関数が難しかったです。

そんないろはさんも、今ではPythonを使いこなしています。リストと関数は最初は難しいですが、この先で復習しながら身につけていきましょう。

Chapter 3 プログラミングの基礎を学ぼう

COLUMN

ゲームの開発費はどれくらい？ 〈その1〉

　読者の皆さんは「ゲームソフトを1本作るのに、どれくらいの開発費がかかるのだろう？」と考えたことはありませんか？　今回のコラムではゲームの開発費についてお話しします。

　例として、スマートフォンのソーシャルゲームの開発費を取り上げてみましょう。

▪チーム編成をまず想定

　ソーシャルゲームはキャラクターが多数登場するものが多いです。ここでは200体分のイラストが入ったゲームで考えてみます。ソーシャルゲームですから、ネットワークを介してデータをやりとりする仕様が入っているものとします。

　このゲームは正社員のディレクター1名、プランナー1名、プログラマー3名、デザイナー3名が参加して開発するものとしましょう。プロデューサーは役員が名前を連ねるとし、人件費には入れません。開発期間はゲームジャンルやゲーム内容、開発チームの力量でだいぶ変わりますが、このゲームは12ヶ月で完成させるものとしましょう。この期間で社員のデザイナーだけではすべてのキャラデザインは難しいので、一部のデザインを外注やフリーのデザイナーに発注するとします。サウンドも外注会社に発注するものとします。

▪開発費を計算すると……

　まず開発に参加する人数と、開発に掛かる月数を掛け合わせ、何人月かかるかを計算します。今回は8名×12ヶ月なので96人月になります。1ヶ月当たりの社内人件費は大手メーカーでは100万円以上、小さな開発会社であれば大手の半分程度です。今回は中堅ゲームメーカーで1人月75万円で計算するものとします。すると社内で掛かる人件費だけで「96人月×75万＝7200万円」となります。

　これに外注のデザイン制作費とサウンド制作費、声優を起用する費用、宣伝広告費などを含めると、1本のゲームを配信するためにざっと1億円の費用が掛かります。ソーシャルゲームの場合、配信後に運営するための人件費も必要になります。このアプリを1年間運営し、人件費、サーバ費、定期的な宣伝広告などで更に3000万円掛かったとすると、配信から1年後に1億3千万以上課金してもらえなければ赤字になってしまいます。

　1億円売り上げるソーシャルゲームは、毎年、たくさん配信されるゲームの中のほんの一握りだということもお伝えしておきます。

Pythonにはモジュールと呼ばれる「様々な分野の処理を行うための機能」が充実しています。モジュールの使い方はPythonの重要な知識の1つです。この章では日時を扱うモジュールと、乱数を扱うモジュールの使い方を説明します。

importの使い方

Chapter

4

Lesson 4-1 モジュールについて

　Chapter 3で学んだ変数、リスト、条件分岐、繰り返し、関数という5つの知識は、いわばプログラミングの基本中の基本です。それらに関する命令はPythonを含めた多くのプログラミング言語で、特に準備をせずに使うことができます。

　これに対し、モジュールを使うには、ちょっとした準備が必要です。Chapter 2のカレンダーの出力を思い出してください。Pythonにはカレンダーを扱うという高度な機能が用意されており、これがモジュールの1つです。まずはモジュールの使い方を復習します。

》》》 モジュールのimport

　Chapter 2ではシェルウィンドウで「import calendar」と入力してカレンダーの機能を取り入れ、「print(calendar(西暦, 月))」でカレンダーを出力しました。モジュールを使うにはimport命令でその機能を使うことを、Pythonに教える必要があります。

図4-1-1　モジュールによって様々な機能が使えるようになる

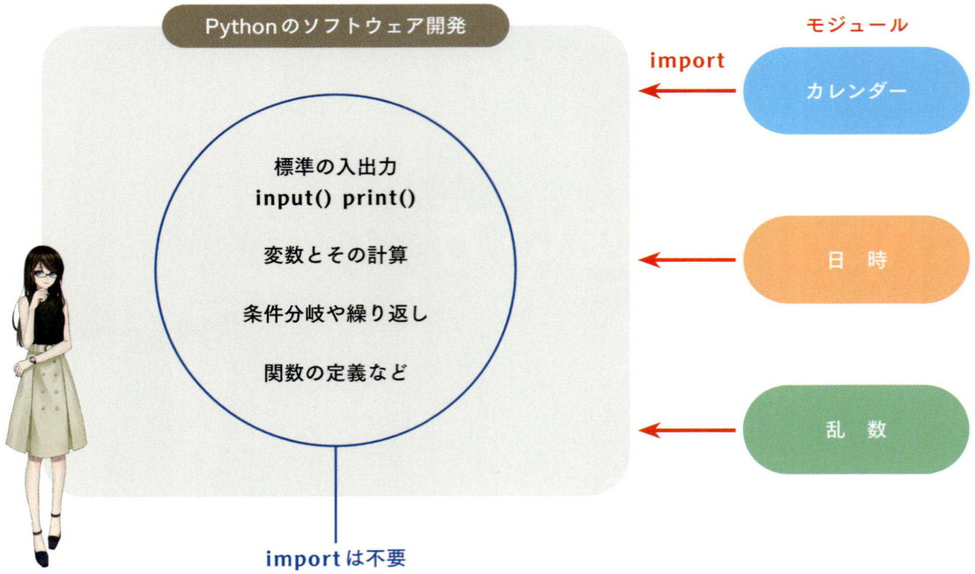

　Pythonには様々なモジュールが用意されており、開発するソフトウェアの内容に応じて必要なモジュールをインポートします。本書のゲーム制作でも、いくつかのモジュールをインポートして使います。

Lesson 4-2　カレンダーの復習

Chapter 2ではシェルウィンドウに直接命令を入力し、カレンダーを出力しました。ここではプログラムを記述してカレンダーを出力してみましょう。

>>> モジュールの使い方の基本

カレンダーを出力するプログラムを確認します。次のプログラムを入力し、ファイル名を付けて保存し、実行しましょう。

リスト▶list0402_1.py

```
1  import calendar
2  print(calendar.month(2019, 5))
```

calendarモジュールをインポート
カレンダーの西暦と月を指定し、print()で出力

このプログラムを実行すると、次のように出力されます。

```
    May 2019
Mo Tu We Th Fr Sa Su
          1  2  3  4  5
 6  7  8  9 10 11 12
13 14 15 16 17 18 19
20 21 22 23 24 25 26
27 28 29 30 31

>>> |
```

図4-2-1
カレンダーの表示

モジュールの機能を使うには、list0402_1.pyと同様に以下のように記述します。

書式：モジュールのインポートと使い方

- **import** モジュール名
- モジュール名.**そのモジュールにある関数**

month()という命令はcalendarモジュールの関数です。list0402_1.pyは <mark>month()関数に引数で西暦と月を与えて呼び出すと、カレンダーのデータ（文字列）を返すので、それをprint()関数で出力する</mark>プログラムです。<mark>カレンダーのデータが戻り値</mark>です。今はこの説明が難しくても、いずれ理解できるようになります。現時点でよくわからないという方は「calendarモジュールのmonth()命令とprint()命令で、画面にカレンダーを表示できる」と考えておいてください。本書ではプログラミング初心者が理解しやすいように、Pythonに用意されているmonth()のような関数を「**命令**」という表現で説明しています。

>>> うるう年か調べる

　カレンダー関連の命令には様々なものがあります。例えば **isleap()** という命令で、その西暦がうるう年か調べることができます。次のプログラムを入力し、ファイル名を付けて保存し、実行しましょう。

リスト▶list0402_2.py

```
1  import calendar                    calendarモジュールをインポート
2  print(calendar.isleap(2020))       2020年がうるう年か出力
```

　isleap()は、()内に記述した西暦がうるう年ならTrue、そうでないならFalseとなります。このプログラムを実行すると次のように出力されます。

図4-2-2
isleap()の判定結果

>>> bool型について

　Trueと**False**は**bool型**（ブール型）と呼ばれる値です。条件分岐の学習で、条件式が成り立つ時はTrueとなり、成り立たないとFalseとなることに触れました（→P.57）。Trueは真、Falseは偽の意味です。
　isleap()は引数の西暦がうるう年ならTrue（**真**）、うるう年でないならFalse（**偽**）という値を返す関数です。

Pythonの条件式や、何かを調べる関数などで、TrueやFalseという値が用いられることを覚えておきましょう。

Lesson 4-3 日時を扱う

Pythonでは簡単な命令で日時を扱うことができます。ここではその方法を説明します。

》》》 日時の扱いについて

ゲームでは日付や時間というデータをどのように用いているのでしょうか？

例えばライフが減るとプレイできなくなるソーシャルゲームがあります。ライフは一定時間が経過すると自動的に回復し、再び続きをプレイできます。そのようなゲームではユーザーがプレイした時間を管理するために使われています。ログイン、ログアウトした時間を管理し、ユーザーに特典を与えるゲームもあります。またユーザーの不正プレイを防ぐために日時データを使うゲームもあります。例えばセーブデータに日時を記録し、ファイルの不正な書き換えを防いだりします。

日時というデータはゲームに限らず様々なソフトウェアで使われています。趣味でプログラミングする方もゲームプログラマーを目指す方も、日時の扱いについて知っておくに越したことはありません。

> 日時を扱うPythonのプログラムはシンプルなので、プログラミング初心者の方も気楽に読み進めてください。

》》》 日付を出力する

Pythonで日時を扱うには **datetimeモジュール** をインポートします。最初に日付を出力してみましょう。**date.today()** という命令でプログラムを実行した時の日付を取得します。次のプログラムを入力し、ファイル名を付けて保存し、実行しましょう。

リスト ▶ list0403_1.py

```
1  import datetime              # datetimeモジュールをインポート
2  print(datetime.date.today()) # 現在の日付を出力
```

このプログラムを実行すると、実行した時の日付が出力されます。

図4-3-1
日付の出力

▶▶▶ 時刻を出力する

次は **datetime.now()** という命令で実行時の日付と時刻を取得します。次のプログラムを入力し、ファイル名を付けて保存し、実行しましょう。

リスト▶list0403_2.py

```
1  import datetime                    datetimeモジュールをインポート
2  print(datetime.datetime.now())     現在の日付と時間を出力
```

このプログラムは実行時の日付と時間が出力されます。秒数には小数点以下の値が含まれます。

```
2019-01-14 08:13:08.924612
>>>
```
図4-3-2
日付と時刻の出力

次はこの値から時、分、秒を別々に取り出します。次のプログラムを入力し、ファイル名を付けて保存し、実行しましょう。

リスト▶list0403_3.py

```
1  import datetime                    datetimeモジュールをインポート
2  d = datetime.datetime.now()        変数dに現在の日時を入れる
3  print(d.hour)                      時を出力
4  print(d.minute)                    分を出力
5  print(d.second)                    秒を出力
```

このプログラムを実行すると、次のように時、分、秒が出力されます。

```
8
19
28
>>>
```
図4-3-3
時、分、秒の出力

時、分、秒を取り出すには、3〜5行目のように日時のデータを入れた変数を用いて、d.hour、d.minute、d.secondと記述します。d.secondで取り出した秒数の値に小数点以下は含まれません。西暦、月、日を取り出すこともでき、それぞれd.year、d.month、d.dayと記述します。

生まれた時から経過した日数

　Pythonではある日付からある日付まで何日経過したかを簡単なプログラムで知ることができます。

　皆さんが生まれてから何日経過したかを出力してみます。次のプログラムを入力し、ファイル名を付けて保存し、実行しましょう。

リスト▶list0403_4.py ※3行目はご自分の生年月日を指定してみましょう

```
1  import datetime
2  today = datetime.date.today()
3  birth = datetime.date(1971,2,2)
4  print(today-birth)
```

datetimeモジュールをインポート
変数todayに実行時の年月日データを代入
変数birthに誕生日の年月日データを代入
2つの日付データの引き算で経過日数を求め出力

　このプログラムを実行すると、次のようにbirthの日付から本日まで何日経過したか出力されます。

　日付同士の引き算なので、時間のところは「0:00:00」となります。

```
17513 days, 0:00:00
>>>
```

図4-3-4
経過日数の出力

　Pythonはこのように日付データの引き算ができます。それを使って簡単に経過日数を求めることができるのです。

> Pythonにはカレンダーや日時関連の命令がたくさんあります。カレンダーや日時の扱いに興味を持たれた方は、検索エンジンで「Python calendar」や「Python datetime」で調べると、命令の使い方などを詳しく紹介するサイトが見つかります。

Chapter 4

import の使い方

Lesson 4-4　乱数の使い方

　サイコロを振って出る1から6のような値を乱数といいます。乱数は多くのゲームソフトで使われています。ここではPythonで乱数を扱う方法を学びます。

小数の乱数

　コンピュータで乱数を作ることを「乱数を発生させる」と表現します。Pythonで乱数を発生させるには**randomモジュール**をインポートします。

　まず**random()**命令で0以上1未満の小数の乱数を発生させます。次のプログラムを入力し、ファイル名を付けて保存し、実行しましょう。

リスト▶list0404_1.py

```
1  import random
2  r = random.random()
3  print(r)
```

randomモジュールをインポート
変数rに0以上1未満の小数の乱数を代入
rの値を出力

　このプログラムを実行すると、0以上1未満の乱数がrに入り、それが出力されます。

```
0.7108333728473524
>>>
```

図4-4-1
小数の乱数を出力

　今回はこのような値になりました。プログラムを何度か実行し、乱数が変化することを確認しましょう。

整数の乱数

　次は**randint(min, max)**という命令でmin以上、max以下の整数の乱数を発生させます。次のプログラムを入力し、ファイル名を付けて保存し、実行しましょう。

リスト▶list0404_2.py

```
1  import random
2  r = random.randint(1, 6)
3  print(r)
```

randomモジュールをインポート
変数rに 1, 2, 3, 4, 5, 6 いずれかの整数を代入
rの値を出力

　このプログラムを実行すると、1〜6のいずれかの値がrに入り、それが出力されます。

```
2
>>>
```

図4-4-2
整数の乱数を出力

このプログラムも何度か実行し、乱数が変化することを確認しましょう。

複数の項目からランダムに選ぶ

複数の項目からランダムに1つを選ぶ **choice()** 命令を使い、じゃんけんのプログラムを作ります。choice()にはChapter 3で学んだリスト（→P.52）でデータを記述します。次のプログラムを入力し、ファイル名を付けて保存し、実行しましょう。

リスト▶list0404_3.py

```
1  import random
2  jan = random.choice(["グー", "チョキ", "パー"])
3  print(jan)
```

randomモジュールをインポート
変数janにグー、チョキ、パーいずれかを代入
janの値を出力

このプログラムを実行すると、グー、チョキ、パーいずれかが出力されます。

```
チョキ
>>>
```

図4-4-3
複数の項目をランダムに出力

サンプルプログラムから分かるように、Pythonは記述の仕方がシンプルです。初心者でもいくつかの命令を覚えれば、プログラムを記述していくことができます。この手軽さがPythonが人気のある理由の1つです。

ガチャを引く時の確率

次はソーシャルゲームのガチャの確率を体験するプログラムを確認します。ガチャとはゲーム内の抽選によって、そのゲームを進める上で有益なキャラクターやアイテムを引き当てる仕組みです。

その前に確率についてお話します。1％の確率で出現するレアキャラがあるとします。1％というと「100回引けばだいたい当たるかな」と考える方が多いと思いますが、確率という概念は実はそのように単純なものではなく、1％の確率で1回引いて当たることもあれば、400回、500回引いて当たらないこともあります。それを実体験してみましょう。

1から100番のキャラクターがいて、その中の1体がランダムに出現します。77番がレアキャラという設定で、77が出るまでに何回抽選したかを表示します。今回のプログラムに

はいくつか新しい知識が出てきます。プログラムの動作を確認した後に、それらについて説明します。

では次のプログラムを入力し、ファイル名を付けて保存し、実行しましょう。

リスト▶list0404_4.py

1	`import random`	randamモジュールをインポート
2	`cnt = 0`	乱数を発生させた回数を数える変数
3	`while True:`	while Trueと記述すると処理を無限に繰り返す
4	`    r = random.randint(1, 100)`	1以上100以下の乱数をrに代入
5	`    print(r)`	rの値を出力
6	`    cnt = cnt + 1`	乱数を発生させた回数をカウント
7	`    if r == 77:`	77という乱数(レアキャラ)が出たら
8	`        break`	繰り返しを中断
9	`print(str(cnt)+"回目でレアキャラをゲット")`	何回目でレアキャラが出たかを出力

このプログラムを実行すると、次のように77が出るまで乱数を出力し続けます。そして77が出た時点で、それまで何回掛かったか出力します。

```
81
60
58
42
77
264回目でレアキャラをゲット
>>>
```

図4-4-4
確率を出力する

何度かプログラムを実行し、何回目で77番が出るか確認しましょう。

今回のプログラムには次の3つの新しい記述があります。

❶3行目のwhile True

whileの条件式をTrueとすると繰り返しを無限に行います。

❷8行目のbreak

forやwhileの繰り返しを中断する命令がbreakです。今回は7行目のif文の条件式で77という乱数が出た時に繰り返しを中断します。これをイメージで表したのが右図です。

図4-4-5　breakで繰り返しを抜ける

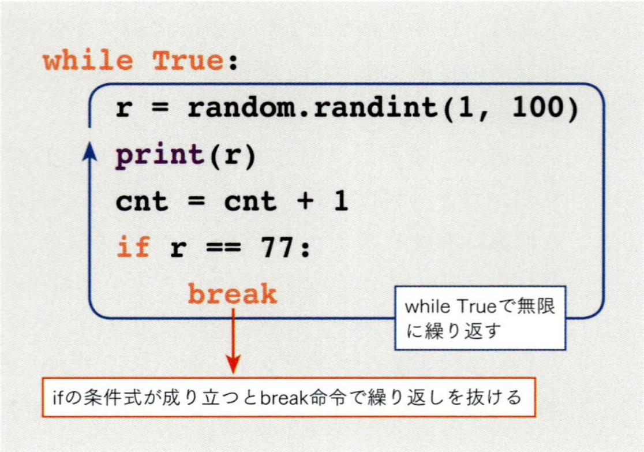

```
while True:
    r = random.randint(1, 100)
    print(r)
    cnt = cnt + 1
    if r == 77:
        break
```

while Trueで無限に繰り返す

ifの条件式が成り立つとbreak命令で繰り返しを抜ける

❸ 9行目のstr()

「○回目でレアキャラをゲット」と出力する際、str()命令を使って変数の値と文字列をつないでいます。文字列同士は + でつなぐことができますが、数と文字列をつなぐには**str()命令で数を文字列に変換**する必要があります。

このプログラムでは「変数の通用範囲」についても知る必要があるので、次にそれを説明します。

繰り返しの命令whileと、その処理を抜けるbreakの使い方がポイントです。最初のうちは複数の命令を組み合わせることは難しいかもしれませんが、色々なプログラムに触れるうちに慣れてくるので、楽な気持ちで読み進めてください。

変数の通用範囲について

今回のプログラムでは乱数を発生させた回数をカウントするcntという変数と、1から100までの乱数を入れるrという変数を用いています。**変数はそれを宣言したブロック内で使える**という決まりがあります。このプログラムではcntは下図の青枠の中、rは赤枠の中で使えます。

図4-4-6　変数の通用範囲

```
import random
cnt = 0
while True:
    r = random.randint(1, 100)
    print(r)
    cnt = cnt + 1
    if r == 77:
        break
print(str(cnt)+" 回目でレアキャラをゲット ")
```

rが使える範囲 / cntが使える範囲

whileの次の行から字下げした部分（赤枠内）がこのwhile文のブロックです。rはここで宣言したので、このブロック内でのみ使うことができます。一方cntはwhileの前に宣言したので、whileのブロック内とwhileが終わった後でも使うことができます。

変数の宣言位置と通用範囲はプログラミングの重要なルールの1つなので、ゲーム制作の中でもう一度説明します。

> このプログラムで1回で77番を引き当てたこともあれば、528回目でやっと引き当てたこともありました。皆さんも何度か実行して乱数の確率を体験してください。

COLUMN

RPGで逃げるのに失敗する確率

　「ドラゴンクエスト」や「ファイナルファンタジー」のような古くからある王道ロールプレイングゲームの、戦闘から撤退する（逃げる）時の確率の話をさせていただきます。

　　ロールプレイングゲームの開発で「戦闘で撤退コマンドを選んだ時、3分の1の確率でそれが失敗するようにして」とプランナーからプログラマーに指示が出たとしましょう。RPGを初めて開発するプログラマーは、変数rに0～99の乱数を入れ、if文でr＜33で撤退失敗とすれば良いと考え、そのようにプログラムしたとします。

　　このような処理で実際にテストプレイしてみると、逃げたくても逃げられなくてゲームが苦痛に感じる時があります。この乱数とif文では、3～4回「撤退」を選んでも、連続して失敗することが普通に起きるからです。

　　撤退失敗の確率を4分の1や5分の1に減らせば、苦痛を解消できるでしょうか？　確率を4分の1や5分の1にしても、連続して撤退できないことは十分起こりえます。つまり撤退失敗の確率を減らすだけでは、ユーザーが苦痛に感じる回数を減らすことはできますが、なくすことはできません。確率をさらに下げてしまうと、今度は簡単に逃げられるようになり、戦闘の緊張感（ゲームの面白さの1つ）を削いでしまいます。

　　ユーザーに苦痛を感じさせず、逃げられない時の緊張感も失わないようにするには、どうすればよいでしょうか？

　　例えば、

- 1回目に撤退を選んだ時は、変数rに0～99までの乱数を入れ、r＜33で撤退失敗とする
- 撤退失敗し、2回連続で撤退を選んだ場合は、変数rに0～99までの乱数を入れ、r＜10で撤退失敗とする。つまり2回目は失敗する確率を低くする
- 3回連続で撤退を選んだ時は必ず逃げられるようにする

というプログラムを用意します。

　　乱数はゲーム全体のバランスを考えて値を調整する必要があります。例えば戦闘が頻繁に起きるゲームでは撤退失敗の確率を低くすべきです。それほど頻繁に戦闘が起きないゲームなら、ある程度、撤退を失敗しても、逆にゲームの面白さにつながる可能性があります。ユーザーの気持ちを考えてゲーム開発を続けているクリエイター達は、各自がこのようなゲームを面白くするノウハウを持っています。

この章からゲーム制作をスタートします。最初は文字列の入出力命令を使った簡単なゲームを作り、ゲーム開発の基礎を学びます。画像を表示する本格的なゲームを今すぐ作りたい！　という方も、何事も基礎が大切なので、この章の内容にもしっかり取り組んでください。グラフィックを用いたゲームは次章で制作します。

CUIで作る ミニゲーム

Chapter 5

Lesson 5-1 CUIとGUI

CUIとは**キャラクタ・ユーザ・インタフェース**の略で、文字の入出力だけでコンピュータを操作することを意味します。PythonのシェルウィンドウはCUIに当たります。これに対し、ウィンドウ内にボタンやテキスト入力欄などが配置された操作系を**グラフィカル・ユーザ・インタフェース**（**GUI**）といいます。

図5-1-1　CUIとGUIの例

CUI

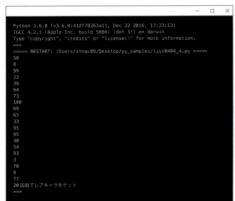

GUI

　キャラクタ・ユーザ・インタフェース（character user interface）は、キャラクタベース・ユーザ・インタフェース（character-based user interface）ともいいます。この章ではCUI上で動く3種類のゲームを制作します。GUIを用いたゲームは次章のChapter 6から制作します。

> Android端末とiOS端末の画面は、どこをタップすればよいか直感的にわかる操作系になっています。つまりスマートフォンとタブレットの画面はGUIです。WindowsパソコンとMacはOS自体と多くのソフトウェアがGUIでできていますが、コマンドプロンプトやPythonのIDLEなど一部のソフトウェアがCUIになっています。

Lesson 5-2 クイズゲームを作る

　手始めにクイズゲームを作ってみましょう。必要なプログラミングの知識は、入力と出力、変数、条件分岐です。さらにリストと繰り返しを用いて、クイズの問題数を増やせるようにします。

▶▶▶ 文字列をif文で判定する

　問題を出力し、ユーザーが入力した答え（文字列）を判定するプログラムを確認します。次のプログラムを入力し、ファイル名を付けて保存し、実行しましょう。

リスト▶list0502_1.py

```
1  print("サザエさんの旦那さんの名前は？")
2  ans = input()
3  if ans == "マスオ":
4      print("正解です")
5  else:
6      print("不正解です")
```

「サザエさんの旦那さんの名前は？」と出力
入力を受け付け、入力した文字列をansに代入
ansの値が「マスオ」なら
　　「正解です」と出力
そうでないなら
　　「不正解です」と出力

　このプログラムを実行すると、次のように出力されます。

```
サザエさんの旦那さんの名前は？
マスオ
正解です
>>> ▌
```

図5-2-1
list0502_1.pyの実行結果

　問題数は1つですが、たった6行のプログラムでクイズができました。このプログラムを少し改良してみましょう。答えの「マスオ」を平仮名で入力する人もいるはずなので、「マスオ」も「ますお」も正解とします。そのような場合は正解を「マスオ」もしくは「ますお」で判定します。"もしくは"という意味の英単語はorであり、Pythonでもorを用いて条件式を記述します。次のプログラムを入力し、ファイル名を付けて保存し、実行しましょう。

リスト▶list0502_2.py

```
1  print("サザエさんの旦那さんの名前は？")
2  ans = input()
3  if ans == "マスオ" or ans == "ますお":
4      print("正解です")
5  else:
6      print("不正解です")
```

「サザエさんの旦那さんの名前は？」と出力
入力を受け付け、入力した文字列をansに代入
ansの値が「マスオ」もしくは「ますお」なら
　　「正解です」と出力
そうでないなら
　　「不正解です」と出力

Chapter 5
CUIで作るミニゲーム

85

このプログラムを実行すると、「マスオ」「ますお」どちらでも正解になります。

ここでは用いませんが、2つの条件式が同時に成り立つことを判定するには **and** を用いて「if 条件式1 and 条件式2」と記述します。

図5-2-2　list0502_2.pyの実行結果

```
サザエさんの旦那さんの名前は？
ますお
正解です
>>>
```

>>> 問題数を増やす

問題数を増やす時、list0502_1.pyやlist0502_2.pyの条件式をどんどん書いていけば、いちおう実現することはできます。しかしそのような記述では、例えば100問のクイズを作る時、プログラムが膨大になります。if文をたくさん羅列するプログラムではバグ（不具合）も発生しやすくなります。

問題数を増やすにはリストと繰り返しを用いると便利です。次のプログラムを入力し、ファイル名を付けて保存し、実行しましょう。

リスト▶list0502_3.py

1	`QUESTION = [`	リストで3つの問題を定義
2	`"サザエさんの旦那さんの名前は？ ",`	
3	`"カツオの妹の名前は？ ",`	
4	`"タラちゃんはカツオからみてどんな関係？ "]`	
5	`R_ANS = ["マスオ", "ワカメ", "甥"]`	リストで問題の答えを定義
6	`for i in range(3):`	forで繰り返す　iの値は0→1→2と変化
7	`    print(QUESTION[i])`	問題を出力
8	`    ans = input()`	入力した文字列をansに代入
9	`    if ans == R_ANS[i]:`	ansの値が答えの文字列なら
10	`        print("正解です")`	「正解です」と出力
11	`    else:`	そうでないなら
12	`        print("不正解です")`	「不正解です」と出力

※ R_ANS という変数名は right answer（正解）の略です。プログラム内で値を変更しない変数（**定数**といいます→P.257）はすべて大文字で記述する慣例があるので、QUESTION、R_ANSとも大文字としています。

このプログラムを実行すると、問題が順に出力され、正しい答えを入力すれば「正解です」となります。

図5-2-3　list0502_3.pyの実行結果

```
サザエさんの旦那さんの名前は？
マスオ
正解です
カツオの妹の名前は？
ワカメ
正解です
タラちゃんはカツオからみてどんな関係？
```

プログラムを詳しく見てみましょう。1～4行目はリストで質問の文字列を定義しています。リストのデータはコンマの位置で改行できます。5行目のリストは改行せず定義しています。

6行目の繰り返しのforやrange()の使い方が曖昧であれば、P.60で復習しましょう。このfor文はiの値が0→1→2と3回繰り返します。7行目のprint()に記述したQUESTION[i]ですが、iの値が0の時QUESTION[i]は"サザエさんの旦那さんの名前は？"という文字列になります。iが1の時QUESTION[i]は"カツオの‥"、iが2の時QUESTION[i]は"タラちゃんは‥"となります。9行目のR_ANS[i]も同様でR_ANS[0]、R_ANS[1]、R_ANS[2]はそれぞれ"マスオ"、"ワカメ"、"甥"になります。リストの添え字は0から始まることを思い出しましょう（→P.52）。

このプログラムでは平仮名の「ますお」は正解になりません。平仮名で入力した時も正解とするプログラムが次です。次のプログラムを入力し、ファイル名を付けて保存し、実行しましょう。

リスト ▶ list0502_4.py

1	`QUESTION = [`	リストで3つの問題を定義
2	`"サザエさんの旦那さんの名前は？",`	
3	`"カツオの妹の名前は？",`	
4	`"タラちゃんはカツオからみてどんな関係？"]`	
5	`R_ANS = ["マスオ", "ワカメ", "甥"]`	リストで問題の答えを定義
6	`R_ANS2 = ["ますお", "わかめ", "おい"]`	平仮名の答えも定義
7		
8	`for i in range(3):`	forで繰り返す iの値は0→1→2と変化
9	`    print(QUESTION[i])`	問題を出力
10	`    ans = input()`	入力した文字列をansに代入
11	`    if ans == R_ANS[i] or ans == R_ANS2[i]:`	ansの値がどちらかの答えと一致するなら
12	`        print("正解です")`	「正解です」と出力
13	`    else:`	そうでないなら
14	`        print("不正解です")`	「不正解です」と出力

実行画面は省略します。平仮名の答えも正解となることを確認してください。

リストの使い方がポイントです。リストはこのようにデータをまとめて扱いたい時に用います。

リストとタプル

リストの仲間に **タプル** というものがあり、タプルは ( ) で記述します。

タプルの記述例

```
ITEM = ("薬草", "鉄の鍵", "魔法の薬", "聖なる石", "勇者の証")
```

タプルは宣言時に代入した値を変更できません。今回のプログラムでは問題と答えを書き換えることはしないので、それらをタプルで定義してもよいのですが、本書ではプログラミング初心者が理解しやすいように、Chapter 9 まではリストとタプルを使い分けることはしません。この先も複数のデータを扱う時はリスト [ ] で記述します。

Lesson 5-3　すごろくを作る

次はすごろくを作ります。すごろくの盤面を表示する関数を定義し、関数への理解を深めます。すごろくはサイコロを振ってコマを進めるので、Chapter 4で学んだ乱数を用います。

》》》 対戦するゲームについて

ゲームの面白さの1つに「対戦」があります。格闘ゲームのようなアクション系の対戦もあれば、オセロ、麻雀、将棋などのテーブルゲームのように頭脳を使う対戦もあります。

ここではコンピュータと"すごろく"で対戦できるプログラムを作ります。行数がやや長くなるので、3つのステップで制作していきます。

》》》 ステップ1：すごろくの盤面を表示する

CUIというテキストだけの表示部で、すごろくをどう表現すればよいでしょう？　そういったアイデアを考え出すのもゲームクリエイターやゲームプログラマーを目指す方の腕の見せどころです。

今回は中黒と呼ばれる全角の記号「・」でマスを表現し、プレイヤーのコマをP、コンピュータのコマをCと表示します。次のようなイメージです。

図5-3-1　CUIによるすごろくの盤面

```
・・・・・・P・・・・・・・・・・・・・・・・・・・・・・・Goal
・・C・・・・・・・・・・・・・・・・・・・・・・・・・・・Goal
```

左端から1マス目、2マス目と数え、全部で30マスあるとしましょう。一番右のマスに先に到達したほうが勝ちです。

ステップ1ではマスとプレイヤーの位置を表示する関数を定義します。次のプログラムを入力し、ファイル名を付けて保存し、実行しましょう。

リスト▶list0503_1.py

```python
1  pl_pos = 6
2  def banmen():
3      print("・"*(pl_pos-1) + "P" + "・"*(30-pl_pos))
4
5  banmen()
```

プレイヤーの位置を管理する変数	
関数の宣言	
中黒とPで文字列を作り出力	
関数を呼び出す	

※関数の定義（2〜3行目）とそれを呼び出す処理（5行目）が区別しやすいように4行目を空白にしましたが、4行目はなくても構いません。

Chapter 5　CUIで作るミニゲーム

89

このプログラムを実行すると、次のように出力されます。

図5-3-2　list0503_1.pyの実行結果

```
・・・・・P・・・・・・・・・・・・・・・・・・・・・・・・・・・・・
>>>
```

プログラムを詳しく説明します。1行目でプレイヤーの位置（Pの表示位置）を管理するpl_posという変数を宣言します。今回は確認用に初期値を6としました。2行目が関数の宣言で、その関数で行う処理が3行目のprint()命令です。pintの()内の記述がポイントです。Pythonでは「**文字列*n**」と記述すると、その文字をn個並べることができます。「**"・"*(pl_pos-1)**」がPの左側に並ぶ中黒、「**"・"*(30-pl_pos)**」がPの右側に並ぶ中黒を作る記述です。これを図で表すと次のようになります。

図5-3-3　print()命令と出力結果の関係

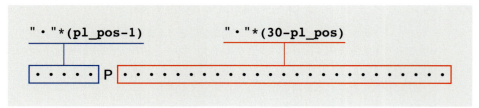

この記述の意味が難しいという方は、まずPが一番左の1マス目にいることを考えてみましょう。「"・"*(pl_pos-1)」は「"・"*(1-1)」つまり「"・"*0」となり、Pの左側に中黒は入りません。「"・"*(30-pl_pos)」は「"・"*(30-1)」つまり「"・"*29」となり、Pの右側に中黒が29個並びます。次にPが10マス目にいることを考えてみましょう。「"・"*(pl_pos-1)」は「"・"*9」ですから、Pの左側に中黒が9個並び、「"・"*(30-pl_pos)」は「"・"*20」で、Pの右側に中黒が20個並びます。

コンピュータのコマも表示します。次のプログラムを入力し、ファイル名を付けて保存し、実行しましょう。

リスト▶list0503_2.py

```
1  pl_pos = 6                                          プレイヤーの位置を管理する変数
2  com_pos = 3                                         コンピュータの位置を管理する変数
3  def banmen():                                       関数の宣言
4      print("・"*(pl_pos-1) + "P" + "・"*(30-pl_pos))  中黒とPで文字列を作り出力
5      print("・"*(com_pos-1) + "C" + "・"*(30-com_pos)) 中黒とCで文字列を作り出力
6  banmen()                                            関数を呼び出す
```

このプログラムを実行すると、次のように表示されます。

図5-3-4　Cのコマも表示する

```
・・・・・・P・・・・・・・・・・・・・・・・・・・・・・・・
・・C・・・・・・・・・・・・・・・・・・・・・・・・・・・・・
>>>
```

　pl_posの初期値を6、com_posの初期値を3としたのは、PとCの表示位置の確認のためです。次のプログラムではpl_pos、com_posとも値を1とします。

ステップ2：繰り返しでコマを進める

　ステップ2ではコマを進めていく処理を追加します。これには繰り返しを用います。次のプログラムを入力し、ファイル名を付けて保存し、実行しましょう。

リスト▶list0503_3.py　※前のlist0503_2.pyから追加、変更した箇所にマーカーを引いています

```
1  pl_pos = 1                                          プレイヤーの位置を管理する変数
2  com_pos = 1                                         コンピュータの位置を管理する変数
3  def banmen():                                       関数の宣言
4      print("・"*(pl_pos-1) + "P" + "・"*(30-pl_pos))      中黒とPで文字列を作り出力
5      print("・"*(com_pos-1) + "C" + "・"*(30-com_pos))    中黒とCで文字列を作り出力
6  while True:                                         while Trueで無限に繰り返す
7      banmen()                                            盤面を表示
8      input("Enterを押すとコマが進みます")                    入力を待つ
9      pl_pos = pl_pos + 1                                 プレイヤーのコマを1マス進める
10     com_pos = com_pos + 2                              コンピュータのコマを2マス進める
```

　このプログラムを実行すると盤面が表示され、「Enterを押すとコマが進みます」と出力されます。Enterキーを押すごとにPとCの位置が右に動いていきます。

図5-3-5　キー入力でコマが進む

```
P・・・・・・・・・・・・・・・・・・・・・・・・・・・・・・
C・・・・・・・・・・・・・・・・・・・・・・・・・・・・・・
Enterを押すとコマが進みます
```

　8行目のinput()命令は、文字列の入力ではなくEnterキーを押すために使っています。9行目でプレイヤーのコマの位置を管理する変数pl_posの値を1増やし、10行目でコンピュータのコマの位置を管理する変数com_posの値を2増やしています。while文の条件式をTrueとすると処理が無限に繰り返されます。6行目のwhile Trueという記述で7〜10行目が繰り返され、Enterキーを押すごとにPとCの位置が右に動くようになっています。

　次にpl_posとcom_posに加える値を1〜6の乱数とします。乱数を使うにはChapter 4

で学んだように、randomモジュールをインポートします（→P.78）。次のプログラムを入力し、ファイル名を付けて保存し、実行しましょう。

リスト ▶ list0503_4.py　※前のプログラムからの追加、変更箇所はマーカー部分です

```
1   import random                                          randomモジュールをインポート
2   pl_pos = 1                                             プレイヤーの位置を管理する変数
3   com_pos = 1                                            コンピュータの位置を管理する変数
4   def banmen():                                          関数の宣言
5       print("・"*(pl_pos-1) + "P" + "・"*(30-pl_pos))      中黒とPで文字列を作り出力
6       print("・"*(com_pos-1) + "C" + "・"*(30-com_pos))    中黒とCで文字列を作り出力
7   while True:                                            while Trueで無限に繰り返す
8       banmen()                                           盤面を表示
9       input("Enterを押すとコマが進みます")                     入力を待つ
10      pl_pos = pl_pos + random.randint(1,6)              プレイヤーのコマを乱数分、進める
11      com_pos = com_pos + random.randint(1,6)            コンピュータのコマを乱数分、進める
```

このプログラムを実行すると、Enterキーを押すごとに「P」と「C」がそれぞれ1〜6の乱数分ずつ動くようになります。実行画面は省略します。

▶▶▶ ステップ3：ゴールに到達したことを判定する

最後に交互にコマを進ませる処理と、ゴールに到達した時の判定を入れて完成させます。判定には条件分岐を用います。次のプログラムを入力し、ファイル名を付けて保存し、実行しましょう。

リスト ▶ list0503_5.py　※前のプログラムからの追加、変更箇所はマーカー部分です

```
1   import random                                          randomモジュールをインポート
2   pl_pos = 1                                             プレイヤーの位置を管理する変数
3   com_pos = 1                                            コンピュータの位置を管理する変数
4   def banmen():                                          関数の宣言
5       print("・"*(pl_pos-1) + "P" + "・"*(30-pl_         中黒とPで文字列を作り出力
    pos)+"Goal")
6       print("・"*(com_pos-1) + "C" + "・"*(30-com_       中黒とCで文字列を作り出力
    pos) +"Goal")
7
8   banmen()                                               関数を呼び出し盤面を表示
9   print("スゴロク、スタート！")                              ゲーム開始のメッセージを出力
10  while True:                                            while Trueで無限に繰り返す
11      input("Enterを押すとあなたのコマが進みます")              [Enter]を押すことを促すメッセージを出力
12      pl_pos = pl_pos + random.randint(1,6)              プレイヤーのコマを乱数分、進める
13      if pl_pos > 30:                                    Pの位置が30マスを超えたら
14          pl_pos = 30                                    30マス目にしておく
15      banmen()                                           盤面を表示
16      if pl_pos == 30:                                   Pが右端に達したら
17          print("あなたの勝ちです！")                         「あなたの勝ちです！」と出力
18          break                                          繰り返しを抜ける
```

92

19	`input("Enterを押すとコンピュータのコマが進みます")`	[Enter]を押すことを促すメッセージを出力
20	`com_pos = com_pos + random.randint(1,6)`	コンピュータのコマを乱数分、進める
21	`if com_pos > 30:`	Cの位置が30マスを超えたら
22	`    com_pos = 30`	30マス目にしておく
23	`banmen()`	盤面を表示
24	`if com_pos == 30:`	Cが右端に達したら
25	`    print("コンピュータの勝ちです！")`	「コンピュータの勝ちです！」と出力
26	`    break`	繰り返しを抜ける

このプログラムを実行すると、Enterキーを押すごとにコマが交互に進み、どちらかが右端に達すると勝敗を出力して終了します。

図5-3-6　CUIによるすごろくの完成

```
P・・・・・・・・・・・・・・・・・・・・・・・・・・・・・・Goal
C・・・・・・・・・・・・・・・・・・・・・・・・・・・・・・Goal
スゴロク、スタート！
Enterを押すとあなたのコマが進みます
・・・・P・・・・・・・・・・・・・・・・・・・・・・・・・・Goal
C・・・・・・・・・・・・・・・・・・・・・・・・・・・・・・Goal
Enterを押すとコンピュータのコマが進みます
・・・・P・・・・・・・・・・・・・・・・・・・・・・・・・・Goal
・・・・C・・・・・・・・・・・・・・・・・・・・・・・・・・Goal
Enterを押すとあなたのコマが進みます
・・・・・・・・・P・・・・・・・・・・・・・・・・・・・・・Goal
・・・・C・・・・・・・・・・・・・・・・・・・・・・・・・・Goal
Enterを押すとコンピュータのコマが進みます
・・・・・・・・・P・・・・・・・・・・・・・・・・・・・・・Goal
・・・・・・・C・・・・・・・・・・・・・・・・・・・・・・・Goal
Enterを押すとあなたのコマが進みます
・・・・・・・・・・・・・P・・・・・・・・・・・・・・・・・Goal
・・・・・・・C・・・・・・・・・・・・・・・・・・・・・・・Goal
Enterを押すとコンピュータのコマが進みます
・・・・・・・・・・・・・P・・・・・・・・・・・・・・・・・Goal
・・・・・・・・・・・C・・・・・・・・・・・・・・・・・・・Goal
Enterを押すとあなたのコマが進みます
・・・・・・・・・・・・・・・・P・・・・・・・・・・・・・・Goal
・・・・・・・・・・・C・・・・・・・・・・・・・・・・・・・Goal
Enterを押すとコンピュータのコマが進みます
```

　PとCの位置が30マスを超えないように、13～14行目、21～22行目のif文で、それぞれの位置を管理する変数が30より大きいか判定し、超えていたら30を代入しています。16～18行目ではPの位置が右端に達したら「あなたの勝ちです！」と出力し、break命令で繰り返しを中断します。同様に24～26行目でコンピュータが勝った時に、breakで繰り返しを中断します。while Trueで無限に行っている処理を勝敗決定時にbreakで終わらせるわけです。

　その他の行で行っている処理も、プログラム右欄の説明を読んで確認してください。

> "P"を"1"、"C"を"2"に書き換えて、二人で交互にEnterキーを押して競えば、二人対戦のすごろくになります。Pythonは記述の仕方がシンプルなので、たった26行のプログラムで対戦ゲームが作れるのです。

Lesson 5-4 消えたアルファベットを探すゲームを作る

本章の最後は、表示されるアルファベットの中で抜けている文字を探すゲームを作ります。datetimeモジュールを利用し、クリアする時間を計測するゲームにします。

>>> 時間を競うゲームについて

　時間を競うこともゲームの面白さの1つです。時間を競う有名なゲームジャンルはレースゲーム（カーレース）です。80年代から現在まで、実際のカーレースを題材にしたものから、架空の世界のレースゲームまで、様々なゲームが作られてきました。
　時間を競うことをゲーム用語で**タイムアタック**といいます。タイムアタックはカーレースだけでなく、様々なジャンルのゲームルールに使えます。例えばパズルゲームを何秒でクリアできるか、アクションゲームのステージを何秒でクリアできるかなどです。
　ここで制作するプログラムは、A～Zまでのアルファベットで抜けている文字を素早く見つけるというものにします。このプログラムも行数がやや長くなるので、3つのステップで制作します。

>>> ステップ1：虫食いアルファベットを作る

　まずリストで定義したデータを1つずつ出力するプログラムを確認します。次のプログラムを入力し、ファイル名を付けて保存し、実行しましょう。

リスト▶list0504_1.py

```
1  ALP = ["A","B","C","D","E","F","G"]      # リストでアルファベットを定義
2  for i in ALP:                             # リストの要素を1つずつ変数iに入れながら繰り返す
3      print(i)                              # iの値を出力
```

　このプログラムを実行すると、2行目で定義したAからGが1文字ずつ出力されます。

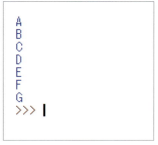

図5-4-1
list0504_1.pyの実行結果

3行目のforの繰り返しの範囲がrange()命令ではなく、ALPとリストを記述しているところにご注目ください。このように記述するとリストの要素が1つずつ変数に入り、繰り返しが行われます。つまりこのfor文は、iの値がA→B→C→D→E→F→Gと変化しながら繰り返されます。

次はAからGまでのいずれか1文字が抜けたアルファベットの文字列を作ります。1文字抜けたとは、例えばACDEFG、ABCEFG、ABCDEFなどです。次のプログラムを入力し、ファイル名を付けて保存し、実行しましょう。

リスト ▶ list0504_2.py　※前のプログラムからの追加、変更箇所はマーカー部分です

```
1  import random
2  ALP = ["A","B","C","D","E","F","G"]
3  r = random.choice(ALP)
4  alp = ""
5  for i in ALP:
6      if i != r:
7          alp = alp + i
8  print(alp)
```

行	説明
1	randomモジュールをインポート
2	リストでアルファベットを定義
3	抜けている文字をランダムに決める
4	変数alpを宣言（箱の中には何も入れない）
5	リストの要素を1つずつ変数iに入れながら繰り返す
6	iが抜けている文字でなければ
7	変数alpにアルファベットを追加
8	alpの値を出力

このプログラムを実行すると今回は次のように出力されました。何度か実行し、抜けている文字がランダムに変わることを確認してください。

図5-4-2
list0504_2.pyの実行結果

3行目のchoice()命令でAからGのいずれかが変数rに入ります。5〜7行目のforとifで、一文字ずつ取り出したアルファベットがrの値でなければ、変数alpにそのアルファベットをつなげていきます。これで1文字抜けたアルファベットの文字列を作り出しています。

図5-4-3　list0504_2.pyのイメージ

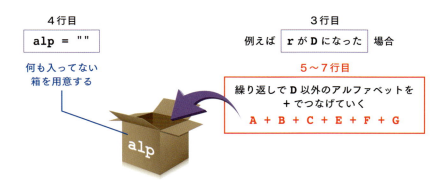

様々なプログラムで、繰り返しの中で条件分岐が行われます。この先のゲーム制作でも使うことになるので、プログラムの内容をよく確認しておきましょう。

▶▶▶ ステップ2：答えを入力し判定する

ステップ2ではアルファベットを入力し、それが抜けている文字であれば正解と出力するようにします。次のプログラムを入力し、ファイル名を付けて保存し、実行しましょう。

リスト▶list0504_3.py　※前のプログラムからの追加、変更箇所はマーカー部分です

```
1  import random                              randomモジュールをインポート
2  ALP = ["A","B","C","D","E","F","G"]        リストでアルファベットを定義
3  r = random.choice(ALP)                     抜けている文字をランダムに決める
4  alp = ""                                   変数alpを宣言（箱の中には何も入れない）
5  for i in ALP:                              リストの要素を1つずつ変数iに入れながら繰り返す
6      if i != r:                                 iが抜けている文字でなければ
7          alp = alp + i                              変数alpにアルファベットを追加
8  print(alp)                                 alpの値を出力
9  ans = input("抜けているアルファベットは?")   input()で答えを入力し変数ansに代入
10 if ans == r:                               答えが合っていれば
11     print("正解です")                          「正解です」と出力
12 else:                                      そうでなければ
13     print("違います")                          「違います」と出力
```

このプログラムを実行すると、次のようになります。

```
ACDEFG
抜けているアルファベットは?B
正解です
>>>
```

図5-4-4
list0504_3.pyの実行結果

9～13行目でinput()命令で文字列を入力し、それをif文で判定し、正解か間違いかを出力しています。

ステップ3：時間の計測を加える

ステップ3では時間の計測を加えます。時間を計るにはdatetimeモジュールを用います。次のプログラムを入力し、ファイル名を付けて保存し、実行しましょう。

リスト▶list0504_4.py　※前のプログラムからの追加、変更箇所はマーカー部分です

1	`import random`	randomモジュールをインポート
2	`import datetime`	datetimeモジュールをインポート
3	`ALP = ["A","B","C","D","E","F","G"]`	リストでアルファベットを定義
4	`r = random.choice(ALP)`	抜けている文字をランダムに決める
5	`alp = ""`	変数alpを宣言（箱の中には何も入れない）
6	`for i in ALP:`	リストの要素を1つずつ変数iに入れながら繰り返す
7	`    if i != r:`	iが抜けている文字でなければ
8	`        alp = alp + i`	変数alpにアルファベットを追加
9	`print(alp)`	alpの値を出力
10	`st = datetime.datetime.now()`	日時を変数stに入れる
11	`ans = input("抜けているアルファベットは?")`	input()で答えを入力し変数ansに代入
12	`if ans == r:`	答えが合っていれば
13	`    print("正解です")`	「正解です」と出力
14	`    et = datetime.datetime.now()`	新たな日時を変数etに入れる
15	`    print((et-st).seconds)`	stとetの差を秒数にして出力
16	`else:`	そうでなければ
17	`    print("違います")`	「違います」と出力

このプログラムを実行すると、次のようになります。

図5-4-5　list0504_4.pyの実行結果

```
ABCDEG
抜けているアルファベットは?F
正解です
6
>>> 
```

時間を計測する処理を説明します。アルファベットの文字列を出力した後、10行目でその時の日時を取得します。11行目で答えを入力し、それが正解だった場合、14行目で再び日時を取得します。そして15行目のように、先ほどの日時との差に.secondsと記述することで、2つの日時の差を秒数として求め、それをprint()命令で出力します。

最後にリストにHからZまで加え、秒数の表示を改良して完成させます。次のプログラムを入力し、ファイル名を付けて保存し、実行しましょう。

リスト ▶ list0504_5.py　※前のプログラムからの追加、変更箇所はマーカー部分です

```python
import random
import datetime
ALP = [
"A","B","C","D","E","F","G",
"H","I","J","K","L","M","N",
"O","P","Q","R","S","T","U",
"V","W","X","Y","Z"
]
r = random.choice(ALP)
alp = ""
for i in ALP:
    if i != r:
        alp = alp + i
print(alp)
st = datetime.datetime.now()
ans = input("抜けているアルファベットは?")
if ans == r:
    print("正解です")
    et = datetime.datetime.now()
    print(str((et-st).seconds)+"秒掛かりました")
else:
    print("違います")
```

行	説明
1	randomモジュールをインポート
2	datetimeモジュールをインポート
3	リストでA〜Zまで定義
9	抜けている文字をランダムに決める
10	変数alpを宣言（箱の中には何も入れない）
11	リストの要素を1つずつ変数iに入れながら繰り返す
12	iが抜けている文字でなければ
13	変数alpにアルファベットを追加
14	alpの値を出力
15	日時を変数stに入れる
16	input()で答えを入力し変数ansに代入
17	答えが合っていれば
18	「正解です」と出力
19	新たな日時を変数etに入れる
20	「○秒掛かりました」と出力
21	そうでなければ
22	「違います」と出力

これで「消えたアルファベットを探せ！」ゲームの完成です。実行画面は次のようになります。

図5-4-6　ゲームの完成

```
ABCDEFGHIJKLMNOPQRSTUVWXYZ
抜けているアルファベットは?C
正解です
5秒掛かりました
>>>
```

20行目の(et-st).secondsは数値なので、これをstr()命令で文字列に変換し（→P.81参照）、+演算子で「秒掛かりました」という文字列とつないで出力しています。

> Pythonではこのように簡単な記述で時間を計ることができます。ここで説明した時間の計測は他のゲームを作る時にも応用できます。皆さんが将来、時間を計る要素のあるゲームを作る時に活用してください。

COLUMN

ゲームの開発費はどれくらい？ 〈その2〉

　Chapter 3のコラムに続き、もう1つゲーム開発費の話をいたします。こちらはパッケージされた家庭用ゲームソフトについてです。

　パッケージソフトでは光ディスクにゲームプログラムと画像やサウンドなどのデータを記録し、説明書を入れてパッケージする費用がかかります。その金額はハードごとに違いますが、仮に1本パッケージするのに500円かかるとします。

　例えば開発費に1億円掛かったゲームがあるとします。売り出すために5万本パッケージすると、さらに2500万円かかります。そして宣伝広告費などで1500万円かけ、合計1億4千万円使って発売したゲームソフトを売り出すと、いくら儲かるでしょうか？

　このゲームソフトの定価を6000円として、1本売れるとゲーム会社に2000円入るとします。5万本売り切ったとしても、入ってくるお金は1億円なので、かけたお金を4000万円も下回っています。パッケージソフトはそれを流通させるための費用や販売店の儲けもあり、1本売れた時に定価からパッケージ代を引いた金額がゲーム会社に入るわけではありません。このタイトルは全部売れても儲からないどころか最初から赤字なので、ビジネスとして破綻していることになります。

　この例で5万本売り切った時に黒字になるには、開発費を6000万円未満にする必要があります。ここでは開発費を1億円としましたが、実はメジャータイトル以外で、億単位の開発費をかけられるプロジェクトはほんの一部です。私の知る限り、1000〜2000万円程度、あるいはそれ以下の開発費で作られるゲームソフトがたくさんあります。

　それから5万本売れるパッケージソフトは、毎年たくさん発売されるゲームソフトの中の一握りです。ざっくばらんにいえば、パッケージソフトの多くは儲かっていないのです。その中で大ヒットするゲームがあることも事実です。この例でもし20万本売れると2億円近い利益が出ます。

Chapter 5 CUIで作るミニゲーム

いろはさん、消えたアルファベットゲームで勝負しましょう。

いいですよ。じゃ、私から。
プログラムを実行して、えーと、抜けているのは……これ！
3秒でした。

もう一度、実行して……、抜けているのは、これ！
0秒が出ました。

す、すごい……
キーボードを打つ指先が見えなかった。
まさに神業です。

本格的なソフトウェア開発にはグラフィカル・ユーザ・インタフェース（GUI）の知識が欠かせません。ゲーム制作にもGUIの知識が必要です。この章ではGUIやグラフィックを用いたプログラムを作り、プログラミングの知識を増やしていきます。

GUIの基礎 ①

Lesson 6-1 GUIについて

パソコンの文書作成ソフトやインターネットを閲覧するブラウザには、メニューバーに「ファイル」や「ヘルプ」などの文字が並んでいます。また文書作成ソフトにはファイルを保存するアイコン、ブラウザにはページを再読み込みするアイコンなどが表示されています。ユーザーはそこをクリックして必要な操作を行うことができます。

図6-1-1　GUIの例

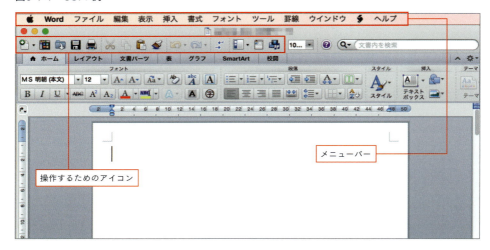

このようにソフトウェアの操作方法が直感的に分かるインタフェースが **GUI** です。アイコン画像が必要というわけではなく、例えば「個数」と書いてある横に四角い枠があれば、そこに数値を入力することは一目で分かります。またボタンの形状が表示されていれば、そこを押すということも分かります。GUIとは文字や数字の入力欄やボタンを含めたものを指す言葉です。

ウィンドウを表示する

PythonでGUIを扱うには **tkinter** モジュールを用います。まず画面にウィンドウを表示します。次のプログラムを入力し、ファイル名を付けて保存し、実行しましょう。

リスト ▶ list0601_1.py

```
1  import tkinter
2  root = tkinter.Tk()
3  root.mainloop()
```

tkinterモジュールをインポート
ウィンドウの部品（オブジェクト）を作る
ウィンドウを表示

このプログラムを実行すると、右のようにウィンドウが表示されます。

2行目の「root = tkinter.Tk()」という記述でウィンドウの部品を作ります。この部品のことを**オブジェクト**といいます。このプログラムではrootという変数がウィンドウのオブジェクトです。ウィンドウのオブジェクトは、3行目のように**mainloop()**命令で画面に表示して処理を開始します。

図6-1-2
list0601_1.pyの実行結果

タイトルとサイズを指定する

次にウィンドウのタイトルとサイズを設定します。タイトルは**title()**命令、サイズは**geometry()**命令で指定します。次のプログラムを入力し、ファイル名を付けて保存し、実行しましょう。

リスト ▶ list0601_2.py

```
1  import tkinter                      tkinterモジュールをインポート
2  root = tkinter.Tk()                 ウィンドウのオブジェクトを作る
3  root.title("初めてのウィンドウ")      ウィンドウのタイトルを指定
4  root.geometry("800x600")            ウィンドウのサイズを指定
5  root.mainloop()                     ウィンドウを表示
```

このプログラムを実行すると、指定したサイズで、タイトルの付いたウィンドウが表示されます。

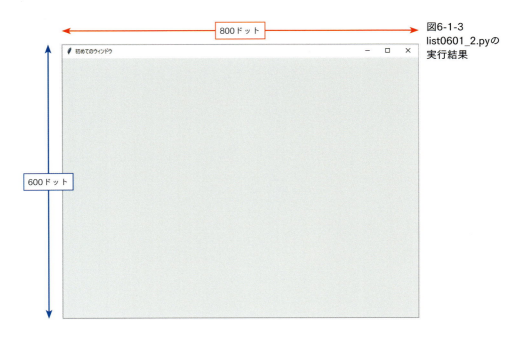

図6-1-3
list0601_2.pyの実行結果

title()の引数でウィンドウのタイトルを指定します。ウィンドウの幅と高さはgeometry()の引数で"幅x高さ"と記述して指定します。**xは半角小文字のエックス**です。ウィンドウのサイズはgeometry()の他に、minsize(幅,高さ)で最小サイズ、maxsize(幅,高さ)で最大サイズを指定できます。

OSの種類やバージョンによってウィンドウ周りの枠の形状が違うため、ウィンドウの大きさは指定サイズから多少ずれます。

MEMO

オブジェクトを操作するmainloop()のような命令を**メソッド**と呼ぶこともあります。本職のプログラマーであれば関数（function）とメソッド（method）を区別し、言葉を使い分けることもありますが、本書では関数≒メソッドと考えて問題ありません。先に述べたように、本書ではコンピュータに処理を命じる関数やメソッドを「**命令**」と表現して説明します。

Lesson 6-2 ラベルを配置する

ウィンドウに各種のGUIを配置していきます。初めは文字列を表示するラベルと呼ばれる部品を配置します。

ラベルの配置

ラベルは **Label()** 命令で作り、**place()** 命令で配置します。次のプログラムを入力し、ファイル名を付けて保存し、実行しましょう。

リスト ▶ list0602_1.py ※ラベルの生成と配置を太字にしています

```
1  import tkinter                                     tkinterモジュールをインポート
2  root = tkinter.Tk()                                ウィンドウのオブジェクトを作る
3  root.title("初めてのラベル")                         ウィンドウのタイトルを指定
4  root.geometry("800x600")                           ウィンドウのサイズを指定
5  label = tkinter.Label(root, text="ラベルの文字列",   ラベルの部品を作る
   font=("System", 24))
6  label.place(x=200, y=100)                          ウィンドウにラベルを配置
7  root.mainloop()                                    ウィンドウを表示
```

このプログラムを実行すると、ウィンドウ内にラベルが表示されます。

図6-2-1　list0602_1.pyの実行結果

5～6行目でラベルを作って配置しており、次のような書式になっています。

書式：ラベルの作成と配置

- ラベルの変数名 = tkinter.Label(ウィンドウのオブジェクト, text="ラベルの文字列", font=("フォント名", フォントサイズ))
- ラベルの変数名.place(x=X座標, y=Y座標)

フォント名にはPythonで使えるフォントを指定しますが、パソコンによって使えるフォントが違います。皆さんのパソコンで使えるフォントを調べる方法と、ラベルの表示位置の指定について説明します。

▶▶▶ 使えるフォントを調べる

使えるフォントの種類を調べるには「tkinter.font.families()」の値をprint()命令で出力します。次のプログラムを入力し、ファイル名を付けて保存し、実行しましょう。

リスト▶list0602_2.py

```
1  import tkinter
2  import tkinter.font          # tkinter.fontをインポート
3  root = tkinter.Tk()
4  print(tkinter.font.families())  # tkinter.font.families()の値を出力
```

このプログラムを実行すると、シェルウィンドウに次のように出力されます。

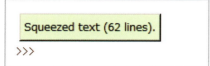

図6-2-2
list0602_2.pyの実行結果

これをダブルクリックするとフォント一覧が表示されます。

図6-2-3　パソコンで使えるフォントの一覧

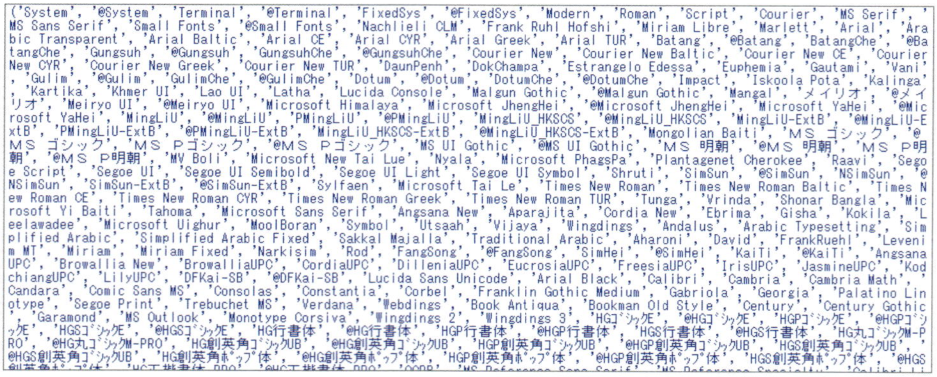

例えば、筆者のWindowsパソコンにはHG行書体があるので、「font=("HG行書体", 24)」と記述して使うことができます。

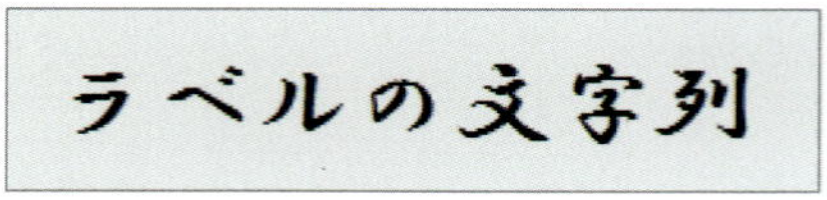

図6-2-4
HG行書体を指定したラベル

使えるフォントはパソコンによって違うため、==インターネットで一般公開するようなプロ==

グラムでは特殊なフォントは指定しないのが無難ですが、プログラミングの学習中である皆さんは、ぜひ色々なフォントの表示を試してください。存在しないフォントを指定するとPythonで決められたフォントが表示されます。

筆者が使っているWindows10パソコンとMacで確認したところ、Win & Mac共通で使えるフォントはTimes New Romanでした。**Times New Romanは多くの環境で使えるフォント**です。これ以降のフォントを指定するプログラムではTimes New Romanを使用します。

ラベルの表示位置について

コンピュータの画面やウィンドウ内の座標は、**左上角が原点(0,0)**です。横方向がX軸で、縦方向がY軸です。**Y軸は数学とは逆で下に行くほど値が大きくなります**。place()命令はこのX座標とY座標の値を指定します。

図6-2-5　X軸とY軸の開始位置と方向

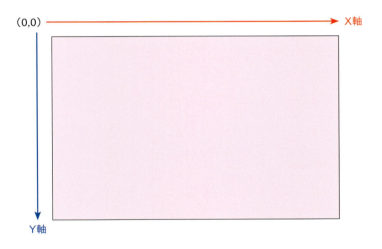

グラフィックを用いるゲーム開発では、画像を表示する位置など、コンピュータの座標に関する知識が必要です。原点の位置、X軸とY軸の向きを覚えておきましょう。

Lesson 6-3 ボタンを配置する

次はボタンを配置します。そしてボタンがクリックされたことを判定するプログラムを確認します。

ボタンの配置

ボタンは **Button()** 命令で作り、place()命令で配置します。次のプログラムを入力し、ファイル名を付けて保存し、実行しましょう。

リスト ▶ list0603_1.py　※ボタンの生成と配置を太字にしています

```
1  import tkinter                                    tkinterモジュールをインポート
2  root = tkinter.Tk()                              ウィンドウのオブジェクトを作る
3  root.title("初めてのボタン")                       ウィンドウのタイトルを指定
4  root.geometry("800x600")                         ウィンドウのサイズを指定
5  button = tkinter.Button(root, text="ボタンの文字列", ボタンの部品を作る
   font=("Times New Roman", 24))
6  button.place(x=200, y=100)                       ウィンドウにボタンを配置
7  root.mainloop()                                  ウィンドウを表示
```

このプログラムを実行すると、ウィンドウ内にボタンが表示されます。

図6-3-1　list0603_1.pyの実行結果

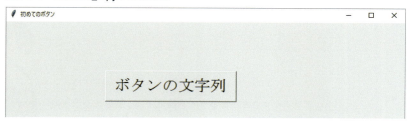

5〜6行目でボタンを作って配置しており、次のような書式になっています。

書式：ボタンの作成と配置

- ボタンの変数名 = **tkinter.Button(ウィンドウのオブジェクト, text="ボタンの文字列", font=("フォント名", フォントサイズ))**
- ボタンの変数名.**place(x=X座標, y=Y座標)**

表示する文字列やフォントの指定はラベルを作る書式と一緒で、ボタンの配置もplace()命令で行います。

ボタンをクリックした時の反応

ボタンをクリックした時に反応するようにします。Pythonでは**ボタンをクリックした時の処理を関数で定義**し、ボタンを作る書式の中に**command = 関数**と記述すると、クリック時にその関数が実行されます。これを確認します。次のプログラムを入力し、ファイル名を付けて保存し、実行しましょう。

リスト ▶ list0603_2.py　※クリックした時に実行する関数と、commandの記述を太字にしています

```python
import tkinter

def click_btn():
    button["text"] = "クリックしました"

root = tkinter.Tk()
root.title("初めてのボタン")
root.geometry("800x600")
button = tkinter.Button(root, text="クリックしてください",
    font=("Times New Roman", 24), command=click_btn)
button.place(x=200, y=100)
root.mainloop()
```

- tkinterモジュールをインポート
- click_btn()という関数を宣言
- ボタンの文字列を変更する
- ウィンドウのオブジェクトを作る
- ウィンドウのタイトルを指定
- ウィンドウのサイズを指定
- ボタンを作る際、command=でクリック時に働く関数を指定
- ウィンドウにボタンを配置
- ウィンドウを表示

このプログラムを実行し、ボタンをクリックすると、ボタンに表示される文字列が変化します。

図6-3-2
クリックすると文字列が変化

関数とボタンを作る書式を抜き出すと次のようになっています。

```
def click_btn():
    button["text"] = "クリックしました"


button = tkinter.Button(root, text="クリックしてください",
font=("Times New Roman", 24), command=click_btn)
```

ボタンをクリックすると関数を実行する

ボタンをクリック→関数が働くという仕組みを理解できるようにしましょう。関数について曖昧な方はP.64で復習してください。

Lesson 6-4 キャンバスを使う

画像や図形を描くGUIをキャンバスといいます。キャンバスはゲーム開発に欠かせない部品の1つです。キャンバスの使い方を見てみましょう。

≫ キャンバスの配置

キャンバスは**Canvas()**命令で作り、**pack()**命令やplace()命令で配置します。次のプログラムを入力し、ファイル名を付けて保存し、実行しましょう。

リスト▶ list0604_1.py　※キャンバスの生成と配置を太字にしています

```
1  import tkinter                                      tkinterモジュールをインポート
2  root = tkinter.Tk()                                 ウィンドウのオブジェクトを作る
3  root.title("初めてのキャンバス")                      ウィンドウのタイトルを指定
4  canvas = tkinter.Canvas(root, width=400, height=600, キャンバスの部品を作る
   bg="skyblue")
5  canvas.pack()                                       ウィンドウにキャンバスを配置
6  root.mainloop()                                     ウィンドウを表示
```

このプログラムを実行すると、空色のキャンバスが配置されたウィンドウが表示されます。

pack()命令で配置すると、キャンバスのサイズに合わせて、ウィンドウのサイズが決まります。ウィンドウにキャンバスだけを置くなら、このプログラムのようにroot.geometry()の記述を省略できます。

キャンバスを作る書式を見てみましょう。

図6-4-1　list0604_1.pyの実行結果

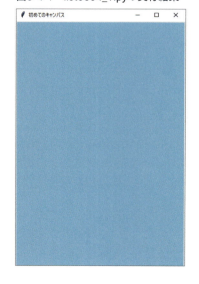

書式：キャンバスの作成

> 変数名 = tkinter.Canvas(ウィンドウのオブジェクト, width=幅, height=高さ, bg=背景色)

背景色は red、green、blue、yellow、black、white などの英単語か、16進数の値で指定します。16進数での色指定はChapter 7のコラム（P.138）で説明します。

>>> キャンバスに画像を表示する

キャンバスに画像を表示するには、**PhotoImage()** 命令で画像ファイルを読み込み、**create_image()** 命令で描画します。次のプログラムを入力し、ファイル名を付けて保存し、実行しましょう。

> **POINT**
>
> **プログラムで使用する画像ファイルについて**
>
> このプログラムで用いる画像ファイル「iroha.png」は、本書のサポートページからダウンロードできます。画像ファイルはプログラムと同じフォルダに入れてください。
> 画像はご自身で用意してもかまいません。オリジナルの画像を使う場合は、4行目のキャンバスの大きさ、6行目のファイル名、7行目の画像の表示位置を、適宜、書き換えてください。

リスト ▶ list0604_2.py　※画像の読み込みと描画を太字にしています

```
1  import tkinter
2  root = tkinter.Tk()
3  root.title("初めての画像表示")
4  canvas = tkinter.Canvas(root, width=400, height=600)
5  canvas.pack()
6  gazou = tkinter.PhotoImage(file="iroha.png")
7  canvas.create_image(200, 300, image=gazou)
8  root.mainloop()
```

1	tkinterモジュールをインポート
2	ウィンドウのオブジェクトを作る
3	ウィンドウのタイトルを指定
4	キャンバスの部品を作る
5	ウィンドウにキャンバスを配置
6	**gazou に画像ファイルを読み込む**
7	**キャンバスに画像を描画**
8	ウィンドウを表示

このプログラムを実行すると、キャンバスに画像が表示されます。

画像の読み込みと描画を説明します。6行目のPhotoImage()命令で、file=ファイル名で画像ファイルを指定し、変数 gazou に画像を読み込みます。

7行目の create_image() 命令の引数は、画像を描画する X 座標、Y 座標、image= 画像を読み込んだ変数です。**create_image() 命令で指定する X 座標、Y 座標は画像の中心になる**という注意点があります。例えば、canvas.create_image(**0, 0**, image=gazou) とすると、画像の中心位置がキャンバスの原点である左上角になり、画像が一部しか描かれません。

図6-4-2　list0604_2.pyの実行結果

キャンバスには線を引いたり、四角や円などの図形を描くことができます。それらの描画命令は本章末のコラムで説明します。

Lesson 6-5 おみくじを引くソフトを作る

本章で学んだラベル、ボタン、キャンバスを用いて、おみくじを引くソフトを作ります。

画面のレイアウト

ゲーム開発では最初に画面構成を考えましょう。ゲームに限らずソフトウェアを開発する際は、ラフスケッチでよいので、最初に画面のレイアウトを考えておくと開発がスムーズに進みます。今回制作するおみくじソフトは次のような画面構成にします。

図6-5-1
おみくじソフトのレイアウトスケッチ

初めてのGUIソフトウェア開発ですので、ボタンを押すと吉や凶などがランダムに表示されるシンプルな内容にします。文字表示だけでは面白みに欠けるので、おみくじを引いてくれるという設定のキャラクター画像「miko.png」を使用します。画像ファイルは書籍サポートページからダウンロードできます。ダウンロードした**画像ファイルはプログラムと同一フォルダに入れる**ようにしてください。

「miko.png」はサポートページからダウンロードできます

ステップ1：画像の表示

　3つのステップでアプリを作っていきます。最初はキャンバスを配置し、画像を表示します。ウィンドウサイズは変更できないほうが良いので、前項で学んだ画像表示のプログラムに**resizable()**命令を加えます。resizable()の使い方は動作確認後に説明します。

　次のプログラムを入力し、ファイル名を付けて保存し、実行しましょう。

リスト▶list0605_1.py

```python
1  import tkinter
2  root = tkinter.Tk()
3  root.title("おみくじソフト")
4  root.resizable(False, False)
5  canvas = tkinter.Canvas(root, width=800, height=600)
6  canvas.pack()
7  gazou = tkinter.PhotoImage(file="miko.png")
8  canvas.create_image(400, 300, image=gazou)
9  root.mainloop()
```

	tkinterモジュールをインポート
	ウィンドウのオブジェクトを作る
	タイトルを指定
	ウィンドウサイズを固定する
	キャンバスの部品を作る
	キャンバスを配置
	画像の読み込み
	キャンバスに画像を描画
	ウィンドウを表示

　このプログラムを実行すると、次のようなウィンドウが表示されます。

図6-5-2　list0605_1.pyの実行結果

　4行目のresizable()命令でウィンドウサイズを変更できなくしています。1つ目の引数が横方向のサイズ変更を許可するか、2つ目の引数が縦方向のサイズ変更を許可するかの指定で、許可する場合はTrue、許可しない場合はFalseとします。

ステップ2：GUIの配置

　今回のプログラムはキャンバス上にラベルとボタンを載せるので、最初にキャンバスを配置しました。次はラベルとボタンを配置します。次のプログラムを入力し、ファイル名を付けて保存し、実行しましょう。

リスト ▶ list0605_2.py　※前のプログラムから追加したラベルとボタン配置をマーカー色にしています

```
1  import tkinter
2  root = tkinter.Tk()
3  root.title("おみくじソフト")
4  root.resizable(False, False)
5  canvas = tkinter.Canvas(root, width=800, height=600)
6  canvas.pack()
7  gazou = tkinter.PhotoImage(file="miko.png")
8  canvas.create_image(400, 300, image=gazou)
9  label = tkinter.Label(root, text=" ？？ ", font=("Times New Roman", 120), bg="white")
10 label.place(x=380, y=60)
11 button = tkinter.Button(root, text="おみくじを引く", font=("Times New Roman", 36), fg="skyblue")
12 button.place(x=360, y=400)
13 root.mainloop()
```

tkinterモジュールをインポート
ウィンドウのオブジェクトを作る
タイトルを指定
ウィンドウサイズを固定する
キャンバスの部品を作る
キャンバスを配置
画像の読み込み
キャンバスに画像を描画
ラベルの部品を作る

ラベルを配置
ボタンの部品を作る

ボタンを配置
ウィンドウを表示

　このプログラムを実行すると、次のようにラベルとボタンが表示されます。

図6-5-3
list0605_2.pyの実行結果

9行目のボタンの部品を作る記述で、**fg=**"skyblue"として文字を空色にしています。

fg は foreground、bg は background の略です。Windowsパソコンでは **bg=** で指定すればボタン自体の色を変えることもできます。

ステップ3：ボタンを反応させる

ボタンをクリックした時におみくじの結果が表示されるようにします。ラベルの文字を更新する際に使っている **update()** 命令は、動作確認後に説明します。次のプログラムを入力し、ファイル名を付けて保存し、実行しましょう。

リスト ▶ list0605_3.py ※前のプログラムから追加した処理をマーカー色にしています

```
1  import tkinter                                          tkinterモジュールををインポート
2  import random                                           randomモジュールをインポート
3
4  def click_btn():                                        ボタンをクリックした時の関数を定義
5      label["text"]=random.choice(["大吉","中吉","小吉",      ラベルの文字をランダムに変更
   "凶"])
6      label.update()                                      文字の更新を即座に行う
7
8  root = tkinter.Tk()                                     ウィンドウのオブジェクトを作る
9  root.title("おみくじソフト")                                タイトルを指定
10 root.resizable(False, False)                            ウィンドウサイズを固定する
11 canvas = tkinter.Canvas(root, width=800, height=600)    キャンバスの部品を作る
12 canvas.pack()                                           キャンバスを配置
13 gazou = tkinter.PhotoImage(file="miko.png")             画像の読み込み
14 canvas.create_image(400, 300, image=gazou)              キャンバスに画像を描画
15 label = tkinter.Label(root, text="？？", font=("Times    ラベルの部品を作る
   New Roman", 120), bg="white")
16 label.place(x=380, y=60)                                ラベルを配置
17 button = tkinter.Button(root, text="おみくじを引く", font=  ボタンの部品を作る、commandでク
   ("Times New Roman", 36), command=click_btn, fg="skyblue") リック時に働く関数を指定
18 button.place(x=360, y=400)                              ボタンを配置
19 root.mainloop()                                         ウィンドウを表示
```

これでおみくじソフトの完成です。実行した画面は次のようになります。

図6-5-4
list0605_3.pyの実行結果

ボタンを押すたびに、大吉、中吉、小吉、凶の4種類のうちいずれかが表示されます。ラベルの文字を変更する関数内の6行目に記述したupdate()命令で、ラベルの文字の更新を即座に行っています。update()を入れないと、パソコンによってはボタンを押した時に、短時間ですが前の文字が表示されたままになることがあります。

> 神社によっては大大吉があるなど、おみくじには色々な種類があるそうです。オリジナルの画像を使ったり、おみくじの種類を増やしたりして、新しいおみくじソフトに改良してみましょう。

COLUMN

キャンバスに図形を表示する

　前章までのコラムはゲーム業界についての話でした。この章以降はゲーム開発に役立つプログラミングの知識をコラムで取り上げます。今回はキャンバスに図形を描画する命令についてです。

表6-A　Pythonの図形描画命令

直線	create_line(x1, y1, x2, y2, fill=色, width=線の太さ) ※3つ目の点、4つ目の点と複数の点を指定可能 ※3点以上を指定しsmooth=Trueとすると曲線になる	$(x1, y1)$ から $(x2, y2)$ への直線
矩形	create_rectangle(x1, y1, x2, y2, fill=塗り色, outline=枠線の色, width=枠線の太さ)	$(x1, y1)$ から $(x2, y2)$ への矩形
楕円	create_oval(x1, y1, x2, y2, fill=塗り色, outline=枠線の色, width=枠線の太さ)	$(x1, y1)$ から $(x2, y2)$ に内接する楕円
多角形	create_polygon(x1, y1, x2, y2, x3, y3, ･･, ･･, fill=塗り色, outline=枠線の色, width=枠線の太さ) ※複数の点を指定可能	$(x1, y1)$, $(x2, y2)$, $(x3, y3)$, $(\cdot\cdot, \cdot\cdot)$ を結ぶ多角形

※正方形や長方形をプログラミングでは矩形と呼び表します。

他に円弧を描く、

**create_arc(x1, y1, x2, y2, fill=塗り色, outline=枠線の色,
start=開始角度, extent=何度描くか, style=tkinter.***)**

***にはPIESLICE、CHORD、ARCが入る。どのような形状になるかは次のプログラムで
確認できます。

があります。
　文字は7行目のように、create_text(x, y, text="文字列", fill=色, font=("フォント名", サイ
ズ))で表示します。プログラムでこれらの描画命令を確認してみましょう。

リスト▶column06.py

```python
1   import tkinter
2   root = tkinter.Tk()
3   root.title("キャンバスに図形を描く")
4   root.geometry("500x400")
5   cvs = tkinter.Canvas(root, width=500, height=400, bg="white")
6   cvs.pack()
7   cvs.create_text(250, 25, text="文字列", fill="green", font=("Times New
    Roman", 24))
8   cvs.create_line(30, 30, 70, 80, fill="navy", width=5)
9   cvs.create_line(120, 20, 80, 50, 200, 80, 140, 120, fill="blue",
    smooth=True)
10  cvs.create_rectangle(40, 140, 160, 200, fill="lime")
11  cvs.create_rectangle(60, 240, 120, 360, fill="pink", outline="red",
    width=5)
12  cvs.create_oval(250-40, 100-40, 250+40, 100+40, fill="silver",
    outline="purple")
13  cvs.create_oval(250-80, 200-40, 250+80, 200+40, fill="cyan", width=0)
14  cvs.create_polygon(250, 250, 150, 350, 350, 350, fill="magenta",
    width=0)
15  cvs.create_arc(400-50, 100-50, 400+50, 100+50, fill="yellow", start=30,
    extent=300)
16  cvs.create_arc(400-50, 250-50, 400+50, 250+50, fill="gold", start=0,
    extent=120, style=tkinter.CHORD)
17  cvs.create_arc(400-50, 350-50, 400+50, 350+50, outline="orange",
    start=0, extent=120, style=tkinter.ARC)
18  cvs.mainloop()
```

※円の中心位置が(x, y)、半径をrとした時、表示位置の引数を「x-r, y-r, x+r, y+r」で指定すると分かりやすい
　（12行目）
※create_arcでstyleを省略するとstyle=tkinter.PIESLICEになる（15行目）

　このプログラムを実行すると次の図形が表示されます。

図6-A　column06.pyの実行結果

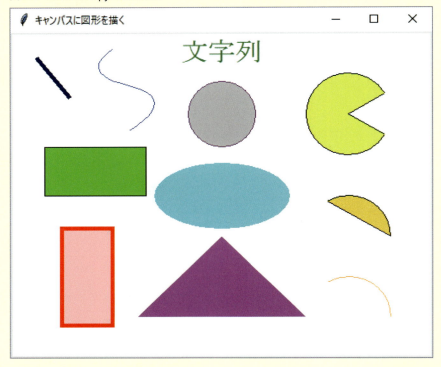

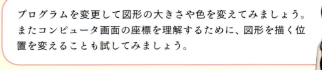

プログラムを変更して図形の大きさや色を変えてみましょう。またコンピュータ画面の座標を理解するために、図形を描く位置を変えることも試してみましょう。

前章に続き、テキスト入力欄などのGUIの使い方を説明します。それらのGUIを用いて診断ゲームを作り、ゲーム開発の基礎知識を学びます。

GUIの基礎 ②

Chapter 7

Lesson 7-1 テキスト入力欄を配置する

テキスト入力を行う Python の GUI には、Entry という 1 行の入力欄と、Text という複数行の入力欄があります。Lesson 7-1 で Entry の使い方を、次の Lesson 7-2 で Text の使い方を説明します。

1行のテキスト入力欄

1行のテキスト入力欄は **Entry()** 命令で作ります。テキスト入力欄も place() 命令で配置します。次のプログラムを入力し、ファイル名を付けて保存し、実行しましょう。

リスト ▶ list0701_1.py　※テキスト入力欄の生成と配置を太字にしています

```
1  import tkinter                              tkinterモジュールをインポート
2  root = tkinter.Tk()                         ウィンドウのオブジェクトを作る
3  root.title("初めてのテキスト入力欄")          ウィンドウのタイトルを指定
4  root.geometry("400x200")                    ウィンドウのサイズを指定
5  entry = tkinter.Entry(width=20)             半角20文字分の入力欄の部品を作る
6  entry.place(x=10, y=10)                     入力欄の部品を配置
7  root.mainloop()                             ウィンドウを表示
```

このプログラムを実行すると、ウィンドウに次のような入力欄が配置されます。

図7-1-1　list0701_1.pyの実行結果

Python で GUI の部品を作る命令の引数に記述する root は、部品をウィンドウ上に配置するなら省略できるので、このプログラムの Entry() は root の記述を省略しています。

Entry() の引数 width= の値で、半角で何文字分の入力欄とするかを指定します。

❯❯❯ Entry内の文字列の操作

Entry内の文字列は **get()** 命令で取得できます。入力欄に文字を入力し、ボタンを押すと、その文字列を取得するプログラムを確認します。次のプログラムを入力し、ファイル名を付けて保存し、実行しましょう。

リスト▶list0701_2.py　※テキスト入力欄の文字列を取得し、ボタンに表示する処理を太字にしています

1	`import tkinter`	tkinterモジュールをインポート
2		
3	`def click_btn():`	ボタンをクリックした時に実行する関数を定義
4	`    txt = entry.get()`	**入力欄の文字列を変数txtに代入**
5	`    button["text"] = txt`	**ボタンの文字列をtxtの値にする**
6		
7	`root = tkinter.Tk()`	ウィンドウのオブジェクトを作る
8	`root.title("初めてのテキスト入力欄")`	ウィンドウのタイトルを指定
9	`root.geometry("400x200")`	ウィンドウのサイズを指定
10	`entry = tkinter.Entry(width=20)`	半角20文字分の入力欄の部品を作る
11	`entry.place(x=20, y=20)`	入力欄の部品を配置
12	`button = tkinter.Button(text="文字列の取得", command=click_btn)`	ボタンの部品を作り、command=でクリック時に実行する関数を指定
13	`button.place(x=20, y=100)`	ボタンを配置
14	`root.mainloop()`	ウィンドウを表示

このプログラムを実行し、テキスト入力欄に何か文字列を入力してボタンをクリックすると、その文字列がボタンに表示されます。

図7-1-2　list0701_2.pyの実行結果

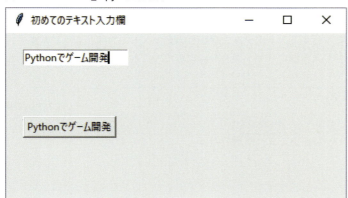

今回は用いませんが、Entry内の文字列の削除はdelete()、文字列の挿入はinsert()命令で行います。

Lesson 7-2 複数行のテキスト入力欄を配置する

複数行のテキスト入力欄を配置するTextの使い方を説明します。

複数行のテキスト入力欄

複数行のテキスト入力欄は **Text()** 命令で作ります。次のプログラムを入力し、ファイル名を付けて保存し、実行しましょう。

リスト ▶ list0702_1.py ※テキスト入力欄の生成と配置を太字にしています

	コード	説明
1	`import tkinter`	tkinterモジュールをインポート
2		
3	`def click_btn():`	ボタンをクリックした時に働く関数の定義
4	`    text.insert(tkinter.END, "モンスターが現れた！")`	テキスト入力欄の最後尾に文字列を追加
5		
6	`root = tkinter.Tk()`	ウィンドウのオブジェクトを作る
7	`root.title("複数行のテキスト入力")`	タイトルを指定
8	`root.geometry("400x200")`	サイズを指定
9	`button = tkinter.Button(text="メッセージ", command=click_btn)`	ボタンの部品を作り、command=でクリック時に実行する関数を指定
10	`button.pack()`	ボタンの部品を配置
11	**`text = tkinter.Text()`**	**複数行のテキスト入力欄の部品を作る**
12	**`text.pack()`**	**入力欄の部品を配置**
13	`root.mainloop()`	ウィンドウを表示

このプログラムを実行すると、ボタンと複数行のテキスト入力欄が表示されます。ボタンをクリックするたびに入力欄に「モンスターが現れた！」という文字列が追加されます。

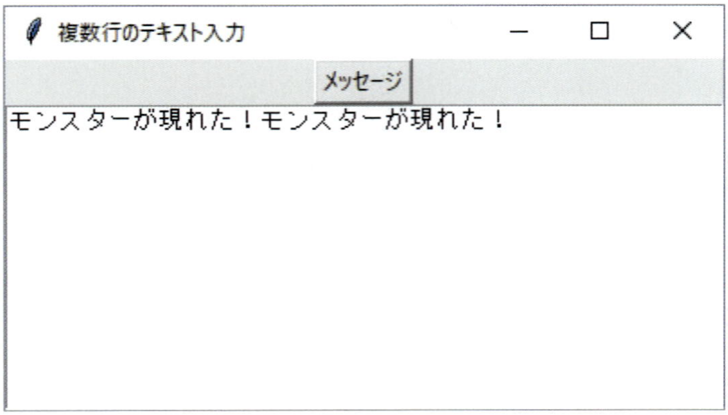

図7-2-1
list0702_1.pyの実行結果

このプログラムでは、Text()命令で作った入力欄をpack()命令で配置しています。place()命令を使う場合は入力欄の配置位置とサイズを適宜指定します。サイズはplace()命令の引数でwidth=、height=で指定します。

例

```
text = tkinter.Text()
text.place(x=20, y=50, width=360, height=120)
```

　テキスト入力欄には4行目のように、**insert()**命令で文字列を追加できます。insert()命令の引数は追加位置と文字列です。今回は追加位置を**tkinter.ENDとして入力欄の最後尾に追加**しています。

　Textに入力された文字列を取得するには、Entryのプログラムでも用いたget()命令で、「get(最初の位置, 終わりの位置)」とします。入力欄の文字列を削除するには、「delete(最初の位置, 終わりの位置)」とします。
　例えば入力欄全体の文字列を取得するには、「get("1.0", "end-1c")」とします。"1.0"は1行目の0文字目（つまり一番頭の文字）という意味です。"end-1c"は、"end"だけでは最後尾の次の位置になるので、そこから1文字（1character）手前という意味です。
　Textの文字の位置指定はややこしいので、今すぐに理解できなくても大丈夫です。

将来、本格的なGUIを備えたソフトウェアを開発したい方への情報です。大量の文字列を扱うソフトウェアなどで、**スクロールバー付きのテキスト入力欄**が必要であれば、**ScrolledText()**という命令で配置できます。ScrolledText()の使い方は基本的に今回使ったText()と一緒ですが、ScrolledText()を使うにはtkinter.scrolledtext モジュールをインポートします。

Lesson 7-3 チェックボタンを配置する

　テキスト入力欄の次はチェックボタンの使い方を説明します。==チェックボタンは一般的にチェックボックスと呼ばれ、項目選択に用いる小さな四角い枠のことです==。これをクリックすると、レの印が付くGUIになります。
　本書ではPythonの命令の英単語に合わせ、チェックボックスではなくチェックボタンという呼び方で統一します。

》》》 チェックボタンの配置

　チェックボタンは**Checkbutton()**命令で作ります。次のプログラムを入力し、ファイル名を付けて保存し、実行しましょう。

リスト ▶ list0703_1.py　※チェックボタンの生成と配置を太字にしています

```
1  import tkinter                                  tkinterモジュールをインポート
2  root = tkinter.Tk()                             ウィンドウのオブジェクトを作る
3  root.title("チェックボタンを扱う")                   タイトルを指定
4  root.geometry("400x200")                        サイズを指定
5  cbtn = tkinter.Checkbutton(text="チェックボタン")   チェックボタンの部品を作る
6  cbtn.pack()                                     チェックボタンの部品を配置
7  root.mainloop()                                 ウィンドウを表示
```

　このプログラムを実行すると、次のようにチェックボタンが配置されます。□をクリックして印が付くことを確認しましょう。

図7-3-1
list0703_1.pyの実行結果

≫≫ チェックの有無を知る

　チェックボタンがチェックされているかどうかを知るには、少しだけ複雑な記述が必要です。チェックの有無は**BooleanVar()**命令を用いて調べるので、最初にその使い方を説明します。まずはチェックボタンをチェックされた状態にしてみます。次のプログラムを入力し、ファイル名を付けて保存し、実行しましょう。

リスト ▶ list0703_2.py　※BooleanVar()を用いている箇所を太字にしています

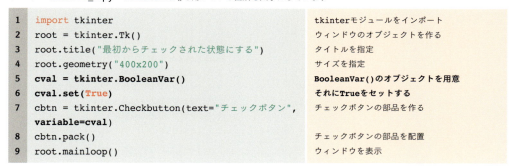

　このプログラムを実行すると、次のように初めからチェックされた状態になります。

図7-3-2　list0703_2.pyの実行結果

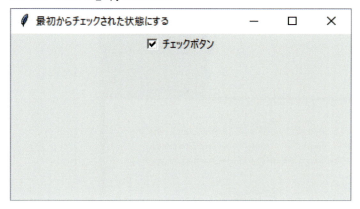

　5行目でBooleanVar()のオブジェクトを用意し、6行目でそれにTrueをセットします。Trueでチェックありに、Falseでチェックなしになります。7行目でチェックボタンを作る際に、**variable=**でこのオブジェクトを指定します。これでBooleanVar()のオブジェクトがチェックボタンと結び付きます。

　次にチェックの有無を調べます。調べるにはBooleanVar()のオブジェクトに対し、get()メソッドを用います。次ページのプログラムを入力し、ファイル名を付けて保存し、実行しましょう。

リスト ▶ list0703_3.py　　※前のプログラムに追加した箇所をマーカー色にしています

```
1   import tkinter
2
3   def check():
4       if cval.get() == True:
5           print("チェックされています")
6       else:
7           print("チェックされていません")
8
9   root = tkinter.Tk()
10  root.title("チェックの状態を知る")
11  root.geometry("400x200")
12  cval = tkinter.BooleanVar()
13  cval.set(False)
14  cbtn = tkinter.Checkbutton(text="チェックボタン", variable=cval, command=check)
15  cbtn.pack()
16  root.mainloop()
```

行	説明
1	tkinterモジュールをインポート
3	チェックボタンをクリックした時に実行する関数を定義
4	チェックされていたら
5	「チェックされています」と出力
6	そうでなかったら
7	「チェックされていません」と出力
9	ウィンドウのオブジェクトを作る
10	タイトルを指定
11	サイズを指定
12	BooleanVar()のオブジェクトを用意
13	それにFalseをセットする
14	チェックボタンの部品を作り、command=でクリックした時に実行する関数を指定
15	チェックボタンの部品を配置
16	ウィンドウを表示

このプログラムを実行し、チェックボタンをクリックすると、シェルウィンドウにチェックの状態が出力されます。チェックを付けたり外したりして動作を確認しましょう。

図7-3-3
list0703_3.pyの実行結果

14行目でチェックボタンを作る際、クリック時に実行する関数をcommand= で指定しています。これはボタンをクリックする処理で学んだものと同じ記述です。チェックボタンのチェックの有無を知るには、4行目のようにBooleanVar()のオブジェクトをget()命令で調べます。

> チェックボタンの使い方は最初のうちは難しいと思います。今すぐに分からなくても、Lesson 7-5の診断ゲームの制作でチェックボタンを使うので、その時に復習しましょう。

Lesson 7-4 メッセージボックスを表示する

メッセージボックスを用いると画面にメッセージを表示できます。ここではメッセージボックスの使い方を説明します。

>>> メッセージボックスの使い方

メッセージボックスを使うには **tkinter.messagebox** モジュールをインポートします。次のプログラムを入力し、ファイル名を付けて保存し、実行しましょう。

リスト ▶ list0704_1.py ※メッセージボックスに関する命令を太字にしています

```
1   import tkinter                                     tkinterモジュールをインポート
2   import tkinter.messagebox                          tkinter.messageboxモジュールをインポート
3
4   def click_btn():                                   関数を定義
5       tkinter.messagebox.showinfo("情報", "ボタンを押    メッセージボックスの表示
    しました")
6
7   root = tkinter.Tk()                                ウィンドウのオブジェクトを作る
8   root.title("初めてのメッセージボックス")               タイトルを指定
9   root.geometry("400x200")                           サイズを指定
10  btn = tkinter.Button(text="テスト", command=click   ボタンを作り、クリック時の関数を指定
    _btn)
11  btn.pack()                                         ボタンを配置
12  root.mainloop()                                    ウィンドウを表示
```

このプログラムを実行し、ウィンドウ上のボタンをクリックすると、メッセージボックスが表示されます。

図7-4-1
list0704_1.pyの実行結果

このプログラムでは **showinfo()** 命令でメッセージボックスを表示しました。メッセージボックスには複数の種類があります。主なメッセージボックスを表示する命令は次のようになります。

表7-4-1　メッセージボックスを表示する命令

showinfo()	情報を表示するメッセージボックス
showwarning()	警告を表示するメッセージボックス
showerror()	エラーを表示するメッセージボックス
askyesno()	「はい」「いいえ」のボタンがあるメッセージボックス
askokcancel()	「OK」「キャンセル」のボタンがあるメッセージボックス

メッセージボックスはChapter 8のゲーム制作で用います。この章では使いませんが、GUIにはこのような命令があることを知っておきましょう。

Lesson 7-5 診断ゲームを作る

テキスト入力欄とチェックボタンを用いて診断ゲームを作ります。ゲーム名は「ネコ度診断アプリ」で、前世はネコだったかを診断する遊び心のある内容にします。質問とコメントを変えれば、例えば「食べたことのあるラーメンの種類でラーメン好きかを診断する」など、色々なテーマに応用できるプログラムになっています。

画面構成を考えよう

今回制作するゲームは質問の一覧をチェックボタンで表示します。当てはまると思うものをチェックし、診断ボタンを押すと、チェックした数に応じてコメントを出すという内容にします。今回も最初に画面構成を考えてみましょう。

図7-5-1
診断ゲームのレイアウトスケッチ

わたしが診断するキャラクター役になる画像「sumire.png」を使います。

画像ファイルは書籍サポートページからダウンロードできます。**画像ファイルはプログラムと同一フォルダに入れてください**。

sumire.png

ステップ1：GUIの配置

今回は4つのステップで制作します。最初に画像を表示し、チェックボタン以外のGUIを配置します。次のプログラムを入力し、ファイル名を付けて保存し、実行しましょう。

リスト ▶ list0705_1.py

1	`import tkinter`	tkinterモジュールをインポート
2		
3	`root = tkinter.Tk()`	ウィンドウのオブジェクトを作る
4	`root.title("ネコ度診断アプリ")`	タイトルを指定
5	`root.resizable(False, False)`	サイズを指定
6	`canvas = tkinter.Canvas(root, width=800, height=600)`	キャンバスの部品を作る
7	`canvas.pack()`	キャンバスを配置
8	`gazou = tkinter.PhotoImage(file="sumire.png")`	画像を読み込む
9	`canvas.create_image(400, 300, image=gazou)`	画像を表示
10	`button = tkinter.Button(text="診断する", font=("Times New Roman", 32), bg="lightgreen")`	ボタンの部品を作る
11	`button.place(x=400, y=480)`	ボタンを配置
12	`text = tkinter.Text(width=40, height=5, font=("Times New Roman", 16))`	テキスト入力欄の部品を作る
13	`text.place(x=320, y=30)`	テキスト入力欄を配置
14	`root.mainloop()`	ウィンドウを表示

このプログラムを実行すると次のようなウィンドウが表示されます。10行目でボタンを作る際にbg="lightgreen"でボタンの色を指定していますが、Macではこの色指定は無視され、ボタンは決められた色になります（本書執筆時のPython3.7）。

図7-5-2
入力欄とボタンの配置

ステップ2：複数のチェックボタンの配置

次は複数のチェックボタンをfor文で配置します。次のプログラムを入力し、ファイル名を付けて保存し、実行しましょう。

リスト ▶ list0705_2.py ※前のプログラムから追加、変更した箇所をマーカー色にしています

1	`import tkinter`	tkinterモジュールをインポート
2		
3	`root = tkinter.Tk()`	ウィンドウのオブジェクトを作る
4	`root.title("ネコ度診断アプリ")`	タイトルを指定
5	`root.resizable(False, False)`	ウィンドウサイズを変更できなくする
6	`canvas = tkinter.Canvas(root, width=800, height=600)`	キャンバスの部品を作る
7	`canvas.pack()`	キャンバスを配置
8	`gazou = tkinter.PhotoImage(file="sumire.png")`	画像を読み込む
9	`canvas.create_image(400, 300, image=gazou)`	画像を表示
10	`button = tkinter.Button(text="診断する", font=("Times New Roman", 32), bg="lightgreen")`	ボタンの部品を作る
11	`button.place(x=400, y=480)`	ボタンを配置
12	`text = tkinter.Text(width=40, height=5, font=("Times New Roman", 16))`	テキスト入力欄の部品を作る
13	`text.place(x=320, y=30)`	テキスト入力欄を配置
14		
15	`bvar = [None]*7`	BooleanVarのオブジェクト用のリスト
16	`cbtn = [None]*7`	チェックボタン用のリスト
17	`ITEM = [`	チェックボタンの質問を定義
18	`"高いところが好き",`	
19	`"ボールを見ると転がしたくなる",`	
20	`"びっくりすると髪の毛が逆立つ",`	
21	`"ネズミの玩具が気になる",`	
22	`"匂いに敏感",`	
23	`"魚の骨をしゃぶりたくなる",`	
24	`"夜、元気になる"`	
25	`]`	
26	`for i in range(7):`	繰り返しでチェックボタンを配置
27	`    bvar[i] = tkinter.BooleanVar()`	BooleanVarのオブジェクトを作る
28	`    bvar[i].set(False)`	そのオブジェクトにFalseを設定
29	`    cbtn[i] = tkinter.Checkbutton(text=ITEM[i], font=("Times New Roman", 12), variable=bvar[i], bg="#dfe")`	チェックボタンの部品を作る
30	`    cbtn[i].place(x=400, y=160+40*i)`	チェックボタンを配置
31	`root.mainloop()`	ウィンドウを表示

このプログラムを実行すると、次のように7つのチェックボタンが配置されます。

図7-5-3　チェックボタンが配置された

　15行目と16行目の記述がそれぞれ、「bvar = [None]*7」「cbtn = [None]*7」となっています。**None**はPythonで何も存在しないことを意味する値です。bvarはBooleanVarのオブジェクトを作るためのリストで、何も入っていない箱を7つ用意しています。cbtnはチェックボタンを作るためのリストで、こちらも何も入っていない箱を7つ用意しています。Pythonではこのようにアスタリスク（*）を用いて、リストの箱（要素）をいくつ用意するか指定できます。

　27行目と29行目でbvarとcbtnの箱の中身（実体）を定めています。29行目のチェックボタンを作る記述では、「bg="#dfe"」で文字の後ろ側の色（背景色）を16進数で指定しています。16進数での色指定は本章末のコラムで説明します。

最初のうちは**リストと繰り返しで複数のGUIを作る手法**は難しいかもしれません。本格的なプログラミングでは、このようにして**効率良くプログラムを組む**必要があるので、説明と実行画面を確認しながら大まかなイメージをつかんでおいてください。

ステップ3：チェックされたボタンを数える

チェックされている項目を数える処理を追加します。次のプログラムを入力し、ファイル名を付けて保存し、実行しましょう。

リスト ▶ list0705_3.py ※前のプログラムから追加、変更した箇所をマーカー色にしています

```python
import tkinter

def click_btn():
    pts = 0
    for i in range(7):
        if bvar[i].get() == True:
            pts = pts + 1
    text.delete("1.0", tkinter.END)
    text.insert("1.0", "チェックの数は" + str(pts))

root = tkinter.Tk()
root.title("ネコ度診断アプリ")
root.resizable(False, False)
canvas = tkinter.Canvas(root, width=800, height=600)
canvas.pack()
gazou = tkinter.PhotoImage(file="sumire.png")
canvas.create_image(400, 300, image=gazou)
button = tkinter.Button(text="診断する", font=("Times New Roman", 32), bg="lightgreen", command=click_btn)
button.place(x=400, y=480)
text = tkinter.Text(width=40, height=5, font=("Times New Roman", 16))
text.place(x=320, y=30)

bvar = [None]*7
cbtn = [None]*7
ITEM = [
"高いところが好き",
"ボールを見ると転がしたくなる",
"びっくりすると髪の毛が逆立つ",
"ネズミの玩具が気になる",
"匂いに敏感",
"魚の骨をしゃぶりたくなる",
"夜、元気になる"
]
for i in range(7):
    bvar[i] = tkinter.BooleanVar()
    bvar[i].set(False)
    cbtn[i] = tkinter.Checkbutton(text=ITEM[i], font=("Times New Roman", 12), variable=bvar[i], bg="#dfe")
    cbtn[i].place(x=400, y=160+40*i)
root.mainloop()
```

行	説明
1	tkinterモジュールをインポート
3	ボタンをクリックした時に働く関数の定義
4	チェックしたボタンを数える変数
5	繰り返し命令で
6	チェックされていたら
7	変数の値を1増やす
8	入力欄の文字列を削除する
9	入力欄に変数の値を挿入
11	ウィンドウのオブジェクトを作る
12	タイトルを指定
13	ウィンドウサイズを変更できなくする
14	キャンバスの部品を作る
15	キャンバスを配置
16	画像を読み込む
17	画像を表示
18	ボタンの部品を作る
19	ボタンを配置
20	テキスト入力欄の部品を作る
21	テキスト入力欄を配置
23	BooleanVarのオブジェクト用のリスト
24	チェックボタン用のリスト
25	チェックボタンの質問を定義
34	繰り返しでチェックボタンを配置
35	BooleanVarのオブジェクトを作る
36	そのオブジェクトにFalseを設定
37	チェックボタンの部品を作る
38	チェックボタンを配置
39	ウィンドウを表示

Chapter 7　GUIの基礎②

このプログラムを実行し、いくつかの項目をチェックし、「診断する」を押すと、チェックした数がテキスト入力欄に表示されます。

図7-5-4　チェック数を表示する

5〜7行目の繰り返しと条件分岐でチェックされている項目を数えます。8行目のdelete()命令でテキスト入力欄内に文字列がない状態にし、9行目のinsert()命令で入力欄に文字列を挿入しています。

》》 ステップ4：コメントを出力する

ボタンを押すとチェックした数に応じてコメントを出力するようにします。次のプログラムを入力し、ファイル名を付けて保存し、実行しましょう。

リスト ▶list0705_4.py　※前のプログラムから追加、変更した箇所をマーカー色にしています

1	`import tkinter`	tkinterモジュールをインポート
2		
3	`KEKKA = [`	診断結果のコメントをリストで定義
4	`"前世がネコだった可能性は極めて薄いです。",`	
5	`"いたって普通の人間です。",`	

```python
 6      "特別、おかしなところはありません。",
 7      "やや、ネコっぽいところがあります。",
 8      "ネコに近い性格のようです。",
 9      "ネコにかなり近い性格です。",
10      "前世はネコだったかもしれません。",
11      "見た目は人間、中身はネコの可能性があります。"
12  ]
13  def click_btn():
14      pts = 0
15      for i in range(7):
16          if bvar[i].get() == True:
17              pts = pts + 1
18      nekodo = int(100*pts/7)
19      text.delete("1.0", tkinter.END)
20      text.insert("1.0", "<診断結果>¥nあなたのネコ度は" +
    str(nekodo) + "%です。¥n" + KEKKA[pts])
21
22  root = tkinter.Tk()
23  root.title("ネコ度診断アプリ")
24  root.resizable(False, False)
25  canvas = tkinter.Canvas(root, width=800, height=600)
26  canvas.pack()
27  gazou = tkinter.PhotoImage(file="sumire.png")
28  canvas.create_image(400, 300, image=gazou)
29  button = tkinter.Button(text="診断する", font=("Times
    New Roman", 32), bg="lightgreen", command=click_btn)
30  button.place(x=400, y=480)
31  text = tkinter.Text(width=40, height=5, font=("Times
    New Roman", 16))
32  text.place(x=320, y=30)
33
34  bvar = [None]*7
35  cbtn = [None]*7
36  ITEM = [
37  "高いところが好き",
38  "ボールを見ると転がしたくなる",
39  "びっくりすると髪の毛が逆立つ",
40  "ネズミの玩具が気になる",
41  "匂いに敏感",
42  "魚の骨をしゃぶりたくなる",
43  "夜、元気になる"
44  ]
45  for i in range(7):
46      bvar[i] = tkinter.BooleanVar()
47      bvar[i].set(False)
48      cbtn[i] = tkinter.Checkbutton(text=ITEM[i], font=
    ("Times New Roman", 12), variable=bvar[i], bg="#dfe")
49      cbtn[i].place(x=400, y=160+40*i)
50  root.mainloop()
```

行	説明
13	ボタンをクリックした時に働く関数の定義
14	チェックしたボタンを数える変数
15	繰り返し命令で
16	チェックされていたら
17	変数の値を1増やす
18	"ネコ度"を計算、小数部分は切り捨て
19	入力欄の文字列を削除する
20	入力欄に診断結果の文字列を挿入
22	ウィンドウのオブジェクトを作る
23	タイトルを指定
24	ウィンドウサイズを変更できなくする
25	キャンバスの部品を作る
26	キャンバスを配置
27	画像を読み込む
28	画像を表示
29	ボタンの部品を作る
30	ボタンを配置
31	テキスト入力欄の部品を作る
32	テキスト入力欄を配置
34	BooleanVarのオブジェクト用のリスト
35	チェックボタン用のリスト
36	チェックボタンの質問を定義
45	繰り返しでチェックボタンを配置
46	BooleanVarのオブジェクトを作る
47	そのオブジェクトにFalseを設定
48	チェックボタンの部品を作る
49	チェックボタンを配置
50	ウィンドウを表示

Chapter 7 GUIの基礎②

これで診断ゲームの完成です。プログラムを実行し、当てはまると思う項目をチェックし、「診断する」をクリックしてください。チェックの数に応じてコメントが出力されます。

図7-5-5　診断ゲームの完成

18行目の「nekodo = int(100*pts/7)」で、チェックした数から"ネコ度"の数値を求めています。チェック項目は全部で7つあるので、すべてチェックした時は100*7/7=100％、1つだけチェックした時は100*1/7=14％という計算になります。**int()** は値を整数に変える命令で、100*pts/7の値が小数であれば、小数点以下は切り捨てられ、nekodoに整数の値が入ります。

20行目でテキスト入力欄にコメントを挿入しています。コメントにある **¥nは改行コード** で、この位置で文字列が改行されます。半角の¥は、お使いのパソコンやテキストエディタによっては、バックスラッシュ（\）で表示されます。

また復習になりますが、Pythonでは文字列と数値を直接つなげることはできないので、20行目にあるstr()命令で変数nekodoの値を文字列に変換しています。

新たな質問とコメント、画像を用意すれば、違った内容の診断ゲームにすることができます。このプログラムを改良し、オリジナルの診断ゲームを完成させてみてはいかがでしょうか？

チェックボタンの使い方が難しいかもしれませんが、少しずつ理解していきましょう。

私も最初はチェックの有無を知る処理を理解するのに苦労しました。

ところで、いろはさん、たしか猫好きでしたよね？

はい、猫大好きです♪
この診断ソフトで、自分の前世は猫だったかもと思いました（笑）
犬好きの方は、犬好き診断ソフトなどに改良してみてはいかがでしょうか？

COLUMN

RGB値による色指定

Pythonでの色指定は、既に学んだようにredやwhiteなどの英単語で行う方法と、**16進数のRGB値で指定する方法**があります。ここでは、16進数での指定の仕方を説明します。

まず光の三原色を知りましょう。

赤、緑、青の3つの光を三原色といいます。光は赤と緑が混じると黄に、赤と青が混じると紫（マゼンタ）に、緑と青が混じると水色（シアン）になります。赤、緑、青3つを混ぜると白になります。光の強さが弱い（＝暗い色）の場合、混ぜた色もそれぞれ暗い色になります。

コンピュータでは赤（**R**ed）の光の強さ、緑（**G**reen）の光の強さ、青（**B**lue）の光の強さをそれぞれ0～255の256段階の数値で表します。例えば明るい赤はR=255、暗い赤はR=128です。暗い水色を表現するなら「R=0,G=128,B=128」になります。

0～255は私達が日常使っている10進数の値です。これを16進数にすると右表のようになります。

16進数のa～fは大文字でもかまいません。

RGB値はこの16進数を用いて**#RRGBB**と表記します。例えば明るい赤は#ff0000、明るい緑は#00ff00、灰色は#808080になります。

あるいは**#RGB**と、赤、緑、青を半角1文字ずつで表す方法もあります。この場合は、赤、緑、青の値は256段階ではなく16段階となり、黒は#000、明るい赤は#f00、灰色は#888、白は#fffなどで指定します。

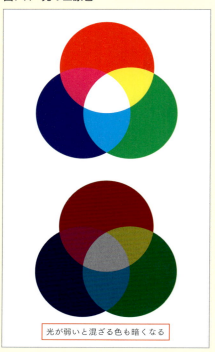

図7-A　光の三原色

光が弱いと混ざる色も暗くなる

表7-A　10進数と16進数

10進数	16進数	10進数	16進数
0	00	12	0c
1	01	13	0d
2	02	14	0e
3	03	15	0f
4	04	16	10
5	05	17	11
6	06	:	:
7	07	127	7f
8	08	128	80
9	09	:	:
10	0a	254	fe
11	0b	255	ff

> ゲームソフトは常にキー入力を受け付け、画面を更新し続ける仕組みで動いています。これをリアルタイム処理といいます。この章ではPythonでリアルタイム処理を行う手法を学び、キャラクターを動かして迷路の床を塗るゲームを制作します。本格的なゲーム開発に必要な技術を学んでいきましょう。

本格的な
ゲーム開発の技術

Chapter

Lesson 8-1 リアルタイム処理を実現する

　ゲームソフトは時間とともに処理が進みます。例えばアクションゲームではユーザーが何もしなくても、敵キャラクターは画面上を動き回り、背景の雲が流れたり水面が揺らいだりします。制限時間があるゲームなら残りタイムが減っていきます。時間軸に沿って処理が進むソフトウェアは **リアルタイム処理** を行っており、これはゲーム制作に欠かせない技術です。Pythonでリアルタイム処理を行う方法を学んでいきましょう。

after()命令を使う

　Pythonでは **after()** という命令でリアルタイム処理を行うことができます。数字を自動的にカウントアップするプログラムを確認し、リアルタイム処理のイメージをつかみます。次のプログラムを入力し、ファイル名を付けて保存し、実行しましょう。

リスト▶list0801_1.py

```
1  import tkinter                                    tkinterモジュールをインポート
2  tmr = 0                                           時間をカウントする変数tmrの宣言
3  def count_up():                                   リアルタイム処理を行う関数を定義
4      global tmr                                        tmrをグローバル変数として扱うと宣言
5      tmr = tmr + 1                                     tmrの値を1増やす
6      label["text"] = tmr                               ラベルにtmrの値を表示
7      root.after(1000, count_up)                        1秒後に再びこの関数を実行する
8
9  root = tkinter.Tk()                               ウィンドウのオブジェクトを作る
10 label = tkinter.Label(font=("Times New Roman", 80)) ラベルの部品を作る
11 label.pack()                                      ラベルの部品を配置
12 root.after(1000, count_up)                        1秒後に指定した関数を呼び出す
13 root.mainloop()                                   ウィンドウを表示
```

　このプログラムを実行すると、ウィンドウに表示された数値が1秒ごとに増えていきます。

　4行目の **global** は、関数の外側で定義した変数の値を関数内で変更する時に記述する命令で、142ページで詳しく説明します。
　3～7行目でcount_up()という関数を定義し、この関数とafter()命令でリアルタイム処理を行っています。after()命令の書式は次のようになります。

図8-1-1
list0801_1.pyの実行結果

140

書式：after()命令

```
after(ミリ秒，実行する関数名)
```

引数は「何ミリ秒後」に「どの関数を実行するか」です。after()命令の引数の関数名は()を付けずに記述します。

count_up()関数の処理は変数tmrを1ずつ増やし、その値をラベルに表示するというものです。このプログラムを実行すると、まず12行目のafter()命令がcount_up()を呼び出します。count_up()関数の中にも7行目のようにafter()命令を記述しているので、再び1秒後にcount_up()が呼び出されます。この処理を図で表すと次のようになります。

図8-1-2　count_up()関数の処理

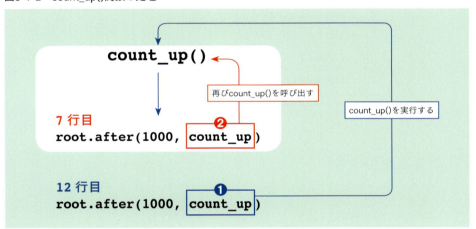

このプログラムの動作をChapter 6の「おみくじ」やChapter 7の「診断ゲーム」と比較してみましょう。おみくじ、診断ゲームともボタンを押すことで初めて結果が表示され、ボタンを押さない限り画面に変化はなく、処理が進むことはありません。ユーザーが何かをして初めて処理が行われるものは、**イベントドリブン型**あるいはイベント駆動型と呼ばれるソフトウェアになります。

> **MEMO**
>
> 今回のプログラムでは、12行目を単にcount_up()と記述してもリアルタイム処理が始まります。その場合はウィンドウが表示される直前に1回目のcount_up()が実行されます。リアルタイム処理を行う関数の1回目の呼び出しにafter()命令を使うべきか、使わなくてもよいかは、処理の内容によって変わってきます。

グローバル変数とローカル変数

関数の外部で宣言した変数を**グローバル変数**、関数の内部で宣言した変数を**ローカル変数**といいます。Pythonでは関数内でグローバル変数の値を変更するために、その変数を**global宣言**する決まりがあります。

今回のプログラムで変数tmrはグローバル変数になっています。tmrの値をcount_up()内で増やすので、次のように記述しています。

図8-1-3　グローバル変数

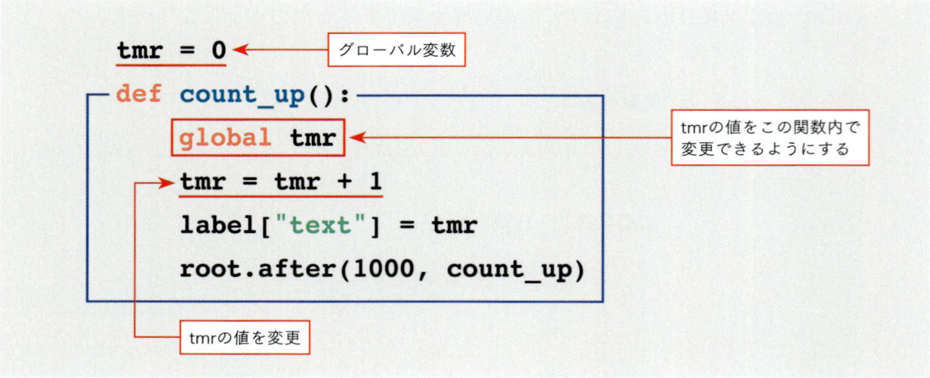

```
tmr = 0               ← グローバル変数
def count_up():
    global tmr        ← tmrの値をこの関数内で変更できるようにする
    tmr = tmr + 1     ← tmrの値を変更
    label["text"] = tmr
    root.after(1000, count_up)
```

global宣言を行わず

```
tmr = 0
def count_up():
    tmr = tmr + 1
    label["text"] = tmr
    root.after(1000, count_up)
```

と記述すると、tmr = tmr + 1のところでエラーが発生します。

また

```
def count_up():
    tmr = 0
    tmr = tmr + 1
    label["text"] = tmr
    root.after(1000, count_up)
```

と記述すると、関数内で宣言したtmrはローカル変数となり、この関数を呼び出すたびに値が0になります。そのため時間が経過しても表示は1のまま変化しません。

==グローバル変数の値はプログラムが終了するまで保持されますが、関数内のローカル変数の値はその関数を呼び出すたびに初期値になります==。これは多くのプログラミング言語に共通する大切なルールの1つなので、覚えておくようにしましょう。

　Pythonのグローバル変数にはもう1つ決まりがあり、関数内で値を参照するだけならglobal宣言する必要はありません。例えば、次のプログラムでは関数内でmikan、ringoの値を変更しないので、それらをglobal宣言する必要はありません。

```
mikan = 50
ringo = 120
def goukei_kingaku():
    print(mikan+ringo)
```

　なお、関数の外側で宣言したリストを関数内で扱う時は、global宣言する必要はありません。リストの各要素は、どの関数からもglobal宣言せずに値を書き換えることができます。

> **MEMO**
>
> 実は、関数の外で宣言した「リスト全体を関数内で変更する場合は、そのリストをglobal宣言する」必要がありますが、これはプログラミング初心者にとって難しい決まりなので、現時点ではリストのglobal宣言について理解できなくても問題ありません。

　さて、一度にたくさんのプログラムの知識が出てきたので、難しいと感じる方もおられると思います。after()やglobalは今後も何度も出てくるので、すぐに分からなくてもこの先のプログラムで少しずつ理解していきましょう。

> global宣言はPython特有の決まりです。関数内でグローバル変数を変化させる時にglobal宣言を忘れると、エラーの発生やプログラムの誤動作につながります。globalの使い方に慣れてください。

Lesson 8-2

キー入力を受け付ける

ゲームソフトではどのキーが押されているかを判定し、そのキーの値に応じてキャラクターを動かします。キーが押されたことを即座に知るプログラムの記述の仕方を説明します。

>>> イベントについて

ユーザーがソフトウェアに対してキーやマウスを操作することを**イベント**といいます。例えばウィンドウにある画像をクリックした時には「画像に対しクリックイベントが発生した」と表現します。

どのようなイベントが発生したかを知ることを、そのイベントを「受け取る」や「取得する」と表現します。

図8-2-1　イベント

入力　　操作

>>> bind()命令を使う

Pythonでイベントを受け取るには**bind()**命令を用います。キーイベントを取得し、どのキーが押されたかを知るプログラムを見てみましょう。bind()命令の使い方は動作確認後に説明します。次のプログラムを入力し、ファイル名を付けて保存し、実行しましょう。

リスト ▶ list0802_1.py

```python
import tkinter                              # tkinterモジュールをインポート
key = 0                                     # キーコードを入れる変数の宣言
def key_down(e):                            # キーを押した時に実行する関数の定義
    global key                              # keyをグローバル変数として扱うと宣言
    key = e.keycode                         # 押されたキーのコードをkeyに代入
    print("KEY:"+str(key))                  # シェルウィンドウにkeyの値を出力

root = tkinter.Tk()                         # ウィンドウのオブジェクトを作る
root.title("キーコードを取得")              # タイトルを指定
root.bind("<KeyPress>", key_down)           # bind()命令でキーを押した時に実行する関数を指定
root.mainloop()                             # ウィンドウを表示
```

このプログラムを実行すると、ウィンドウには何も表示されませんが、キーボードのキーを押すと、シェルウィンドウにそのキーに割り当てられている値（**キーコード**）が出力されます。

図8-2-2　list0802_1.pyの実行結果

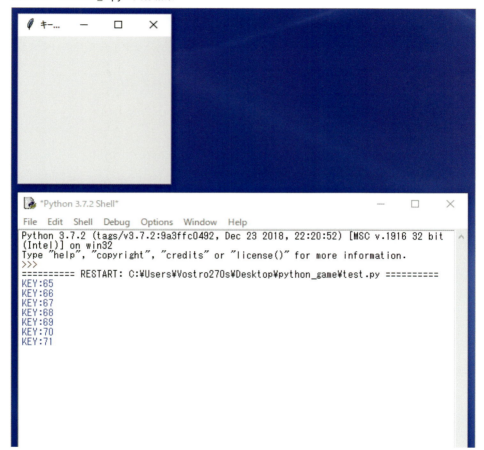

bind()命令で取得できるイベント

　bind()命令の書式は次のようになります。

書式：bind()命令

> **bind("<イベント>", イベント発生時に実行する関数名)**

　引数の関数名は()を付けずに記述します。
　取得できる主なイベントは次のようになります。

表8-2-1　主なイベント

<イベント>	イベントの内容
<KeyPress> あるいは <Key>	キーを押した
<KeyRelease>	キーを離した
<Motion>	マウスポインタを動かした
<ButtonPress> あるいは <Button>	マウスボタンをクリックした

<KeyPress> は単に <Key>、<ButtonPress> は <Button> と記述してもかまいません。

3～6行目に記述したイベントを受け取る関数を見てみましょう。

```python
def key_down(e):
    global key
    key = e.keycode
    print("KEY:"+str(key))
```

引数eでイベントを受け取ります。今回はキーイベントを受け取る関数なので e.keycode でキーコードを取得できます。引数をeとしましたが、好きな変数名にすることができます。例えばdef key_down(event) などです。その場合は、event.keycode がキーコードの値になります。

> <ButtonPress> はマウスのすべてのボタンに反応しますが、<Button-1> とするとマウスの左ボタンのクリックのみ、<Button-2> で中央のボタンのクリックのみ、<Button-3> で右ボタンのクリックのみに反応します。

Lesson
8-3　キー入力で画像を動かす

Lesson 8-1のリアルタイム処理とLesson 8-2のキーイベントの取得を同時に行うと、画面に表示したキャラクターをキー入力で動かすことができるようになります。

リアルタイムキー入力

前項のプログラムではキーコードをシェルウィンドウに出力しました。キャラクターを動かす準備として、ウィンドウのラベルにキーコードを表示します。キー入力とリアルタイム処理を同時に行うプログラムになっています。次のプログラムを入力し、ファイル名を付けて保存し、実行しましょう。

リスト ▶ list0803_1.py

```python
 1  import tkinter
 2
 3  key = 0
 4  def key_down(e):
 5      global key
 6      key = e.keycode
 7
 8  def main_proc():
 9      label["text"] = key
10      root.after(100, main_proc)
11
12  root = tkinter.Tk()
13  root.title("リアルタイムキー入力")
14  root.bind("<KeyPress>", key_down)
15  label = tkinter.Label(font=("Times New Roman", 80))
16  label.pack()
17  main_proc()
18  root.mainloop()
```

行	説明
1	tkinterモジュールをインポート
3	キーコードを入れる変数の宣言
4	キーを押した時に実行する関数の定義
5	keyをグローバル変数として扱うと宣言
6	押されたキーのコードをkeyに代入
8	リアルタイム処理を行う関数を定義
9	ラベルにkeyの値を表示
10	after()命令で0.1秒後に実行する関数を指定
12	ウィンドウのオブジェクトを作る
13	タイトルを指定
14	bind()命令でキーを押した時に実行する関数を指定
15	ラベルの部品を作る
16	ラベルの部品を配置
17	main_proc()関数を実行
18	ウィンドウを表示

このプログラムを実行すると、押したキーのコードがウィンドウに表示されます。例えばスペースキーなら32となります。

4～6行目がキーイベントを取得する関数、8～10行目がリアルタイム処理を行う関数です。キーイベントの取得はLesson 8-2で学んだようにbind()命令で関数を指定し、リアルタイム処理はLesson 8-1で学んだようにafter()命令で関数を指定します。このプログラムの動作を図示すると次のようになります。

147

図8-3-1
list0803_1.pyの実行結果

図8-3-2
リアルタイムキー入力の動作

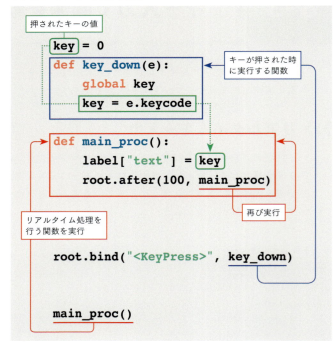

主なキーコード

Pythonの主なキーコードは次の値になります。

表8-3-1　Windowsパソコン

キー	キーコード
方向キー　←↑→↓の順に	37、38、39、40
スペースキー	32
Enterキー	13
アルファベットA〜Z	65〜90
数字0〜9	48〜57

表8-3-2　Mac　※MacではcapsキーのON／OFFでアルファベットキーのコードが変わります

キー	キーコード
方向キー　←↑→↓の順に	8124162、8320768、8189699、8255233
スペースキー	32
returnキー	2359309
アルファベットA〜Z	65〜90
アルファベットa〜z	97〜122
数字0〜9	48〜57

WindowsパソコンとMacではキーコードが違うので、例えば左キーを押したことを判定するのに「if key == 37」と記述すると、Windowsパソコンでは判定できますが、Macでは判定できません。「if key == 37 or key == 8124162」とすればWindows、Macともに判定できますが、キーの値を便利に判定する方法があるのでそれを説明します。

keysymの値で判定する

keycodeではなく、**keysym**の値を取得するプログラムを確認します。次のプログラムを入力し、ファイル名を付けて保存し、実行しましょう。

リスト ▶ list0803_2.py　※前のlist0803_1.pyから変更した個所は太字の部分です

```
1   import tkinter                              tkinterモジュールをインポート
2
3   key = ""                                    キーの値を入れる変数の宣言
4   def key_down(e):                            キーを押した時に実行する関数の定義
5       global key                                  keyをグローバル変数として扱うと宣言
6       key = e.keysym                          押されたキーの名称をkeyに代入
7
8   def main_proc():                            リアルタイム処理を行う関数を定義
9       label["text"] = key                         ラベルにkeyの値を表示
10      root.after(100, main_proc)                  after()命令で0.1秒後に実行する関数を指定
11
12  root = tkinter.Tk()                         ウィンドウのオブジェクトを作る
13  root.title("リアルタイムキー入力")              タイトルを指定
14  root.bind("<KeyPress>", key_down)           bind()命令でキーを押した時に実行する関数を指定
15  label = tkinter.Label(font=("Times New      ラベルの部品を作る
    Roman", 80))
16  label.pack()                                ラベルの部品を配置
17  main_proc()                                 main_proc()関数を実行
18  root.mainloop()                             ウィンドウを表示
```

このプログラムでは方向キーの ↑ を押すとUp、↓ ならDown、スペースキーならspace、Enter キーや return キーはReturnという文字が表示されます。色々なキーを押してどのように表示されるかを確認しましょう。

keysymで取得するキーの名称はWindowsパソコン、Mac共通なので、キー入力はkeysymの値で判定すると便利です。

図8-3-3　list0803_2.pyの実行結果

リアルタイムにキャラクターを動かす

ウィンドウ上に表示したキャラクターを、方向キーで上下左右に動かすプログラムを確認します。新しい命令が出てくるので動作確認後に説明します。今回のプログラムでは右の画像を用います。書籍サポートページからダウンロードした画像ファイルをプログラムと同じフォルダに入れてください。

次のプログラムを入力し、ファイル名を付けて保存し、実行しましょう。

mimi.png

リスト ▶ list0803_3.py

1	`import tkinter`	tkinterモジュールをインポート
2		
3	`key = ""`	キーの値を入れる変数の宣言
4	`def key_down(e):`	キーを押した時に実行する関数の定義
5	`    global key`	keyをグローバル変数として扱うと宣言
6	`    key = e.keysym`	押されたキーの名称をkeyに代入
7	`def key_up(e):`	キーを離した時に実行する関数の定義
8	`    global key`	keyをグローバル変数として扱うと宣言
9	`    key = ""`	keyに空の文字列を代入
10		
11	`cx = 400`	キャラクターのx座標を管理する変数
12	`cy = 300`	キャラクターのy座標を管理する変数
13	`def main_proc():`	リアルタイム処理を行う関数を定義
14	`    global cx, cy`	cx,cyをグローバル変数として扱うと宣言
15	`    if key == "Up":`	方向キーの上が押されたら
16	`        cy = cy - 20`	y座標を20ドット減らす
17	`    if key == "Down":`	方向キーの下が押されたら
18	`        cy = cy + 20`	y座標を20ドット増やす
19	`    if key == "Left":`	方向キーの左が押されたら
20	`        cx = cx - 20`	x座標を20ドット減らす
21	`    if key == "Right":`	方向キーの右が押されたら
22	`        cx = cx + 20`	x座標を20ドット増やす
23	`    canvas.coords("MYCHR", cx, cy)`	キャラクター画像を新しい位置に移動する
24	`    root.after(100, main_proc)`	after()命令で0.1秒後に実行する関数を指定
25		
26	`root = tkinter.Tk()`	ウィンドウのオブジェクトを作る
27	`root.title("キャラクターの移動")`	タイトルを指定
28	`root.bind("<KeyPress>", key_down)`	bind()命令でキーを押した時に実行する関数を指定
29	`root.bind("<KeyRelease>", key_up)`	bind()命令でキーを離した時に実行する関数を指定
30	`canvas = tkinter.Canvas(width=800, height=600, bg="lightgreen")`	キャンバスの部品を作る

```
31  canvas.pack()                                         キャンバスを配置
32  img = tkinter.PhotoImage(file="mimi.png")             キャラクター画像を変数imgに読み込む
33  canvas.create_image(cx, cy, image=img, tag=           キャンバスに画像を表示
    "MYCHR")
34  main_proc()                                           main_proc()関数を実行する
35  root.mainloop()                                       ウィンドウを表示
```

このプログラムを実行すると、キャラクターが表示され、方向キーで上下左右に動かすことができます。

図8-3-4
list0803_3.pyの実行結果

13～24行目のmain_proc()がリアルタイム処理を行う関数です。11～12行目でキャラクターの座標を管理するcx、cyという変数をグローバル変数として宣言します。main_proc()内では押されたキーに応じてcx、cyの値を増減します。23行目の**coords()**は表示中の画像を新しい位置に移動する命令です。coords()命令の引数はタグ名、x座標、y座標です。タグについて説明します。

❯❯❯ タグについて

32行目のPhotoImage()命令で画像を読み込み、33行目のcreate_image()命令でキャンバスに画像を表示します。この時create_image()命令の引数で、次のようにタグを指定します。

タグの指定例

```
canvas.create_image(cx, cy, image=img, tag="MYCHR")
```

tag=の後に記述した文字列がタグ名です。タグはキャンバスに描画する図形や画像に付

けることができ、図形や画像を動かしたり消したりする時に用います。タグ名は自由に付けることができますが、分かりやすいタグ名にしましょう。今回はMYCHRというタグ名にしています。

>>> create_image()の座標について

create_image()命令の引数の座標は、次の図のように画像の中心になります。

図8-3-5　create_image()の座標

create_image()命令の座標はChapter 6で学びましたが、ここで復習しておきましょう（→P.111）。

Lesson 8-4 迷路のデータを定義する

2D（二次元）の画面構成のゲームでは背景のデータを配列で管理します。Pythonのリストが配列にあたります。リストで迷路を定義し、ウィンドウに表示する方法を説明します。次の Lesson 8-5 では迷路の中をキャラクターが歩けるようにします。

二次元リストについて

迷路のようなデータは二次元のリストで定義します。二次元リストとは横方向（行）と縦方向（列）に添え字を用いてデータを扱うリストをいいます。横方向をx、縦方向をyとすると、各要素の添え字は次のようになります。

図8-4-1　二次元リストのイメージ

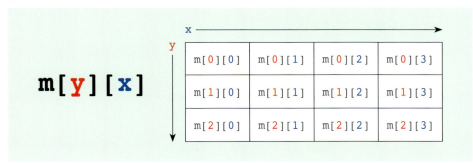

例えば右下角のm[2][3]に10を代入するなら、m[2][3] = 10と記述します。

リストで迷路を定義する

次のような迷路があるとします。白い部分が床で、灰色の部分が壁です。この迷路を二次元リストで定義してみましょう。

図8-4-2　迷路のイメージ

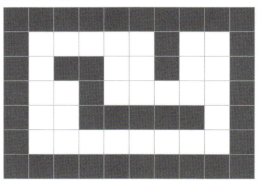

迷路をプログラムで扱うには床と壁を数値に置き換えます。今回は床を0、壁を1とします。

図8-4-3　床と壁と数値に置き換える

この値を二次元リストで定義します。リスト名をmazeとします。横の並びが行です。

```
maze = [                        ← 始まりの[
    [1,1,1,1,1,1,1,1,1,1],       ← 各行を[ ～ ],で記述します
    [1,0,0,0,0,0,1,0,0,1],
    [1,0,1,1,0,0,1,0,0,1],
    [1,0,0,1,0,0,0,0,0,1],
    [1,0,0,1,1,1,1,1,0,1],
    [1,0,0,0,0,0,0,0,0,1],
    [1,1,1,1,1,1,1,1,1,1]        ← 最後の行の]の後にコンマは不要です
]                               ← 終わりの]
```

リストで定義した迷路をウィンドウ上に表示します。リアルタイム処理やキー入力は行わず、迷路だけを表示するプログラムになります。このプログラムにはfor文の中に別のfor文を入れる**二重ループのfor**があります。二重ループのforは動作確認後に説明します。次のプログラムを入力し、ファイル名を付けて保存し、実行しましょう。

リスト▶list0804_1.py

```
1  import tkinter                                    tkinterモジュールをインポート
2  root = tkinter.Tk()                               ウィンドウのオブジェクトを作る
3  root.title("迷路の表示")                            タイトルを指定
4  canvas = tkinter.Canvas(width=800, height=        キャンバスの部品を作る
   560, bg="white")
5  canvas.pack()                                     キャンバスを配置
6  maze = [                                          リストで迷路を定義
7      [1,1,1,1,1,1,1,1,1,1],
8      [1,0,0,0,0,0,1,0,0,1],
9      [1,0,1,1,0,0,1,0,0,1],
10     [1,0,0,1,0,0,0,0,0,1],
11     [1,0,0,1,1,1,1,1,0,1],
12     [1,0,0,0,0,0,0,0,0,1],
```

```
13          [1,1,1,1,1,1,1,1,1,1]
14      ]
15  for y in range(7):
16      for x in range(10):
17          if maze[y][x] == 1:
18              canvas.create_rectangle(x*80, y*80, x*80+80, y*80+80, fill="gray")
19  root.mainloop()
```

繰り返し yは0→1→2→3→4→5→6
　　繰り返し xは0→1→2→3→4→5→6→7→8→9
　　　　maze[y][x]が1、つまり壁なら
　　　　灰色の四角を描画する

ウィンドウを表示

このプログラムを実行すると次のように迷路が表示されます。

図8-4-4　list0804_1.pyの実行結果

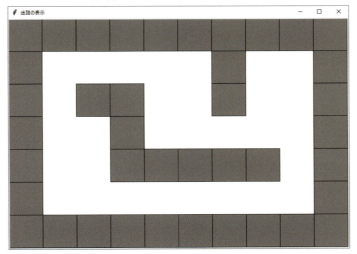

二重ループのforについて

15～18行目が二重ループのfor文です。この構造は次のようになります。

図8-4-5　for文の構造

変数1と変数2は違う名称にします。今回のプログラムでは変数1をy、変数2をxとしています。

```
for y in range(7):
    for x in range(10):
        処理
```

yの値は、0→1→2→3→4→5→6と変化します。まず、yの値が0の時、xの値が0→1→2→3→4→5→6→7→8→9と変化しながら処理が行われます。xの繰り返しが終わると、yの値が1になり、再びxの値が0→1→2→3→4→5→6→7→8→9と変化しながら処理が行われます。今回の二重ループで行う処理はmaze[y][x]の値を調べ、1なら灰色の四角（壁）を描画するというものです。これを図で表すと次のようになります。

図8-4-6　二重ループによる迷路の描画

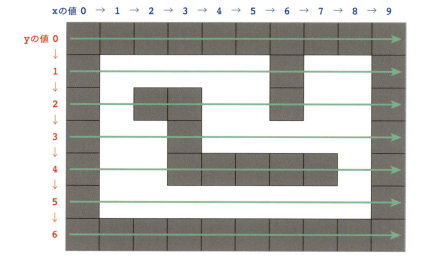

　yとxの値がこのように変化しながら迷路を描画します。

　初めのうちは二重ループのforは難しいと思いますが、ゲーム制作だけでなく様々なソフトウェア開発で二重ループが使われるので、今回のプログラムを復習するなどして理解できるようになりましょう。

> for文やif文で行う処理は字下げして記述します。
> Pythonは字下げでブロック（処理のまとまり）を作ることを忘れないようにしましょう。

Lesson 8-5 二次元画面のゲーム開発の基礎

リアルタイム処理、キー入力、迷路の定義という3つの知識を合わせ、キャラクターを操作し迷路の中を歩けるプログラムを作ります。ここで学ぶ内容は2D（二次元）の画面構成のゲーム開発における基礎知識となります。

迷路の中を歩く

Lesson 8-3のキャラクターを方向キーで動かすプログラム（list0803_3.py）と、Lesson 8-4の迷路を表示するプログラム（list0804_1.py）を1つにまとめ、迷路の中を方向キーで歩けるプログラムを作ります。キャラクターを動かすためのif文でandを用いて2つの条件を同時に判定しており、動作確認後にそれを説明します。

今回のプログラムでは右の画像を用います。書籍サポートページからダウンロードし、プログラムと同じフォルダに保存してください。

mimi_s.png

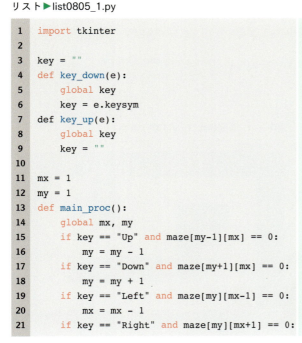

次のプログラムを入力し、ファイル名を付けて保存し、実行しましょう。

リスト ▶ list0805_1.py

```
1   import tkinter                                  tkinterモジュールをインポート
2
3   key = ""                                        キーの値を入れる変数の宣言
4   def key_down(e):                                キーを押した時に実行する関数の定義
5       global key                                      keyをグローバル変数として扱うと宣言
6       key = e.keysym                                  押されたキーの名称をkeyに代入
7   def key_up(e):                                  キーを離した時に実行する関数の定義
8       global key                                      keyをグローバル変数として扱うと宣言
9       key = ""                                        keyに空の文字列を代入
10
11  mx = 1                                          キャラクターの横方向の位置を管理する変数
12  my = 1                                          キャラクターの縦方向の位置を管理する変数
13  def main_proc():                                リアルタイム処理を行う関数を定義
14      global mx, my                                   mx,myをグローバル変数として扱うと宣言
15      if key == "Up" and maze[my-1][mx] == 0:         方向キーの上が押され、かつ、上のマスが通路なら
16          my = my - 1                                     myを1減らす
17      if key == "Down" and maze[my+1][mx] == 0:       方向キーの下が押され、かつ、下のマスが通路なら
18          my = my + 1                                     myを1増やす
19      if key == "Left" and maze[my][mx-1] == 0:       方向キーの左が押され、かつ、左のマスが通路なら
20          mx = mx - 1                                     mxを1減らす
21      if key == "Right" and maze[my][mx+1] == 0:      方向キーの右が押され、かつ、右のマスが通路なら
```

22	`            mx = mx + 1`	mxを1増やす
23	`    canvas.coords("MYCHR", mx*80+40, my*80+40)`	キャラクター画像を新しい位置に移動する
24	`    root.after(300, main_proc)`	0.3秒後に再びこの関数を実行
25		
26	`root = tkinter.Tk()`	ウィンドウのオブジェクトを作る
27	`root.title("迷路内を移動する")`	タイトルを指定
28	`root.bind("<KeyPress>", key_down)`	bind()命令でキーを押した時に実行する関数を指定
29	`root.bind("<KeyRelease>", key_up)`	bind()命令でキーを離した時に実行する関数を指定
30	`canvas = tkinter.Canvas(width=800, height=560, bg="white")`	キャンバスの部品を作る
31	`canvas.pack()`	キャンバスを配置
32		
33	`maze = [`	リストで迷路を定義
34	`    [1,1,1,1,1,1,1,1,1,1],`	
35	`    [1,0,0,0,0,0,1,0,0,1],`	
36	`    [1,0,1,1,0,0,1,0,0,1],`	
37	`    [1,0,0,1,0,0,0,0,0,1],`	
38	`    [1,0,0,1,1,1,1,1,0,1],`	
39	`    [1,0,0,0,0,0,0,0,0,1],`	
40	`    [1,1,1,1,1,1,1,1,1,1]`	
41	`]`	
42	`for y in range(7):`	繰り返し yは0→1→2→3→4→5→6
43	`    for x in range(10):`	繰り返し xは0→1→2→3→4→5→6→7→8→9
44	`        if maze[y][x] == 1:`	maze[y][x]が1、つまり壁なら
45	`            canvas.create_rectangle(x*80, y*80, x*80+79, y*80+79, fill="skyblue", width=0)`	空色の四角を描画する
46		
47	`img = tkinter.PhotoImage(file="mimi_s.png")`	キャラクター画像を変数imgに読み込む
48	`canvas.create_image(mx*80+40, my*80+40, image=img, tag="MYCHR")`	キャンバスに画像を表示
49	`main_proc()`	main_proc()関数を実行する
50	`root.mainloop()`	ウィンドウを表示

このプログラムを実行すると、キャラクターが表示され、方向キーで迷路内を動かすことができます。

図8-5-1　list0805_1.pyの実行結果

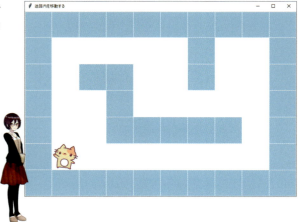

キャラクターを動かす部分を抜き出して確認します。main_proc()関数の処理です。

```
 :    〜略〜
11    mx = 1
12    my = 1
13    def main_proc():
14        global mx, my
15        if key == "Up" and maze[my-1][mx] == 0:
16            my = my - 1
17        if key == "Down" and maze[my+1][mx] == 0:
18            my = my + 1
19        if key == "Left" and maze[my][mx-1] == 0:
20            mx = mx - 1
21        if key == "Right" and maze[my][mx+1] == 0:
22            mx = mx + 1
23        canvas.coords("MYCHR", mx*80+40, my*80+40)
 :    〜略〜
```

　Lesson 8-3のキャラクターを動かすプログラムでは、キャンバス上のキャラクターの座標を変数cx、cyで管理しました。今回のプログラムでは、迷路のどのマスにいるかを管理する変数を11〜12行目で宣言しています。「どのマス」とはmaze[y][x]の添え字であるyとxの値のことです。

　15行の「if key == "Up" **and** maze[my-1][mx] == 0」という条件分岐は、「方向キーの上が押され、**かつ**、現在位置の上のマスが床であれば」という意味です。andを用いると2つ以上の条件が同時に成り立つか調べることができます。

　このプログラムでは1マスの幅と高さをそれぞれ80ドットとしており、キャラクターを表示する位置はcanvas.coords("MYCHR", mx*80+40, my*80+40)にあるように、x座標がmx*80+40、y座標がmy*80+40になります。それぞれ+40しているのは指定した座標が画像の中心になるためです（→P.152）。

　二次元リストmaze[][]の添え字を図で表すと、次ページのようになります。このプログラムでは変数mxとmyがこの添え字の値になります。

スタート地点は、mx=1, my=1のmaze[1][1]

方向キーが押され、かつ、その方向のマスが床であれば移動

図8-5-2 二次元リスト maze[][] の添え字

maze[0][0]	maze[0][1]	maze[0][2]	maze[0][3]	maze[0][4]	maze[0][5]	maze[0][6]	maze[0][7]	maze[0][8]	maze[0][9]
maze[1][0]		maze[1][2]	maze[1][3]	maze[1][4]	maze[1][5]	maze[1][6]	maze[1][7]	maze[1][8]	maze[1][9]
maze[2][0]	maze[2][1]	maze[2][2]	maze[2][3]	maze[2][4]	maze[2][5]	maze[2][6]	maze[2][7]	maze[2][8]	maze[2][9]
maze[3][0]	maze[3][1]	maze[3][2]	maze[3][3]	maze[3][4]	maze[3][5]	maze[3][6]	maze[3][7]	maze[3][8]	maze[3][9]
maze[4][0]	maze[4][1]	maze[4][2]	maze[4][3]	maze[4][4]	maze[4][5]	maze[4][6]	maze[4][7]	maze[4][8]	maze[4][9]
maze[5][0]	maze[5][1]	maze[5][2]	maze[5][3]	maze[5][4]	maze[5][5]	maze[5][6]	maze[5][7]	maze[5][8]	maze[5][9]
maze[6][0]	maze[6][1]	maze[6][2]	maze[6][3]	maze[6][4]	maze[6][5]	maze[6][6]	maze[6][7]	maze[6][8]	maze[6][9]

　今回のプログラムでは迷路の床と壁を0と1の数値で管理していますが、例えば平原を0、樹木を1、水面を2などとしてデータの種類を増やしていくことで、より複雑なゲームの世界を作ることができます。二次元の画面で構成されたゲームソフトの多くは、このプログラムで行っているように、背景やマップ上に存在する物体を数値に置き換え、ゲームの世界のどこに何があるかを管理しています。

COLUMN

ゲームソフトを完成させるには

　プログラミングの基礎は習得したけれど、ゲームを作る方法が分からないという方がいます。実は筆者もプログラミングを学んで間もない頃は、まさにそんな状態でした。このコラムでは、そういった方のためにゲームを完成させるヒントをお伝えします。

まずこの章で学習してきた内容を思い返してください。「リアルタイム処理」「キー入力」「二次元リストによる迷路の定義」を学びました。それらの処理をさきほどのlist0805_1.pyに入れたことで、迷路内でキャラクターを動かせるようになったのです。

図8-A　処理を組み込みながら、徐々に進める

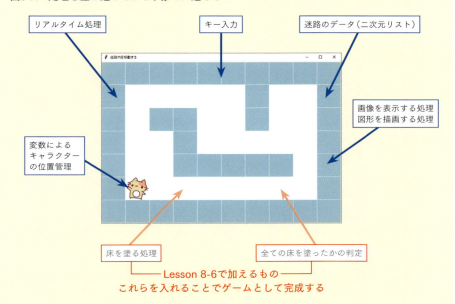

　list0805_1.pyには他に、キャラクターの位置を変数で管理したり、画像や図形を表示する処理が入っています。そして赤枠で囲った処理を入れることで、迷路の床を塗るゲームとして完成させることができます。赤枠の処理は次のLesson 8-6で組み込みます。

　ゲームソフトは、このように様々な処理を組み込んで作り上げていきます。この過程は例えるなら料理と一緒です。食材を揃え、適当な大きさや形に切り、必要な時間煮たり焼いたりし、調味料で味を調え完成させるように、コンピュータのソフトウェアも段階を踏んで作り上げていくのです。
　ゲーム開発初心者の方はプログラミングを始める前に、自分が作りたいゲームの完成形をイメージし、どのような処理が必要かを洗い出してみましょう。必要と思われる処理を箇条書きにしてみるのです。またChapter 6と7で学んだように画面構成を描いてみましょう。そして組み込めるものから1つずつプログラミングしていきましょう。
　プログラミングが上達すれば、組み込むべき処理を頭の中で思い描くことができるようになりますが、最初のうちは行き当たりばったりでプログラムを記述していくと、途中で何が何だか分からなくなったということになりかねません。初めに必要な処理を書き出し、画面構成を考えることで、開発をスムーズに進めることができます。つまりそれがゲームを完成させるヒントあるいは秘訣になります。

Lesson 8-6 ゲームとして完成させる

「歩いた通路を塗っていき、一筆書きで迷路内をすべて塗ることができたらクリア」となるゲームのプログラムに改良します。

リストの値を書き換える

キャラクターが通った所をピンク色で塗るようにします。二次元リストの迷路のデータの値は、通路が0、壁が1となっています。通った所は値を0から2にします。2の位置にも入れなければ後戻りはできないので、一筆書きのルールが実現できます。

このプログラムは前項のlist0805_1.pyからの改良になります。次のプログラムを入力し、ファイル名を付けて保存し、実行しましょう。

リスト▶list0806_1.py　※前のプログラムからの追加、変更箇所はマーカー部分です

```python
import tkinter

key = ""
def key_down(e):
    global key
    key = e.keysym
def key_up(e):
    global key
    key = ""

mx = 1
my = 1
def main_proc():
    global mx, my
    if key == "Up" and maze[my-1][mx] == 0:
        my = my - 1
    if key == "Down" and maze[my+1][mx] == 0:
        my = my + 1
    if key == "Left" and maze[my][mx-1] == 0:
        mx = mx - 1
    if key == "Right" and maze[my][mx+1] == 0:
        mx = mx + 1
    if maze[my][mx] == 0:
        maze[my][mx] = 2
        canvas.create_rectangle(mx*80, my*80,
mx*80+79, my*80+79, fill="pink", width=0)
    canvas.delete("MYCHR")
    canvas.create_image(mx*80+40, my*80+40,
```

行	説明
1	tkinterモジュールをインポート
3	キーの値を入れる変数の宣言
4	キーを押した時に実行する関数の定義
5	keyをグローバル変数として扱うと宣言
6	押されたキーの名称をkeyに代入
7	キーを離した時に実行する関数の定義
8	keyをグローバル変数として扱うと宣言
9	keyに空の文字列を代入
11	キャラクターの横方向の位置を管理する変数
12	キャラクターの縦方向の位置を管理する変数
13	リアルタイム処理を行う関数を定義
14	mx,myをグローバル変数として扱うと宣言
15	方向キーの上が押され、かつ、上のマスが通路なら
16	myを1減らす
17	方向キーの下が押され、かつ、下のマスが通路なら
18	myを1増やす
19	方向キーの左が押され、かつ、左のマスが通路なら
20	mxを1減らす
21	方向キーの右が押され、かつ、右のマスが通路なら
22	mxを1増やす
23	キャラクターのいる場所が通路なら
24	リストの値を2にし
25	そこをピンク色で塗る
26	一旦キャラクターを消し、
27	再びキャラクターの画像を表示する

162

```
         image=img, tag="MYCHR")
28           root.after(300, main_proc)                      0.3秒後に再びこの関数を実行
29
30   root = tkinter.Tk()                                    ウィンドウのオブジェクトを作る
31   root.title("迷路を塗るにゃん")                          タイトルを指定
32   root.bind("<KeyPress>", key_down)                      bind()命令でキーを押した時に実行する関数を指定
33   root.bind("<KeyRelease>", key_up)                      bind()命令でキーを離した時に実行する関数を指定
34   canvas = tkinter.Canvas(width=800, height=560,         キャンバスの部品を作る
     bg="white")
35   canvas.pack()                                          キャンバスを配置
36
37   maze = [                                               リストで迷路を定義
38       [1,1,1,1,1,1,1,1,1,1],
39       [1,0,0,0,0,0,1,0,0,1],
40       [1,0,1,1,0,0,1,0,0,1],
41       [1,0,0,1,0,0,0,0,0,1],
42       [1,0,0,1,1,1,1,1,0,1],
43       [1,0,0,0,0,0,0,0,0,1],
44       [1,1,1,1,1,1,1,1,1,1]
45       ]
46   for y in range(7):                                     繰り返し yは0→1→2→3→4→5→6
47       for x in range(10):                                    繰り返し xは0→1→2→3→4→5→6→7→8→9
48           if maze[y][x] == 1:                                    maze[y][x]が1、つまり壁なら
49               canvas.create_rectangle(x*80, y*80,                    空色の四角を描画する
     x*80+79, y*80+79, fill="skyblue", width=0)
50
51   img = tkinter.PhotoImage(file="mimi_s.png")            キャラクターの画像を変数imgに読み込む
52   canvas.create_image(mx*80+40, my*80+40, image          キャンバスに画像を表示
     =img, tag="MYCHR")
53   main_proc()                                            main_proc()関数を実行する
54   root.mainloop()                                        ウィンドウを表示
```

このプログラムを実行し、キャラクターを移動させると、床がピンクに塗られます。

23～25行目で床を塗る処理を行っています。if文でキャラクターの位置のリストの値を調べ、0であれば値を2にし、そこをピンク色で塗ります。26行目でキャラクターを**delete()**命令で消

図8-6-1　list0806_1.pyの実行結果

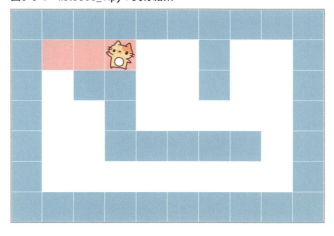

し、27行目でcreate_image()命令で描き直しています。delete()命令は、描画した図形や画像に付けたタグを引数で指定し、その図形や画像を削除する命令です。前のプログラムで用いたcoords()命令では、キャラクターがピンクに塗った矩形に上書きされて見えなくなるので、キャラクターを描き直しています。

クリアしたかを判定する

次は全ての床を塗ったか判定する処理を入れます。判定はif文で行います。次のプログラムを入力し、ファイル名を付けて保存し、実行しましょう。

リスト ▶list0806_2.py ※前のプログラムからの追加、変更箇所はマーカー部分です

1	`import tkinter`	tkinterモジュールをインポート
2	`import tkinter.messagebox`	tkinter.messageboxモジュールをインポート
3		
4	`key = ""`	キーの値を入れる変数の宣言
5	`def key_down(e):`	キーを押した時に実行する関数の定義
6	`    global key`	keyをグローバル変数として扱うと宣言
7	`    key = e.keysym`	押されたキーの名称をkeyに代入
8	`def key_up(e):`	キーを離した時に実行する関数の定義
9	`    global key`	keyをグローバル変数として扱うと宣言
10	`    key = ""`	keyに空の文字列を代入
11		
12	`mx = 1`	キャラクターの横方向の位置を管理する変数
13	`my = 1`	キャラクターの縦方向の位置を管理する変数
14	`yuka = 0`	塗った床を数える変数
15	`def main_proc():`	リアルタイム処理を行う関数を定義
16	`    global mx, my, yuka`	これらをグローバル変数として扱うと宣言
17	`    if key == "Up" and maze[my-1][mx] == 0:`	方向キーの上が押され、かつ、上のマスが通路なら
18	`        my = my - 1`	myを1減らす
19	`    if key == "Down" and maze[my+1][mx] == 0:`	方向キーの下が押され、かつ、下のマスが通路なら
20	`        my = my + 1`	myを1増やす
21	`    if key == "Left" and maze[my][mx-1] == 0:`	方向キーの左が押され、かつ、左のマスが通路なら
22	`        mx = mx - 1`	mxを1減らす
23	`    if key == "Right" and maze[my][mx+1] == 0:`	方向キーの右が押され、かつ、右のマスが通路なら
24	`        mx = mx + 1`	mxを1増やす
25	`    if maze[my][mx] == 0:`	キャラクターのいる場所が通路なら
26	`        maze[my][mx] = 2`	リストの値を2にする
27	`        yuka = yuka + 1`	塗った回数を1増やす
28	`        canvas.create_rectangle(mx*80, my*80, mx*80+79, my*80+79, fill="pink", width=0)`	そこをピンク色で塗る
29	`    canvas.delete("MYCHR")`	一旦キャラクターを消し、
30	`    canvas.create_image(mx*80+40, my*80+40, image=img, tag="MYCHR")`	再びキャラクターの画像を表示する
31	`    if yuka == 30:`	30箇所の床を塗ったら
32	`        canvas.update()`	キャンバスを更新
33	`        tkinter.messagebox.showinfo("おめでとう！", "全ての床を塗りました！")`	クリアメッセージを表示

164

```
34        else:                                                 そうでなければ
35            root.after(300, main_proc)                        0.3秒後に再びこの関数を実行
36
37  root = tkinter.Tk()                                         ウィンドウのオブジェクトを作る
38  root.title("迷路を塗るにゃん")                                タイトルを指定
39  root.bind("<KeyPress>", key_down)                           bind()命令でキーを押した時に実行する関数を指定
40  root.bind("<KeyRelease>", key_up)                           bind()命令でキーを離した時に実行する関数を指定
41  canvas = tkinter.Canvas(width=800, height=560,              キャンバスの部品を作る
    bg="white")
42  canvas.pack()                                               キャンバスを配置
43
44  maze = [                                                    リストで迷路を定義
45      [1,1,1,1,1,1,1,1,1,1],
46      [1,0,0,0,0,0,1,0,0,1],
47      [1,0,1,1,0,0,1,0,0,1],
48      [1,0,0,1,0,0,0,0,0,1],
49      [1,0,0,1,1,1,1,1,0,1],
50      [1,0,0,0,0,0,0,0,0,1],
51      [1,1,1,1,1,1,1,1,1,1]
52      ]
53  for y in range(7):                                          繰り返し yは0→1→2→3→4→5→6
54      for x in range(10):                                         繰り返し xは0→1→2→3→4→5→6→7→8→9
55          if maze[y][x] == 1:                                         maze[y][x]が1、つまり壁なら
56              canvas.create_rectangle(x*80, y*80,                         空色の四角を描画する
    x*80+79, y*80+79, fill="skyblue", width=0)
57
58  img = tkinter.PhotoImage(file="mimi_s.png")                 キャラクターの画像を変数imgに読み込む
59  canvas.create_image(mx*80+40, my*80+40, image               キャンバスに画像を表示
    =img, tag="MYCHR")
60  main_proc()                                                 main_proc()関数を実行する
61  root.mainloop()                                             ウィンドウを表示
```

このプログラムを実行し、全ての床を塗るとクリアメッセージが表示されます。

図8-6-2　list0806_2.pyの実行結果

この迷路の床は全部で30マスあります。27行目で塗った床をカウントし、31行目のif文でその値が30になったらクリアメッセージを表示します。32行目のcanvas.**update()**はキャンバス上の表示を更新するために入れています。

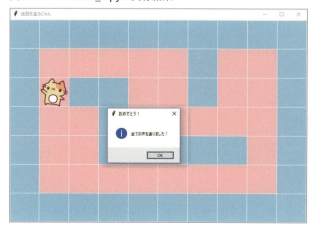

update()を入れないと、パソコンによっては最後に塗った床が描かれないうちにメッセージボックスが表示されてしまいます。

塗った床が30に満たない間は、35行目のafter()命令でリアルタイム処理を続けます。

やり直せる処理を追加する

塗り方を間違えてしまった時に、やり直せると便利です。左の Shift キーを押すと最初からやり直せるように改良します。

リスト ▶ list0806_3.py ※前のプログラムからの追加、変更箇所はマーカー部分です

#	コード	説明
1	`import tkinter`	tkinterモジュールをインポート
2	`import tkinter.messagebox`	tkinter.messageboxモジュールをインポート
3		
4	`key = ""`	キーの値を入れる変数の宣言
5	`def key_down(e):`	キーを押した時に実行する関数の定義
6	`    global key`	keyをグローバル変数として扱うと宣言
7	`    key = e.keysym`	押されたキーの名称をkeyに代入
8	`def key_up(e):`	キーを離した時に実行する関数の定義
9	`    global key`	keyをグローバル変数として扱うと宣言
10	`    key = ""`	keyに空の文字列を代入
11		
12	`mx = 1`	キャラクターの横方向の位置を管理する変数
13	`my = 1`	キャラクターの縦方向の位置を管理する変数
14	`yuka = 0`	塗った床を数える変数
15	`def main_proc():`	リアルタイム処理を行う関数を定義
16	`    global mx, my, yuka`	これらをグローバル変数として扱うと宣言
17	`    if key == "Shift_L" and yuka > 1:`	左Shiftキーを押し、かつ、2マス以上塗っていたら
18	`        canvas.delete("PAINT")`	塗った床を消す
19	`        mx = 1`	mxに1を代入 ┐
20	`        my = 1`	myに1を代入 ┘キャラクターを初期値位置に戻す
21	`        yuka = 0`	yukaに0を代入
22	`        for y in range(7):`	二重ループの繰り返し 外側のfor
23	`            for x in range(10):`	内側のfor
24	`                if maze[y][x] == 2:`	塗った床があれば
25	`                    maze[y][x] = 0`	値を0（塗っていない状態）に
26	`    if key == "Up" and maze[my-1][mx] == 0:`	方向キーの上が押され、かつ、上のマスが通路なら
27	`        my = my - 1`	myを1減らす
28	`    if key == "Down" and maze[my+1][mx] == 0:`	方向キーの下が押され、かつ、下のマスが通路なら
29	`        my = my + 1`	myを1増やす
30	`    if key == "Left" and maze[my][mx-1] == 0:`	方向キーの左が押され、かつ、左のマスが通路なら
31	`        mx = mx - 1`	mxを1減らす
32	`    if key == "Right" and maze[my][mx+1] == 0:`	方向キーの右が押され、かつ、右のマスが通路なら
33	`        mx = mx + 1`	mxを1増やす
34	`    if maze[my][mx] == 0:`	キャラクターのいる場所が通路なら
35	`        maze[my][mx] = 2`	リストの値を2にする
36	`        yuka = yuka + 1`	塗った回数を1増やす
37	`        canvas.create_rectangle(mx*80, my*80,`	そこをピンク色で塗る

166

```python
            mx*80+79, my*80+79, fill="pink", width=0, tag
="PAINT")
38      canvas.delete("MYCHR")                          # 一旦キャラクターを消し、
39      canvas.create_image(mx*80+40, my*80+40,         # 再びキャラクターの画像を表示する
image=img, tag="MYCHR")
40      if yuka == 30:                                  # 30箇所の床を塗ったら
41          canvas.update()                             #   キャンバスを更新
42          tkinter.messagebox.showinfo("おめでと        #   クリアメッセージを表示
う！", "全ての床を塗りました！")
43      else:                                           # そうでなければ
44          root.after(300, main_proc)                  #   0.3秒後に再びこの関数を実行
45
46  root = tkinter.Tk()                                 # ウィンドウのオブジェクトを作る
47  root.title("迷路を塗るにゃん")                        # タイトルを指定
48  root.bind("<KeyPress>", key_down)                   # bind()命令でキーを押した時に実行する関数を指定
49  root.bind("<KeyRelease>", key_up)                   # bind()命令でキーを離した時に実行する関数を指定
50  canvas = tkinter.Canvas(width=800, height=560,      # キャンバスの部品を作る
bg="white")
51  canvas.pack()                                       # キャンバスを配置
52
53  maze = [                                            # リストで迷路を定義
54      [1,1,1,1,1,1,1,1,1,1],
55      [1,0,0,0,0,0,1,0,0,1],
56      [1,0,1,1,0,0,1,0,0,1],
57      [1,0,0,1,0,0,0,0,0,1],
58      [1,0,0,1,1,1,1,1,0,1],
59      [1,0,0,0,0,0,0,0,0,1],
60      [1,1,1,1,1,1,1,1,1,1]
61      ]
62  for y in range(7):                                  # 繰り返し yは0→1→2→3→4→5→6
63      for x in range(10):                             #   繰り返し xは0→1→2→3→4→5→6→7→8→9
64          if maze[y][x] == 1:                         #     maze[y][x]が1、つまり壁なら
65              canvas.create_rectangle(x*80, y*80,     #       空色の四角を描画する
x*80+79, y*80+79, fill="skyblue", width=0)
66
67  img = tkinter.PhotoImage(file="mimi_s.png")         # キャラクターの画像を変数imgに読み込む
68  canvas.create_image(mx*80+40, my*80+40, image       # キャンバスに画像を表示
=img, tag="MYCHR")
69  main_proc()                                         # main_proc()関数を実行
70  root.mainloop()                                     # ウィンドウを表示
```

　　　実行画面は省略します。左 Shift キーを押すと最初の状態に戻ることを確認しましょう。
Macでは左 Shift キーをしっかり押さないと判定されないことがあります。

制作したゲームについて

　市販のゲームであればタイトル画面があり、多数のステージがあり、クリアしたステージのデータが保存されるなど様々な仕様が入ります。今の時点でそれらを実現しようとすると難しいプログラムになるので、迷路を塗るゲームはこれで完成としますが、今後の開発のためにタイトル画面を設ける方法とステージ数を増やす方法を説明します。

本書の特典に、今回制作した迷路ゲームを発展させたプログラムを用意しています（→P.346）。そちらは全部で5ステージある一筆書き迷路を解いていくゲームになっています。

▪ タイトル画面を設けるには

　何の処理を行っているかを管理する変数を用意します。この変数をインデックスと呼ぶことにします。例えばindexという変数を用意し、その値が1の時はタイトル画面の処理、2の時はゲームの処理を行うと決めます。そして次のようなプログラムを記述します。

```
if index == 1:
    if スペースキーが押されたら:
        ゲームに必要な変数の初期化などを行う
        タイトルの表示を消す
        index の値を2にする
elif index == 2:
    ゲームの処理
```

　elif は複数の条件を順に調べていく条件分岐の命令です。このプログラムでは「if index == 1」でindexの値が1かを調べ、1でないなら「elif index == 2」で値が2かを調べます。次の章で制作する落ち物パズルでは、このような条件分岐を記述し、タイトル画面やゲームオーバー画面を設けます。

▪ ステージ数を増やすには

　ステージ数を管理する変数を用意します。例えばstageという変数を用意し、クリアしたらその値を1増やし、stageの値に応じて迷路のデータ（リスト）を書き換え、キャラクターの位置を初期位置にして、ゲームを再スタートするようにします。

条件分岐のifとelseはChapter 3で学びました。それ以外にelifという命令があります。Pythonの条件分岐はif、elif、elseの3つの命令があることを頭に入れておきましょう。

COLUMN

デジタルフォトフレームを作る

　スマートフォンやデジタルカメラで撮影した写真（デジタルデータ）を表示するディスプレイ装置をデジタルフォトフレームといいます。この章で学んだリアルタイム処理を用いて、デジタルフォトフレームのプログラムが作れます。画像データを順に表示し続けるPythonのプログラムを紹介します。

リスト ▶ column08.py

```python
import tkinter

pnum = 0
def photograph():
    global pnum
    canvas.delete("PH")
    canvas.create_image(400, 300,
image=photo[pnum], tag="PH")
    pnum = pnum + 1
    if pnum >= len(photo):
        pnum = 0
    root.after(7000, photograph)

root = tkinter.Tk()
root.title("デジタルフォトフレーム")
canvas = tkinter.Canvas(width=800,
height=600)
canvas.pack()
photo = [
tkinter.PhotoImage(file="cat00.png"),
tkinter.PhotoImage(file="cat01.png"),
tkinter.PhotoImage(file="cat02.png"),
tkinter.PhotoImage(file="cat03.png")
]
photograph()
root.mainloop()
```

行	説明
1	tkinterモジュールをインポート
3	表示する画像ファイルの番号を管理する変数
4	リアルタイム処理を行う関数の定義
5	pnumをグローバル変数として扱うと宣言
6	画像を削除
7	画像の表示
8	次の画像の番号の計算
9	最後の画像まで行ったら
10	最初の番号にする
11	7秒後に再びこの関数を実行する
13	ウィンドウのオブジェクトを作る
14	タイトルを指定
15	キャンバスの部品を作る
16	キャンバスを配置
17	リストで画像ファイルを定義
23	リアルタイム処理を行う関数を呼び出す
24	ウィンドウを表示する

　9行目の**len()**命令で()内に記述したリストの要素数を知ることができます。17〜22行目でphotoというリストに4種類の画像ファイルを定義しており、len(photo)の値は4になります。9〜10行目の条件分岐で、最後の画像を表示後、再び最初の画像から表示するためにlen()命令を用いています。こうしておけばリストに画像ファイル名を追記するだけで、プログラムの他の部分を書き換えることなく、全ての画像を表示後、最初の画像に戻すことができます。

このプログラムを実行すると、猫たちの画像が順に表示されます。

図8-B　column08.pyの実行結果

何秒ごとに画像を切り替えるかは11行目のafter()命令の引数で指定します。趣味の写真やご家族の写真、お好みのイラストなどで、ぜひオリジナルのデジタルフォトフレームを作ってみてください。

様々なゲームジャンルの中で落ち物パズルは定番商品として人気があります。この章ではここまで学んできた知識を生かしながら、落ち物パズルゲームを制作します。本格的なゲーム開発では内容に応じて複数のアルゴリズムを組み込む必要があります。アルゴリズムとはどのようなものかについても学習します。

落ち物パズルを作ろう！

Chapter 9

Lesson 9-1 ゲームの仕様を考える

　本格的なゲーム開発になります。最初にゲームルール、画面構成、処理の流れなどの仕様を考えてみましょう。

ゲームルール

　このゲームは猫のキャラクターでデザインをまとめています。落ちてくるブロックは「ネコ」と呼ぶことにします。マウスで操作するゲームで、ルールは次のようなものとします。

1. 画面をクリックした位置にネコ（ブロック）を1つ配置する
   配置するネコは画面右上に表示され、毎回、ランダムに変わる
2. ネコを配置すると、画面上部から複数のネコが落ちてくる
3. ネコは下のマスに何もないと落下し、画面下から積み上がっていく
4. 同じ色のネコを縦、横、斜めいずれか3つ以上揃えると、消すことができる
5. 一列でも最上段に達してしまうとゲームオーバー

画面構成

　実際のゲーム開発ではラフスケッチなどで画面構成を考えますが、今回は完成画面を先に確認します。制作するゲームがどのようなものかイメージしましょう。

図9-1-1
落ちものパズルの完成イメージ

>>> 処理の流れ

次のような流れで処理を行います。

タイトル画面でゲームの難易度をEasy、Normal、Hardから選べるようにします。
ステージは設けず、ハイスコアの更新を目指し、黙々とプレイするゲームにします。

図9-1-2　処理の流れ

```
タイトル画面
    ↓
ゲームをプレイ
    ↓
ゲームオーバー
```
（ゲームオーバーからタイトル画面に戻る）

>>> 開発の手順

ボリュームのあるゲームを開発する時には、以上のように**ゲームの仕様**を最初に考えましょう。仕様を考えることで、完成させるためにどんな処理が必要か見えてきます。

コンピュータや数学で問題を解く手順を具体化したものを**アルゴリズム**といいます。落ち物パズルには大きな2つのアルゴリズムが必要です。それらは「ブロックを落下させるアルゴリズム」と「ブロックが揃ったことを判定するアルゴリズム」です。

様々な処理を皆さんが理解できるように、Lesson 9-2から9-8まで部分ごとにプログラムを作っていきます。ブロックを落下させるアルゴリズムはLesson 9-5で、ブロックが揃ったことを判定するアルゴリズムはLesson 9-7と9-8で説明します。それらの処理をLesson 9-9で1つにまとめてゲームとして動くようにし、Lesson 9-10で細部を調整して完成させます。

>>> 画像素材について

複数の画像ファイルを使用します。書籍サポートからダウンロードして、プログラムと同じフォルダに入れてください。

図9-1-3　今回使用する画像ファイル

本格的なゲーム開発です。はりきって行きましょう！

Lesson 9-2 マウス入力を組み込む

　本格的なゲームプログラミングを開始します。マウスで操作するゲームなので、初めにマウスの動きやクリックを判定するプログラムを入力し、マウスの動作を数値として取得する方法を学びましょう。

▶▶▶ Pythonのマウス入力

　前章でキー入力（キーイベント）を学びましたが、マウスも同様にbind()命令とイベントを受け取る関数を定義して入力を受け付けます。具体的には、マウスポインタの座標を代入する変数と、クリックしたことを判定する変数を用意します。マウスイベントが発生した時に実行する関数を定義し、それらの変数にイベントから取得した値を代入します。

　この処理を行うプログラムを確認します。次のプログラムを入力し、ファイル名を付けて保存し、実行しましょう。

リスト▶list0902_1.py ※マウスイベントを取得する記述を太字にしています

```
1   import tkinter
2
3   mouse_x = 0
4   mouse_y = 0
5   mouse_c = 0
6
7   def mouse_move(e):
8       global mouse_x, mouse_y
9       mouse_x = e.x
10      mouse_y = e.y
11
12  def mouse_press(e):
13      global mouse_c
14      mouse_c = 1
15
16  def mouse_release(e):
17      global mouse_c
18      mouse_c = 0
19
20  def game_main():
21      fnt = ("Times New Roman", 30)
22      txt = "mouse({},{}){}".format(mouse_x,
    mouse_y, mouse_c)
23      cvs.delete("TEST")
24      cvs.create_text(456, 384, text=txt, fill
    ="black", font=fnt, tag="TEST")
```

1	tkinterモジュールをインポート
3	マウスポインタのX座標
4	マウスポインタのY座標
5	マウスボタンをクリックした時の変数(フラグ)
7	マウスを動かした時に実行する関数
8	これらをグローバル変数として扱うと宣言
9	mouse_xにマウスポインタのX座標を代入
10	mouse_yにマウスポインタのY座標を代入
12	マウスボタンをクリックした時に実行する関数
13	この変数をグローバル変数として扱うと宣言
14	mouse_cに1を代入
16	マウスボタンを離した時に実行する関数
17	この変数をグローバル変数として扱うと宣言
18	mouse_cに0を代入
20	リアルタイム処理を行う関数
21	フォントを指定する変数
22	表示する文字列(マウス用の変数の値)
23	一旦、文字列を削除する
24	キャンバスに文字列を表示する

```
25        root.after(100, game_main)                  0.1秒後に再びこの関数を実行する
26
27   root = tkinter.Tk()                              ウィンドウのオブジェクトを作る
28   root.title("マウス入力")                          タイトルを指定
29   root.resizable(False, False)                     ウィンドウサイズを変更できないようにする
30   root.bind("<Motion>", mouse_move)                マウスが動いた時に実行する関数を指定
31   root.bind("<ButtonPress>", mouse_press)          マウスボタンをクリックした時に実行する関数を指定
32   root.bind("<ButtonRelease>", mouse_release)      マウスボタンを離した時に実行する関数を指定
33   cvs = tkinter.Canvas(root, width=912, height     キャンバスの部品を作る
     =768)
34   cvs.pack()                                       キャンバスを配置する
35   game_main()                                      メインの処理を行う関数を呼び出す
36   root.mainloop()                                  ウィンドウを表示
```

このプログラムを実行すると、マウスポインタの座標が表示され、ボタンをクリックすると一番右の数値が0から1になります。マウスを動かしたりクリックして値が変化することを確認しましょう。

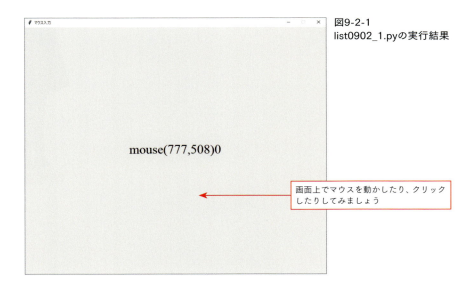

図9-2-1
list0902_1.pyの実行結果

画面上でマウスを動かしたり、クリックしたりしてみましょう

7〜18行目で、マウスポインタを動かした時に実行する関数、マウスボタンをクリックした時に実行する関数、マウスボタンを離した時に実行する関数をそれぞれ定義しています。ポインタの座標は関数の引数として受け取るイベント変数（このプログラムではe）に、9、10行目のように.xと.yを付けて取得します。ボタンをクリックした時と離した時はmouse_cに1と0を代入することで、この変数が1ならボタンが押されていると判定できるようにしています。

mouse_cのような変数の使い方を**フラグ**といい、クリックした時に値を1にすることを「フラグを立てる」、ボタンを離した時に値を0にすることを「フラグを降ろす」と表現します。

22行目の **format()** 命令は、文字列の波括弧{}を変数の値に置き換えます。{}の数（変数の個数）はいくつでも記述できます。

図9-2-2　format()命令の働き

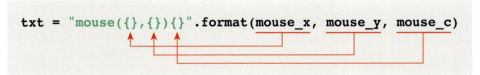

> これまではstr()命令で数値を文字列に変換しましたが、formant()命令を使うと文字列の中に直接、数を入れることができます。便利な命令なので使い方を覚えておきましょう。

Lesson 9-3 ゲーム用のカーソルの表示

次は取得したマウスの座標値から、ゲーム用のカーソルを操作できるようにします。

ゲーム画面のサイズを設計する

ネコ（ブロック）が落ちてくる領域のサイズを次のように設計します。ネコが並ぶ格子は横に8マス、縦に10マスとします。

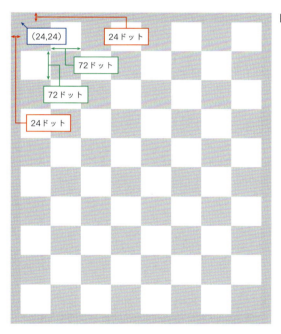

図9-3-1　画面サイズの設計

マウスポインタの座標からカーソルの位置を計算するプログラムを確認します。マウスボタンの判定はここでは不要なので省きます。次のプログラムを入力し、ファイル名を付けて保存し、実行しましょう。

リスト ▶list0903_1.py　※カーソル位置の計算と表示を太字にしています

1	`import tkinter`	tkinterモジュールをインポート
2		
3	`cursor_x = 0`	カーソルの横方向の位置(左から何マス目にあるか)
4	`cursor_y = 0`	カーソルの縦方向の位置(上から何マス目にあるか)
5	`mouse_x = 0`	マウスポインタのX座標
6	`mouse_y = 0`	マウスポインタのY座標

```
 7
 8  def mouse_move(e):
 9      global mouse_x, mouse_y
10      mouse_x = e.x
11      mouse_y = e.y
12
13  def game_main():
14      global cursor_x, cursor_y
15      if 24 <= mouse_x and mouse_x < 24+72*8 and 24 <= mouse_y and mouse_y < 24+72*10:
16          cursor_x = int((mouse_x-24)/72)
17          cursor_y = int((mouse_y-24)/72)
18          cvs.delete("CURSOR")
19          cvs.create_image(cursor_x*72+60, cursor_y*72+60, image=cursor, tag="CURSOR")
20      root.after(100, game_main)
21
22  root = tkinter.Tk()
23  root.title("カーソルの表示")
24  root.resizable(False, False)
25  root.bind("<Motion>", mouse_move)
26  cvs = tkinter.Canvas(root, width=912, height=768)
27  cvs.pack()
28
29  bg = tkinter.PhotoImage(file="neko_bg.png")
30  cursor = tkinter.PhotoImage(file="neko_cursor.png")
31  cvs.create_image(456, 384, image=bg)
32  game_main()
33  root.mainloop()
```

	マウスを動かした時に実行する関数
	これらをグローバル変数として扱うと宣言
	mouse_xにマウスポインタのX座標を代入
	mouse_yにマウスポインタのY座標を代入
	リアルタイム処理を行う関数
	これらをグローバル変数として扱うと宣言
	マウスポインタの座標が盤面上であれば
	ポインタのX座標からカーソルの横の位置を計算
	ポインタのY座標からカーソルの縦の位置を計算
	カーソルを消し
	新たな位置にカーソルを表示する
	0.1秒後に再びこの関数を実行する
	ウィンドウのオブジェクトを作る
	タイトルを指定
	ウィンドウサイズを変更できないようにする
	マウスが動いた時に実行する関数を指定
	キャンバスの部品を作る
	キャンバスを配置する
	背景画像の読み込み
	カーソル画像の読み込み
	キャンバス上に背景を描く
	メインの処理を行う関数を呼び出す
	ウィンドウを表示

このプログラムを実行すると、次のようにマウスポインタの位置にカーソルが表示されます。

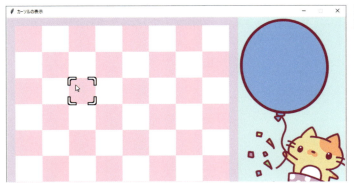

図9-3-2
list0903_1.pyの実行結果

16～17行目で、マウスポインタの座標値からカーソルのマス目上の位置を計算しています。

```
cursor_x = int((mouse_x-24)/72)
cursor_y = int((mouse_y-24)/72)
```

この計算式で使っている数値が図9-3-1のどの値かを確認しましょう。
　24は余白部分のドット数で、72は1マスのサイズです。mouse_x-24、mouse_y-24は次の図のようにマス目の左上角の位置を原点とするための引き算です。

図9-3-3　画面領域の原点

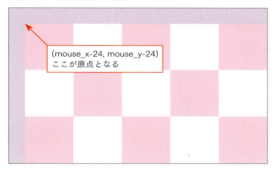

　「mouse_x-24を72で割った商が左から何マス目か」「mouse_y-24を72で割った商が上から何マス目か」の値になります。割り算した値の小数点以下をint()命令で切り捨て商を求めています。

　カーソルの描画位置（キャンバス上の座標）の指定も確認しましょう。19行目のように「cursor_x*72+60, cursor_y*72+60」という式で、カーソルの位置からキャンバス上の座標を求めています。この計算式の意味は、1マスのサイズが72ドットなので72を掛け、create_image()命令の座標は画像の中心となるので、余白の24ドットとマスの半分のサイズの36ドットを合わせた60ドットを足しています。

> Pythonでキャンバスに描いた画像や図形を新しく描き直すには、古い画像や図形をdelete()命令で削除します。これをせずに何度も上書きしていくと、プログラムの動作がおかしくなることがあるので注意しましょう。

Lesson 9-4 マス上のデータを管理する

格子状に並ぶネコ（ブロック）をリストで管理するプログラムを確認します。

二次元リストで管理する

格子は横8マス、縦10マスとします。マスには何も入っていないか、6種類のネコのうちいずれかが入ります。このようなゲーム画面は前章で学んだように二次元リストを使って管理します。

今回のプログラムではリストの要素の値（データ）を次のように定めます。リストの名称はnekoとし、二次元リストとするのでneko[y][x]にデータを出し入れします。

図9-4-1　二次元リストで画像を管理

neko[y][x]の値	0	1	2	3	4	5	6	7
	何も表示しない							

※7の肉球の画像は揃ったネコを消す処理で使います

8×10マスを二次元リストで定義し、ネコの画像を表示するプログラムを確認します。画像は複数あるので、一次元リストで管理します。動作確認後に、リストに画像を読み込む方法を説明します。次のプログラムを入力し、ファイル名を付けて保存し、実行しましょう。

リスト▶list0904_1.py　※二次元リストとネコを表示する処理を太字にしています

```
 1  import tkinter                      tkinterモジュールをインポート
 2
 3  neko = [                            マス目を管理する二次元リスト
 4  [1, 0, 0, 0, 0, 0, 7, 7],
 5  [0, 2, 0, 0, 0, 0, 7, 7],
 6  [0, 0, 3, 0, 0, 0, 0, 0],
 7  [0, 0, 0, 4, 0, 0, 0, 0],
 8  [0, 0, 0, 0, 5, 0, 0, 0],
 9  [0, 0, 0, 0, 0, 6, 0, 0],
10  [0, 0, 0, 0, 0, 0, 0, 0],
11  [0, 0, 0, 0, 0, 0, 0, 0],
12  [0, 0, 0, 0, 0, 0, 0, 0],
13  [0, 0, 1, 2, 3, 4, 5, 6]
14  ]
15
```

180

```
16  def draw_neko():                                   ネコを表示する関数
17      for y in range(10):                            繰り返し yは0から9まで1ずつ増える
18          for x in range(8):                         繰り返し xは0から7まで1ずつ増える
19              if neko[y][x] > 0:                     リストの要素の値が0より大きいなら
20                  cvs.create_image(x*72+60, y*       ネコの画像を表示
    72+60, image=img_neko[neko[y][x]])
21
22  root = tkinter.Tk()                                ウィンドウのオブジェクトを作る
23  root.title("二次元リストでマスを管理する")          タイトルを指定
24  root.resizable(False, False)                       ウィンドウサイズを変更できないようにする
25  cvs = tkinter.Canvas(root, width=912, height       キャンバスの部品を作る
    =768)
26  cvs.pack()                                         キャンバスを配置する
27
28  bg = tkinter.PhotoImage(file="neko_bg.png")        背景画像の読み込み
29  img_neko = [                                       リストで複数のネコの画像を管理
30      None,                                          img_neko[0]は何もない値とする
31      tkinter.PhotoImage(file="neko1.png"),
32      tkinter.PhotoImage(file="neko2.png"),
33      tkinter.PhotoImage(file="neko3.png"),
34      tkinter.PhotoImage(file="neko4.png"),
35      tkinter.PhotoImage(file="neko5.png"),
36      tkinter.PhotoImage(file="neko6.png"),
37      tkinter.PhotoImage(file="neko_niku.png")
38  ]
39
40  cvs.create_image(456, 384, image=bg)               キャンバス上に背景を描く
41  draw_neko()                                        ネコを表示する関数を呼び出す
42  root.mainloop()                                    ウィンドウを表示
```

このプログラムを実行すると、二次元リストで定義した通りにネコと肉球の画像が表示されます。

3～14行目がマス目上のネコを管理する二次元リストです。リストの値と**図9-4-1**の画像の番号を照らし合わせてください。

16～20行目に定義したdraw_neko()関数でネコと肉球の画像を表示します。20行目のcreate_image()命令の引数の座標は「x*72+60,

図9-4-2　list0904_1.pyの実行結果

y*72+60」とし、マス目の中心の位置を指定します。

　29〜38行目が画像を読み込むリストで、0番目の要素を None としています。Pythonでは「何も存在しない」ことを None で表します。neko[y][x] の値が0のところには何も表示せず画像は不要なので、このプログラムでは「画像は不要」ということを None としています。

Pythonで複数の画像を扱う時は、このプログラムのようにリストを用いて画像ファイルを管理すると便利です。

Lesson 9-5　ブロックを落下させるアルゴリズム

ネコ（ブロック）を落下させる処理を組み込みます。

リストの値を調べる

　ネコが存在するマスの1つ下のマスが空白の時、ネコをそこに移動させれば一段落下します。この処理を全てのマスに対して行えば、画面全体のネコを落下させることができます。一段ずつ落下させるには、下の段から上の段に向かって調べていく必要があり、動作確認後に図解して説明します。

　次のプログラムを入力し、ファイル名を付けて保存し、実行しましょう。

リスト▶list0905_1.py　※ネコを落下させる処理を太字にしています

```python
import tkinter

neko = [
[1, 0, 0, 0, 0, 0, 1, 2],
[0, 2, 0, 0, 0, 0, 3, 4],
[0, 0, 3, 0, 0, 0, 0, 0],
[0, 0, 0, 4, 0, 0, 0, 0],
[0, 0, 0, 0, 5, 0, 0, 0],
[0, 0, 0, 0, 0, 6, 0, 0],
[0, 0, 0, 0, 0, 0, 0, 0],
[0, 0, 0, 0, 0, 0, 0, 0],
[0, 0, 0, 0, 0, 0, 0, 0],
[0, 0, 1, 2, 3, 4, 0, 0]
]

def draw_neko():
    for y in range(10):
        for x in range(8):
            if neko[y][x] > 0:
                cvs.create_image(x*72+60, y*72+60, image=img_neko[neko[y][x]], tag="NEKO")

def drop_neko():
    for y in range(8, -1, -1):
        for x in range(8):
            if neko[y][x] != 0 and neko[y+1][x] == 0:
                neko[y+1][x] = neko[y][x]
                neko[y][x] = 0
```

行	説明
1	tkinterモジュールをインポート
3	マス目を管理する二次元リスト
16	ネコを表示する関数
17	繰り返し　yは0から9まで1ずつ増える
18	繰り返し　xは0から7まで1ずつ増える
19	リストの要素の値が0より大きいなら
20	ネコの画像を表示
22	ネコを落下させる関数
23	繰り返し　yは8から0まで1ずつ減る
24	繰り返し　xは0から7まで1ずつ増える
25	ネコのあるマスの下が空白なら
26	空白にネコを入れ
27	元のネコのマスは空白にする

183

```
28
29  def game_main():                                    メインの処理(リアルタイム処理)を行う関数
30      drop_neko()                                         ネコを落下させる関数を呼び出す
31      cvs.delete("NEKO")                                  ネコの画像を削除
32      draw_neko()                                         ネコを表示
33      root.after(100, game_main)                           0.1秒後に再びメインの処理を実行
34
35  root = tkinter.Tk()                                 ウィンドウのオブジェクトを作る
36  root.title("ネコを落下させる")                        タイトルを指定
37  root.resizable(False, False)                        ウィンドウサイズを変更できないようにする
38  cvs = tkinter.Canvas(root, width=912, height        キャンバスの部品を作る
    =768)
39  cvs.pack()                                          キャンバスを配置する
40
41  bg = tkinter.PhotoImage(file="neko_bg.png")         背景画像の読み込み
42  img_neko = [                                        リストで複数のネコの画像を管理
43      None,                                           img_neko[0]は何もない値とする
44      tkinter.PhotoImage(file="neko1.png"),
45      tkinter.PhotoImage(file="neko2.png"),
46      tkinter.PhotoImage(file="neko3.png"),
47      tkinter.PhotoImage(file="neko4.png"),
48      tkinter.PhotoImage(file="neko5.png"),
49      tkinter.PhotoImage(file="neko6.png"),
50      tkinter.PhotoImage(file="neko_niku.png")
51  ]
52
53  cvs.create_image(456, 384, image=bg)                キャンバス上に背景を描く
54  game_main()                                         メインの処理を行う関数を呼び出す
55  root.mainloop()                                     ウィンドウを表示
```

　このプログラムを実行するとネコが落下します。画面は省略しますが、何度か実行して動作を確認しましょう。

　22〜27行目に定義したdrop_neko()がネコを落下させる関数です。この関数はneko[y][x]の位置にネコがあり、その下の位置neko[y+1][x]が0なら（つまり空白なら）、neko[y+1][x]にneko[y][x]の値を入れ、neko[y][x]の値を0にすることで、ネコを1つ下のマスに移動させます。この処理は二重ループのforで下の段から上の段に向かって行う必要があります。図解すると次のようになります。

図9-5-1 二重ループによる判定

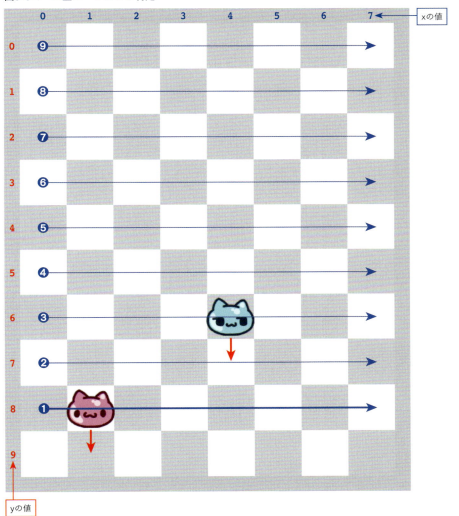

　一番下の段は調べる必要はなく、❶の段から調べ始めます。二重ループのforでyの値が8の時、xの値は0→1→2→3→4→5→6→7と変化しながら横に調べていき、落とすべきネコがあれば一段落下させます。次にyの値が7になり❷の段のところを調べていきます。こうしてyの値が0、xの値が7になるまで二重ループの繰り返しが行われます。
　もしこれを上から下に向かって行うと、一段目のネコが二段目に移動し、二段目に移動したそのネコが三段目に移動ということを一度に行うことになり、一気に下まで落ちてしまいます。

　drop_neko()関数を30行目のようにリアルタイム処理内で呼び出し、ネコが自動的に落ちていくようにしています。

Lesson 9-6 クリックしてブロックを置く

クリックした位置にネコを置く処理を組み込みます。

ブロックの配置と落下

Lesson 9-2から9-5の処理をまとめ、クリックしたマスにネコを配置できるようにします。配置したネコは自動的に落下します。次のプログラムを入力し、ファイル名を付けて保存し、実行しましょう。

リスト▶list0906_1.py

```python
1   import tkinter
2   import random
3
4   cursor_x = 0
5   cursor_y = 0
6   mouse_x = 0
7   mouse_y = 0
8   mouse_c = 0
9
10  def mouse_move(e):
11      global mouse_x, mouse_y
12      mouse_x = e.x
13      mouse_y = e.y
14
15  def mouse_press(e):
16      global mouse_c
17      mouse_c = 1
18
19  neko = [
20  [0, 0, 0, 0, 0, 0, 0, 0],
21  [0, 0, 0, 0, 0, 0, 0, 0],
22  [0, 0, 0, 0, 0, 0, 0, 0],
23  [0, 0, 0, 0, 0, 0, 0, 0],
24  [0, 0, 0, 0, 0, 0, 0, 0],
25  [0, 0, 0, 0, 0, 0, 0, 0],
26  [0, 0, 0, 0, 0, 0, 0, 0],
27  [0, 0, 0, 0, 0, 0, 0, 0],
28  [0, 0, 0, 0, 0, 0, 0, 0],
29  [0, 0, 0, 0, 0, 0, 0, 0]
30  ]
31
30  def draw_neko():
```

行	説明
1	tkinterモジュールをインポート
2	randomモジュールをインポート
4	カーソルの横方向の位置(左から何マス目にあるか)
5	カーソルの縦方向の位置(上から何マス目にあるか)
6	マウスポインタのX座標
7	マウスポインタのY座標
8	マウスボタンをクリックした時の変数(フラグ)
10	マウスを動かした時に実行する関数
11	これらをグローバル変数として扱うと宣言
12	mouse_xにマウスポインタのX座標を代入
13	mouse_yにマウスポインタのY座標を代入
15	マウスボタンをクリックした時に実行する関数
16	この変数をグローバル変数として扱うと宣言
17	mouse_cに1を代入
19	マス目を管理する二次元リスト
30	ネコを表示する関数

```python
33      for y in range(10):
34          for x in range(8):
35              if neko[y][x] > 0:
36                  cvs.create_image(x*72+60, y*
    72+60, image=img_neko[neko[y][x]], tag="NEKO")
37
38  def drop_neko():
39      for y in range(8, -1, -1):
40          for x in range(8):
41              if neko[y][x] != 0 and neko[y+1]
    [x] == 0:
42                  neko[y+1][x] = neko[y][x]
43                  neko[y][x] = 0
44
45  def game_main():
46      global cursor_x, cursor_y, mouse_c
47      drop_neko()
48      if 24 <= mouse_x and mouse_x < 24+72*8
    and 24 <= mouse_y and mouse_y < 24+72*10:
49          cursor_x = int((mouse_x-24)/72)
50          cursor_y = int((mouse_y-24)/72)
51          if mouse_c == 1:
52              mouse_c = 0
53              neko[cursor_y][cursor_x] = random.
    randint(1, 6)
54      cvs.delete("CURSOR")
55      cvs.create_image(cursor_x*72+60, cursor_
    y*72+60, image=cursor, tag="CURSOR")
56      cvs.delete("NEKO")
57      draw_neko()
58      root.after(100, game_main)
59
60  root = tkinter.Tk()
61  root.title("クリックしてネコを置く")
62  root.resizable(False, False)
63  root.bind("<Motion>", mouse_move)
64  root.bind("<ButtonPress>", mouse_press)
65  cvs = tkinter.Canvas(root, width=912, height
    =768)
66  cvs.pack()
67
68  bg = tkinter.PhotoImage(file="neko_bg.png")
69  cursor = tkinter.PhotoImage(file="neko_cursor.
    png")
70  img_neko = [
71      None,
72      tkinter.PhotoImage(file="neko1.png"),
73      tkinter.PhotoImage(file="neko2.png"),
74      tkinter.PhotoImage(file="neko3.png"),
```

繰り返し yは0から9まで1ずつ増える
　　繰り返し xは0から7まで1ずつ増える
　　　リストの要素の値が0より大きいなら
　　　　ネコの画像を表示

ネコを落下させる関数
　　繰り返し yは8から0まで1ずつ減る
　　　繰り返し xは0から7まで1ずつ増える
　　　　ネコのあるマスの下が空白なら

　　　　　空白にネコを入れ
　　　　　元のネコのマスは空白にする

メインの処理(リアルタイム処理)を行う関数
　　これらをグローバル変数として扱うと宣言
　　ネコを落下させる関数を呼び出す
　　マウスポインタの座標が盤面上であれば

　　　ポインタのX座標からカーソルの横の位置を計算
　　　ポインタのY座標からカーソルの縦の位置を計算
　　　マウスボタンをクリックしたら
　　　　クリックしたフラグを解除
　　　　カーソルのマスにランダムにネコを配置

　　カーソルを消し
　　新たな位置にカーソルを表示する

　　ネコの画像を削除
　　ネコを表示
　　0.1秒後に再びメインの処理を実行

ウィンドウのオブジェクトを作る
タイトルを指定
ウィンドウサイズを変更できないようにする
マウスが動いた時に実行する関数を指定
マウスボタンをクリックした時に実行する関数を指定
キャンバスの部品を作る

キャンバスを配置する

背景画像の読み込み
カーソル画像の読み込み

リストで複数のネコの画像を管理
img_neko[0]は何もない値とする

Chapter 9

落ち物パズルを作ろう！

```
75          tkinter.PhotoImage(file="neko4.png"),
76          tkinter.PhotoImage(file="neko5.png"),
77          tkinter.PhotoImage(file="neko6.png"),
78          tkinter.PhotoImage(file="neko_niku.png")
79      ]
80
81  cvs.create_image(456, 384, image=bg)           キャンバス上に背景を描く
82  game_main()                                    メインの処理を行う関数を呼び出す
83  root.mainloop()                                ウィンドウを表示
```

　このプログラムを実行すると、マウスでカーソルを移動し、クリックしたマスにネコを配置できます。配置したネコは下まで落ちていきます。

図9-6-1　list0906_1.pyの実行結果

　48〜53行目でカーソルの移動と、クリックしたマスにネコを置く処理を行っています。この部分のプログラムは次のような構造になっています。

図9-6-2　マウスの動きを判定する部分

```python
if 24 <= mouse_x and mouse_x < 24+72*8 and 24 <= mouse_y and mouse_y < 24+72*10:
    cursor_x = int((mouse_x-24)/72)
    cursor_y = int((mouse_y-24)/72)
    if mouse_c == 1:
        mouse_c = 0
        neko[cursor_y][cursor_x] = random.randint(1, 6)
```

　青枠のif文でマウスポインタがマス目上にあるか判定します。マス目上にあるならカーソルの横方向の位置と縦方向の位置を計算します。

　赤枠のif文でマウスボタンをクリックしたかを判定し、ネコを配置します。この時、mouse_cの値を0にすることで、クリックするごとに配置するようにしています。試しに「mouse_c = 0」を削除するかコメントアウト（→P.43）してプログラムを実行してみましょう。するとクリックした時にネコが次々に置かれてしまいます。

　ネコを配置する時に「mouse_c = 0」としてクリック時に立てたフラグを降ろすことがポイントです。Lesson 9-2のマウス入力のプログラムlist0902_1.pyにある「マウスボタンを離した時に実行する関数」を入れる必要はありません。これ以降のプログラムでもマウスボタンを離した時の処理は記述しません。

　ここで説明したif文の中に別のif文を入れる記述はソフトウェア開発でよく使われるので、この仕組みを理解できるようにしましょう。

> Pythonのブロックは通常半角スペース4文字分で字下げすることは既に学んだ通りです。図9-6-2はif文の字下げの中に、もう1つのif文があり、内側のif文のブロックは半角スペース8文字分、字下げしていることも確認しましょう。

Lesson 9-7 ブロックが揃ったかを判定するアルゴリズム

落ち物パズルではブロックが揃ったかを判定するアルゴリズムが必要です。これをどうプログラミングすればよいかを考えていきましょう。ブロックが揃ったかを判定するには様々な手法がありますが、ここではプログラミング初心者向けの判定方法を説明します。

▶▶▶ 3つ並んだことを調べる

横に3つ並んだ状態を判定することから考えてみましょう。次の図のように、真ん中のネコ neko[y][x] の値が、左側のネコ neko[y][x-1] と、右側のネコ neko[y][x+1] の値と一致すれば、横に3つ並んでいることになります。

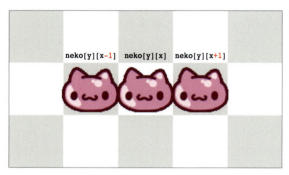

図9-7-1
ブロックが揃ったかを判定する

この判定を二重ループのforでマス目全体について行えば、横に3つ並んだ場所を特定できます。この方法で判定するプログラムを確認します。ネコを落下させる処理は省き、動作確認しやすいように、クリックした位置にピンクか水色どちらかのネコが配置されるようにしました。風船に表示した「テスト」という文字をクリックすると、3つ並んだネコがあれば肉球の画像に変わります。このプログラムでは二次元リストnekoをappend()命令で用意しています。append()命令は動作確認後に説明します。

では次のプログラムを入力し、ファイル名を付けて保存し、実行しましょう。

リスト ▶ list0907_1.py　※横に3つ並んだかを判定する処理を太字にしています

1	`import tkinter`	tkinterモジュールをインポート
2	`import random`	randomモジュールをインポート
3		
4	`cursor_x = 0`	カーソルの横方向の位置（左から何マス目にあるか）
5	`cursor_y = 0`	カーソルの縦方向の位置（上から何マス目にあるか）
6	`mouse_x = 0`	マウスポインタのX座標
7	`mouse_y = 0`	マウスポインタのY座標

```
8   mouse_c = 0

9

10  def mouse_move(e):

11      global mouse_x, mouse_y

12      mouse_x = e.x

13      mouse_y = e.y

14

15  def mouse_press(e):

16      global mouse_c

17      mouse_c = 1

18

19  neko = []

20  for i in range(10):

21      neko.append([0, 0, 0, 0, 0, 0, 0, 0])

22

23  def draw_neko():

24      for y in range(10):

25          for x in range(8):

26              if neko[y][x] > 0:

27                  cvs.create_image(x*72+60, y*
72+60, image=img_neko[neko[y][x]], tag="NEKO")

28

29  def yoko_neko():

30      for y in range(10):

31          for x in range(1, 7):

32              if neko[y][x] > 0:

33                  if neko[y][x-1] == neko[y][x]
and neko[y][x+1] == neko[y][x]:

34                      neko[y][x-1] = 7

35                      neko[y][x] = 7

36                      neko[y][x+1] = 7

37

38  def game_main():

39      global cursor_x, cursor_y, mouse_c

40      if 660 <= mouse_x and mouse_x < 840 and 100
<= mouse_y and mouse_y < 160 and mouse_c == 1:

41          mouse_c = 0

42          yoko_neko()

43      if 24 <= mouse_x and mouse_x < 24+72*8 and
24 <= mouse_y and mouse_y < 24+72*10:

44          cursor_x = int((mouse_x-24)/72)

45          cursor_y = int((mouse_y-24)/72)

46          if mouse_c == 1:

47              mouse_c = 0

48              neko[cursor_y][cursor_x] = random.
randint(1, 2)

49      cvs.delete("CURSOR")

50      cvs.create_image(cursor_x*72+60, cursor_
y*72+60, image=cursor, tag="CURSOR")
```

マウスボタンをクリックした時の変数（フラグ）

マウスを動かした時に実行する関数
　　　これらをグローバル変数として扱うと宣言
　　　mouse_xにマウスポインタのX座標を代入
　　　mouse_yにマウスポインタのY座標を代入

マウスボタンをクリックした時に実行する関数
　　　この変数をグローバル変数として扱うと宣言
　　　mouse_cに1を代入

マス目を管理する二次元リスト
繰り返しと
　　　append()命令でリストを初期化する

ネコを表示する関数
　　　繰り返し　yは0から9まで1ずつ増える
　　　　　繰り返し　xは0から7まで1ずつ増える
　　　　　　　リストの要素の値が0より大きいなら
　　　　　　　ネコの画像を表示

ネコが横に３つ並んだか調べる関数
　　　繰り返し　yは0から9まで1ずつ増える
　　　　　繰り返し　xは1から6まで1ずつ増える
　　　　　　　マスにネコが配置されていて
　　　　　　　左右が同じネコなら

　　　　　　　　　それらのマスを肉球に変える
　　　　　　　　　〃
　　　　　　　　　〃

メインの処理（リアルタイム処理）を行う関数
　　　これらをグローバル変数として扱うと宣言
　　　風船内の「テスト」という文字をクリックしたら

　　　　　クリックしたフラグを解除
　　　　　横に並んだか調べる関数を呼び出す
　　　マウスポインタの座標が盤面上であれば

　　　　　ポインタのX座標からカーソルの横の位置を計算
　　　　　ポインタのY座標からカーソルの縦の位置を計算
　　　　　マウスボタンをクリックしたら
　　　　　　　クリックしたフラグを解除
　　　　　　　カーソルのマスにランダムにネコを配置

　　　カーソルを消し
　　　新たな位置にカーソルを表示する

Chapter 9

落ち物パズルを作ろう！

191

```
51          cvs.delete("NEKO")                                ネコの画像を削除
52          draw_neko()                                       ネコを表示
53          root.after(100, game_main)                        0.1秒後に再びメインの処理を実行
54
55   root = tkinter.Tk()                                      ウィンドウのオブジェクトを作る
56   root.title("横に３つ並んだか")                              タイトルを指定
57   root.resizable(False, False)                             ウィンドウサイズを変更できないようにする
58   root.bind("<Motion>", mouse_move)                        マウスが動いた時に実行する関数を指定
59   root.bind("<ButtonPress>", mouse_press)                  マウスボタンをクリックした時に実行する関数を指定
60   cvs = tkinter.Canvas(root, width=912, height             キャンバスの部品を作る
     =768)
61   cvs.pack()                                               キャンバスを配置する
62
63   bg = tkinter.PhotoImage(file="neko_bg.png")              背景画像の読み込み
64   cursor = tkinter.PhotoImage(file="neko_cursor.           カーソル画像の読み込み
     png")
65   img_neko = [                                             リストで複数のネコの画像を管理
66       None,                                                img_neko[0]は何もない値とする
67       tkinter.PhotoImage(file="neko1.png"),
68       tkinter.PhotoImage(file="neko2.png"),
69       tkinter.PhotoImage(file="neko3.png"),
70       tkinter.PhotoImage(file="neko4.png"),
71       tkinter.PhotoImage(file="neko5.png"),
72       tkinter.PhotoImage(file="neko6.png"),
73       tkinter.PhotoImage(file="neko_niku.png")
74   ]
75
76   cvs.create_image(456, 384, image=bg)                     キャンバス上に背景を描く
77   cvs.create_rectangle(660, 100, 840, 160, fill            風船内に枠を描き
     ="white")
78   cvs.create_text(750, 130, text="テスト", fill            テストと表示する
     ="red", font=("Times New Roman", 30))
79   game_main()                                              メインの処理を行う関数を呼び出す
80   root.mainloop()                                          ウィンドウを表示
```

このプログラムを実行し、マス目をクリックして、例えば次のように水色のネコを３つ並べます。

図9-7-2
水色のネコを並べる

そして風船内のテストの文字をクリックすると、水色のネコが肉球に変わります。

図9-7-3
風船の文字をクリック

図9-7-4
ネコの画像が変化

　29～36行目が横に3つ並んだことを判定するyoko_neko()関数です。二重ループのforでマス目全体を調べ、同じネコが横に3つ並んでいれば、それらのマス（リストの要素）を肉球の値である7にしています。40～42行目でテストの文字をクリックした時にこの関数を呼び出します。

　yoko_neko()関数の二重ループのxの範囲はrange(1, 7)で指定し、1から6の値としています。これは調べるリストをneko[y][x-1]、neko[y][x]、neko[y][x+1]としているためです。もしrange(0, 8)とし、xの値の範囲を0から7とすると、0と7の時に範囲外（neko[y][-1]、neko[y][8]）を調べることになり、エラーが発生するなどの不具合が生じます。

》》》 append()命令について

　前のlist0906_1.pyでは二次元リストのnekoを[0, 0, 0, 0, 0, 0, 0, 0]を10連ねて記述していました。見た目には分かりやすいですが、プログラムの記述的には少し無駄があるといえます。ここでは、リストに要素を追加するappend()命令を使うと、すっきり記述できます。19行目で neko = []として空のリストを用意し、20～21行目の繰り返しのforと **append()** 命令で[0, 0, 0, 0, 0, 0, 0, 0]を10行分、追加しています。

》》》 この判定の問題点

　この方法で横に3つ並んだことを判定できることが分かりました。同じようにして縦に3つ並んだか判定し、斜めにも3つ並んだかを判定すれば良いように思えます。しかし実は、この方法には2つの問題点があります。

> **問題点❶**
> 4つ、5つ、7つ、8つ並んだ状態では判定できないマスが出てしまう

例えば4つ並べてテストの文字をクリックしてください。次のように右端が1つ残ってしまいます。

図9-7-5　4つ並べた場合

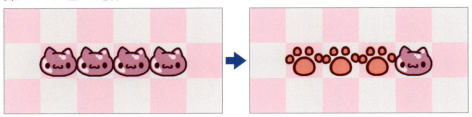

> 問題点❷
> 横に並んだかを判定した後、縦に並んだかを判定すると、正しく判定できないことがある

次のようなプログラムを記述し、縦の3つ並びも判定するとします。

図9-7-6　縦の並びも判定する

```python
def yoko_neko():

    for y in range(10):                                  # 横に3つ並んだか
        for x in range(1, 7):
            if neko[y][x] > 0:
                if neko[y][x-1] == neko[y][x] and neko[y][x+1] == neko[y][x]:
                    neko[y][x-1] = 7
                    neko[y][x] = 7
                    neko[y][x+1] = 7

    for y in range(1, 9):                                # 縦に3つ並んだか
        for x in range(8):
            if neko[y][x] > 0:
                if neko[y-1][x] == neko[y][x] and neko[y+1][x] == neko[y][x]:
                    neko[y-1][x] = 7
                    neko[y][x] = 7
                    neko[y+1][x] = 7
```

このプログラムでは次の図の左側は判定できますが、右側のように十字に並んでいると、先に横方向を判定するので縦方向が判定されません。ネコを管理するリストの値を書き換えているので、このようなことが起こります。

図9-7-7 十字に並んだ場合

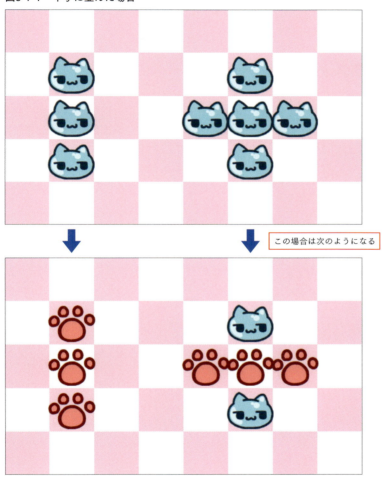

この場合は次のようになる

次のLesson 9-8では、ネコがどのように並んでいても正しく判定するように、アルゴリズムを改良します。list0907_1.pyのプログラムが無駄だったのではなく、この判定方法を改良したアルゴリズムになります。

Lesson 9-8 正しいアルゴリズムを組み込む

Lesson 9-7の問題点を解決し、縦、横、斜めに3つ以上ブロックが揃ったことを正確に判定するアルゴリズムを完成させます。

》》》 判定用のリストを使う

Lesson 9-7で説明した問題が起きない判定は次の手順で行います。

> ❶ 判定用のリストを用意し、そこにマス目のデータをコピーする
>
> ❷ 判定用のリストを調べて同じネコが3つ並んでいるかを確認し、並んでいる場合はゲーム用のリストの値を変更する

❶をイメージ図で表すと次のようになります。判定用のリスト名をcheckとしています。

図9-8-1 縦の並びも判定する

難しい内容になるので、動作確認後に改めて説明します。次のプログラムを入力し、ファイル名を付けて保存し、実行しましょう。

リスト▶list0908_1.py　※3つ以上並んだことを正確に判定する処理を太字にしています

```python
1   import tkinter
2   import random
3
4   cursor_x = 0
5   cursor_y = 0
6   mouse_x = 0
7   mouse_y = 0
8   mouse_c = 0
9
10  def mouse_move(e):
11      global mouse_x, mouse_y
12      mouse_x = e.x
13      mouse_y = e.y
14
15  def mouse_press(e):
16      global mouse_c
17      mouse_c = 1
18
19  neko = []
20  check = []
21  for i in range(10):
22      neko.append([0, 0, 0, 0, 0, 0, 0, 0])
23      check.append([0, 0, 0, 0, 0, 0, 0, 0])
24
25  def draw_neko():
26      for y in range(10):
27          for x in range(8):
28              if neko[y][x] > 0:
29                  cvs.create_image(x*72+60, y*
72+60, image=img_neko[neko[y][x]], tag="NEKO")
30
31  def check_neko():
32      for y in range(10):
33          for x in range(8):
34              check[y][x] = neko[y][x]
35
36      for y in range(1, 9):
37          for x in range(8):
38              if check[y][x] > 0:
39                  if check[y-1][x] == check[y][x]
and check[y+1][x] == check[y][x]:
40                      neko[y-1][x] = 7
41                      neko[y][x] = 7
42                      neko[y+1][x] = 7
43
44      for y in range(10):
45          for x in range(1, 7):
46              if check[y][x] > 0:
```

行	説明
1	tkinterモジュールをインポート
2	randomモジュールをインポート
4	カーソルの横方向の位置（左から何マス目にあるか）
5	カーソルの縦方向の位置（上から何マス目にあるか）
6	マウスポインタのX座標
7	マウスポインタのY座標
8	マウスボタンをクリックした時の変数（フラグ）
10	マウスを動かした時に実行する関数
11	これらをグローバル変数として扱うと宣言
12	mouse_xにマウスポインタのX座標を代入
13	mouse_yにマウスポインタのY座標を代入
15	マウスボタンをクリックした時に実行する関数
16	この変数をグローバル変数として扱うと宣言
17	mouse_cに1を代入
19	マス目を管理する二次元リスト
20	判定用の二次元リスト
21	繰り返しと
22	append()命令でリストを初期化する
25	ネコを表示する関数
26	繰り返し　yは0から9まで1ずつ増える
27	繰り返し　xは0から7まで1ずつ増える
28	リストの要素の値が0より大きいなら
29	ネコの画像を表示
31	ネコが縦、横、斜めに3つ以上並んだか調べる関数
32	繰り返し　yは0から9まで1ずつ増える
33	繰り返し　xは0から7まで1ずつ増える
34	判定用のリストにネコの値を入れる
36	繰り返し　yは1から8まで1ずつ増える
37	繰り返し　xは0から7まで1ずつ増える
38	マスにネコが配置されていて
39	上下が同じネコなら
40	それらのマスを肉球に変える
41	〃
42	〃
44	繰り返し　yは0から9まで1ずつ増える
45	繰り返し　xは1から6まで1ずつ増える
46	マスにネコが配置されていて

Chapter 9

落ち物パズルを作ろう！

197

```python
47              if check[y][x-1] == check[y][x]
and check[y][x+1] == check[y][x]:
48                  neko[y][x-1] = 7
49                  neko[y][x] = 7
50                  neko[y][x+1] = 7
51
52      for y in range(1, 9):
53          for x in range(1, 7):
54              if check[y][x] > 0:
55                  if check[y-1][x-1] == check[y]
[x] and check[y+1][x+1] == check[y][x]:
56                      neko[y-1][x-1] = 7
57                      neko[y][x] = 7
58                      neko[y+1][x+1] = 7
59                  if check[y+1][x-1] == check[y]
[x] and check[y-1][x+1] == check[y][x]:
60                      neko[y+1][x-1] = 7
61                      neko[y][x] = 7
62                      neko[y-1][x+1] = 7
63
64  def game_main():
65      global cursor_x, cursor_y, mouse_c
66      if 660 <= mouse_x and mouse_x < 840 and 100
<= mouse_y and mouse_y < 160 and mouse_c == 1:
67          mouse_c = 0
68          check_neko()
69      if 24 <= mouse_x and mouse_x < 24+72*8 and
24 <= mouse_y and mouse_y < 24+72*10:
70          cursor_x = int((mouse_x-24)/72)
71          cursor_y = int((mouse_y-24)/72)
72          if mouse_c == 1:
73              mouse_c = 0
74              neko[cursor_y][cursor_x] = random.
randint(1, 2)
75      cvs.delete("CURSOR")
76      cvs.create_image(cursor_x*72+60, cursor_
y*72+60, image=cursor, tag="CURSOR")
77      cvs.delete("NEKO")
78      draw_neko()
79      root.after(100, game_main)
80
81  root = tkinter.Tk()
82  root.title("縦、横、斜めに３つ以上並んだか")
83  root.resizable(False, False)
84  root.bind("<Motion>", mouse_move)
85  root.bind("<ButtonPress>", mouse_press)
86  cvs = tkinter.Canvas(root, width=912, height
=768)
87  cvs.pack()
```

47	左右が同じネコなら
48	それらのマスを肉球に変える
49	〃
50	〃
52	繰り返し　yは1から8まで1ずつ増える
53	繰り返し　xは1から6まで1ずつ増える
54	マスにネコが配置されていて
55	左上と右下が同じネコなら
56	それらのマスを肉球に変える
57	〃
58	〃
59	左下と右上が同じネコなら
60	それらのマスを肉球に変える
61	〃
62	〃
64	メインの処理（リアルタイム処理）を行う関数
65	これらをグローバル変数として扱うと宣言
66	風船内の「テスト」という文字をクリックしたら
67	クリックしたフラグを解除
68	ネコが並んだかを調べる関数を呼び出す
69	マウスポインタの座標が盤面上であれば
70	ポインタのX座標からカーソルの横の位置を計算
71	ポインタのY座標からカーソルの縦の位置を計算
72	マウスボタンをクリックしたら
73	クリックしたフラグを解除
74	カーソルのマスにランダムにネコを配置
75	カーソルを消し
76	新たな位置にカーソルを表示する
77	ネコの画像を削除
78	ネコを表示
79	0.1秒後に再びメインの処理を実行
81	ウィンドウのオブジェクトを作る
82	タイトルを指定
83	ウィンドウサイズを変更できないようにする
84	マウスが動いた時に実行する関数を指定
85	マウスボタンをクリックした時に実行する関数を指定
86	キャンバスの部品を作る
87	キャンバスを配置する

```
88
89  bg = tkinter.PhotoImage(file="neko_bg.png")                    背景画像の読み込み
90  cursor = tkinter.PhotoImage(file="neko_cursor.               カーソル画像の読み込み
    png")
91  img_neko = [                                                  リストで複数のネコの画像を管理
92      None,                                                     img_neko[0]は何もない値とする
93      tkinter.PhotoImage(file="neko1.png"),
94      tkinter.PhotoImage(file="neko2.png"),
95      tkinter.PhotoImage(file="neko3.png"),
96      tkinter.PhotoImage(file="neko4.png"),
97      tkinter.PhotoImage(file="neko5.png"),
98      tkinter.PhotoImage(file="neko6.png"),
99      tkinter.PhotoImage(file="neko_niku.png")
100 ]
101
102 cvs.create_image(456, 384, image=bg)                          キャンバス上に背景を描く
103 cvs.create_rectangle(660, 100, 840, 160, fill                 風船内に枠を描き
    ="white")
104 cvs.create_text(750, 130, text="テスト", fill                  テストと表示する
    ="red", font=("Times New Roman", 30))
105 game_main()                                                   メインの処理を行う関数を呼び出す
106 root.mainloop()                                               ウィンドウを表示
```

　31～62行目に定義したcheck_neko()関数で、ネコが縦、横、斜めに揃ったかを判定しています。まず32～34行目で判定用のリストcheckにnekoのデータをコピーします。36～42行目で縦に3つ並んだか調べ、並んでいるなら肉球に変化させます。調べるリストはcheck[][]、肉球に変える（7を代入する）リストはneko[][]としているところがポイントです。これで縦に3つ以上並んだことを取りこぼしなく判定できます。例えば右の図のように5マス並んでいた時は、❶の判定が行われ、❷の判定も行われ、そして❸の判定も行われます。❶～❸それぞれの判定時にneko[][]の値を7にするので、全てのネコが肉球に変わります。

　44～50行目で横方向に、52～62行目で斜め方向に同様の処理を行っています。ネコを色々な形に並べ、テストの文字をクリックし、このアルゴリズムでネコが揃っている箇所を正しく判定できることを確認しましょう。

図9-8-2
5マス並んだ時の判定

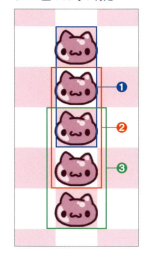

リストをコピーするには色々な方法があります。例えばcopyモジュールを使ってimport copyとし、「check = copy.deepcopy(neko)」と記述すると、nekoの値をコピーしたcheckが作られます。Pythonのリストのコピーには注意点があり、「コピー先のリスト = コピー元のリスト」としてはいけません。例えば今回のプログラムで「check = neko」と記述してもデータをコピーした新たなリストは作られず、正しく判定できません。

Lesson 9-9 タイトル画面とゲームオーバー画面

Lesson 9-2から9-8で落ち物パズルの"骨組みとなるプログラム"を用意しました。タイトル画面とゲームオーバー画面を設ける処理などを追加し、ゲームとしての一連の流れを成立させます。

▶▶▶ インデックスで処理を分ける

前章の最後でタイトル画面とゲーム画面を分ける方法を説明しました（→P.168）。実際にその仕組みを組み込みます。indexという変数を用意し、その値が1の時にタイトル画面の処理、2〜5の時にゲーム中の各処理、6の時にゲームオーバー画面の処理を行います。ゲーム中は色々な動作が必要なため、4つのインデックスに分けて処理します。

表9-9-1　変数indexの値で処理を分ける

indexの値	処理の内容
0	タイトル画面の文字を表示し、index1の処理に移る。
1	ゲーム開始の入力を待つ。 画面をクリックしたら、最初に落ちてくるネコをセットしてindex2の処理に移る。
2	【ゲーム中の処理1】 ネコを落下させる。 全てのネコが落下したらindex3の処理に移る。
3	【ゲーム中の処理2】 ネコが3つ以上並んだかを調べ、揃ったネコがあれば肉球に変える。 index4の処理に移る。
4	【ゲーム中の処理3】 肉球に変わったマスがあれば、消してスコアを加算し、再びindex2の落下処理に移る（消えたマスの上にあるネコを落とすため）。 肉球に変わったマスがない場合、最上段まで積み上がっていなければindex5の入力待ちに移る。積み上がってしまったら、index6のゲームオーバーに移る。
5	【ゲーム中の処理4】 プレイヤーからの入力を待つ。 マウスでカーソルを移動し、クリックしてネコを配置したらindex2のネコを落下させる処理に移る。
6	ゲームオーバー画面。変数で時間をカウントし、5秒後にindex0の処理に移る。

ゲームオーバーにならない間は、index2からindex5の処理が繰り返されます。

以上のように処理を分けるには、リアルタイム処理を行うgame_main()関数の中で

```
if index == 0:
    処理0
elif index == 1:
    処理1
elif index == 2:
    処理2
 :
```

と記述します。

　この処理の他にも新たな関数をいくつか追加しており、それらは動作確認後に説明します。次のプログラムを入力し、ファイル名を付けて保存し、実行しましょう。これまでで一番長く、200行近いプログラムになるので、書籍サポートページからダウンロードしてもかまいません。プログラミングを身につけるには実際に手で入力することも大切なので、ご自分で入力されることもお勧めします。

リスト▶list0909_1.py　※ゲームの進行を管理する処理を太字にしています

	コード	説明
1	`import tkinter`	tkinterモジュールをインポート
2	`import random`	randomモジュールをインポート
3		
4	`index = 0`	ゲーム進行を管理する変数
5	`timer = 0`	時間を管理する変数
6	`score = 0`	スコア用の変数
7	`tsugi = 0`	次にセットするネコの値を入れる変数
8		
9	`cursor_x = 0`	カーソルの横方向の位置（左から何マス目にあるか）
10	`cursor_y = 0`	カーソルの縦方向の位置（上から何マス目にあるか）
11	`mouse_x = 0`	マウスポインタのX座標
12	`mouse_y = 0`	マウスポインタのY座標
13	`mouse_c = 0`	マウスボタンをクリックした時の変数（フラグ）
14		
15	`def mouse_move(e):`	マウスを動かした時に実行する関数
16	`    global mouse_x, mouse_y`	これらをグローバル変数として扱うと宣言
17	`    mouse_x = e.x`	mouse_xにマウスポインタのX座標を代入
18	`    mouse_y = e.y`	mouse_yにマウスポインタのY座標を代入
19		
20	`def mouse_press(e):`	マウスボタンをクリックした時に実行する関数
21	`    global mouse_c`	この変数をグローバル変数として扱うと宣言
22	`    mouse_c = 1`	mouse_cに1を代入
23		
24	`neko = []`	マス目を管理する二次元リスト
25	`check = []`	判定用の二次元リスト
26	`for i in range(10):`	繰り返しと
27	`    neko.append([0, 0, 0, 0, 0, 0, 0, 0])`	append()命令でリストを初期化する
28	`    check.append([0, 0, 0, 0, 0, 0, 0, 0])`	

Chapter 9

落ち物パズルを作ろう！

201

```python
29
30  def draw_neko():
31      cvs.delete("NEKO")
32      for y in range(10):
33          for x in range(8):
34              if neko[y][x] > 0:
35                  cvs.create_image(x*72+60, y*
    72+60, image=img_neko[neko[y][x]], tag="NEKO")
36
37  def check_neko():
38      for y in range(10):
39          for x in range(8):
40              check[y][x] = neko[y][x]
41
42      for y in range(1, 9):
43          for x in range(8):
44              if check[y][x] > 0:
45                  if check[y-1][x] == check[y][x]
    and check[y+1][x] == check[y][x]:
46                      neko[y-1][x] = 7
47                      neko[y][x] = 7
48                      neko[y+1][x] = 7
49
50      for y in range(10):
51          for x in range(1, 7):
52              if check[y][x] > 0:
53                  if check[y][x-1] == check[y][x]
    and check[y][x+1] == check[y][x]:
54                      neko[y][x-1] = 7
55                      neko[y][x] = 7
56                      neko[y][x+1] = 7
57
58      for y in range(1, 9):
59          for x in range(1, 7):
60              if check[y][x] > 0:
61                  if check[y-1][x-1] == check[y]
    [x] and check[y+1][x+1] == check[y][x]:
62                      neko[y-1][x-1] = 7
63                      neko[y][x] = 7
64                      neko[y+1][x+1] = 7
65                  if check[y+1][x-1] == check[y]
    [x] and check[y-1][x+1] == check[y][x]:
66                      neko[y+1][x-1] = 7
67                      neko[y][x] = 7
68                      neko[y-1][x+1] = 7
69
70  def sweep_neko():
71      num = 0
72      for y in range(10):
```

ネコを表示する関数
　　一旦、ネコを消す
　　繰り返し　yは0から9まで1ずつ増える
　　　　繰り返し　xは0から7まで1ずつ増える
　　　　　　リストの要素の値が0より大きいなら
　　　　　　ネコの画像を表示

ネコが縦、横、斜めに3つ並んだか調べる関数
　　繰り返し　yは0から9まで1ずつ増える
　　　　繰り返し　xは0から7まで1ずつ増える
　　　　　　判定用のリストにネコの値を入れる

　　繰り返し　yは1から8まで1ずつ増える
　　　　繰り返し　xは0から7まで1ずつ増える
　　　　　　マスにネコが配置されていて
　　　　　　上下が同じネコなら

　　　　　　　　それらのマスを肉球に変える
　　　　　　　　〃
　　　　　　　　〃

　　繰り返し　yは0から9まで1ずつ増える
　　　　繰り返し　xは1から6まで1ずつ増える
　　　　　　マスにネコが配置されていて
　　　　　　左右が同じネコなら

　　　　　　　　それらのマスを肉球に変える
　　　　　　　　〃
　　　　　　　　〃

　　繰り返し　yは1から8まで1ずつ増える
　　　　繰り返し　xは1から6まで1ずつ増える
　　　　　　マスにネコが配置されていて
　　　　　　左上と右下が同じネコなら

　　　　　　　　それらのマスを肉球に変える
　　　　　　　　〃
　　　　　　　　〃
　　　　　　左下と右上が同じネコなら

　　　　　　　　それらのマスを肉球に変える
　　　　　　　　〃
　　　　　　　　〃

揃ったネコ（肉球）を消す関数
　　消した数をカウントする変数
　　繰り返し　yは0から9まで1ずつ増える

```python
73          for x in range(8):
74              if neko[y][x] == 7:
75                  neko[y][x] = 0
76                  num = num + 1
77      return num
78
79  def drop_neko():
80      flg = False
81      for y in range(8, -1, -1):
82          for x in range(8):
83              if neko[y][x] != 0 and neko[y+1][x]
    == 0:
84                  neko[y+1][x] = neko[y][x]
85                  neko[y][x] = 0
86                  flg = True
87      return flg
88
89  def over_neko():
90      for x in range(8):
91          if neko[0][x] > 0:
92              return True
93      return False
94
95  def set_neko():
96      for x in range(8):
97          neko[0][x] = random.randint(0, 6)
98
99  def draw_txt(txt, x, y, siz, col, tg):
100     fnt = ("Times New Roman", siz, "bold")
101     cvs.create_text(x+2, y+2, text=txt, fill
    ="black", font=fnt, tag=tg)
102     cvs.create_text(x, y, text=txt, fill=col,
    font=fnt, tag=tg)
103
104 def game_main():
105     global index, timer, score, tsugi
106     global cursor_x, cursor_y, mouse_c
107     if index == 0: # タイトルロゴ
108         draw_txt("ねこねこ", 312, 240, 100,
    "violet", "TITLE")
109         draw_txt("Click to start.", 312, 560,
    50, "orange", "TITLE")
110         index = 1
111         mouse_c = 0
112     elif index == 1: # タイトル画面 スタート待ち
113         if mouse_c == 1:
114             for y in range(10):
115                 for x in range(8):
116                     neko[y][x] = 0
```

繰り返し xは0から7まで1ずつ増える
　　マスが肉球になっていれば
　　　肉球を消し
　　　消した数を1増やす
消した数を戻り値として返す

ネコを落下させる関数
　　落下したかのフラグ（Falseは落下していない）
　　繰り返し yは8から0まで1ずつ減る
　　　繰り返し xは0から7まで1ずつ増える
　　　　ネコのあるマスの下が空白なら

　　　　　空白にネコを入れ
　　　　　元のネコのマスは空白にする
　　　　　落下したフラグを立てる
　　フラグの値を戻り値として返す

最上段に達したか調べる関数
　　繰り返し xは0から7まで1ずつ増える
　　　最上段にネコがあるなら
　　　　Trueを返す
　　最上段に達してないならFalseを返す

最上段にネコをセットする関数
　　繰り返し xは0から7まで1ずつ増える
　　　最上段にランダムにネコをセットする

影付きの文字列を表示する関数
　　フォントの指定
　　2ドットずらし黒い色で文字列を表示（影）

　　指定した色で文字列を表示

メインの処理（リアルタイム処理）を行う関数
　　これらをグローバル変数として扱うと宣言
　　これらをグローバル変数として扱うと宣言
　　index 0 の処理
　　　タイトルロゴの表示

　　　Click to start.と表示

　　　indexの値を1にする
　　　クリックしたフラグを解除
　　index 1 の処理
　　　マウスボタンをクリックしたら
　　　　二重ループの
　　　　　繰り返しで
　　　　　　マスをクリア

Chapter 9

落ち物パズルを作ろう！

203

```
117              mouse_c = 0                                    クリックしたフラグを解除
118              score = 0                                      スコアを0にする
119              tsugi = 0                                      次に配置するネコを一旦無し(値0)にする
120              cursor_x = 0
                                                                ┐カーソルの位置を左上にする
121              cursor_y = 0                                   ┘
122              set_neko()                                     最上段にネコをセット
123              draw_neko()                                    ネコを表示
124              cvs.delete("TITLE")                            タイトル画面の文字を消す
125              index = 2                                      indexの値を2にする
126      elif index == 2: # 落下                                index 2 の処理
127          if drop_neko() == False:                          ネコを落下させ、落ちたネコが無いなら
128              index = 3                                      indexの値を3にする
129          draw_neko()                                        ネコを表示
130      elif index == 3: # 揃ったか                            index 3 の処理
131          check_neko()                                       同じネコが並んだか調べる
132          draw_neko()                                        ネコを表示
133          index = 4                                          indexの値を4にする
134      elif index == 4: # 揃ったネコがあれば消す              index 4 の処理
135          sc = sweep_neko()                                  肉球を消し、消した数をscに入れる
136          score = score + sc*10                              スコアを加算する
137          if sc > 0:                                         消した肉球(ネコ)があれば
138              index = 2                                      index 2 の処理に移る(再び落下)
139          else:                                              そうでなければ
140              if over_neko() == False:                       最上段に達していなければ
141                  tsugi = random.randint(1, 6)               次に配置するネコをランダムに決め
142                  index = 5                                  indexの値を5にする
143              else:                                          そうでなければ(最上段に達した)
144                  index = 6                                  indexの値を6にする
145                  timer = 0                                  timerの値を0にする
146          draw_neko()                                        ネコを表示
147      elif index == 5: # マウス入力を待つ                    index 5 の処理
148          if 24 <= mouse_x and mouse_x < 24+72*8             マウスポインタの座標が盤面上であれば
    and 24 <= mouse_y and mouse_y < 24+72*10:
149              cursor_x = int((mouse_x-24)/72)                ポインタのX座標からカーソルの横の位置を計算
150              cursor_y = int((mouse_y-24)/72)                ポインタのY座標からカーソルの縦の位置を計算
151              if mouse_c == 1:                               マウスボタンをクリックしたら
152                  mouse_c = 0                                クリックしたフラグを解除
153                  set_neko()                                 最上段にネコをセット
154                  neko[cursor_y][cursor_x] = tsugi           カーソルのマスにネコを配置
155                  tsugi = 0                                  次に配置するネコ(風船内)を無しに
156                  index = 2                                  indexの値を2にする
157          cvs.delete("CURSOR")                               カーソルを消し
158          cvs.create_image(cursor_x*72+60, cursor           新たな位置にカーソルを表示する
    _y*72+60, image=cursor, tag="CURSOR")
159          draw_neko()                                        ネコを表示
160      elif index == 6: # ゲームオーバー                      index 6 の処理
161          timer = timer + 1                                  timerの値を1増やす
162          if timer == 1:                                     timerの値が1なら
163              draw_txt("GAME OVER", 312, 348, 60,            GAME OVER の文字を表示
```

```python
    "red", "OVER")
        if timer == 50:
            cvs.delete("OVER")
            index = 0
    cvs.delete("INFO")
    draw_txt("SCORE "+str(score), 160, 60, 32,
"blue", "INFO")
    if tsugi > 0:
        cvs.create_image(752, 128, image=img_
neko[tsugi], tag="INFO")
    root.after(100, game_main)


root = tkinter.Tk()
root.title("落ち物パズル「ねこねこ」")
root.resizable(False, False)
root.bind("<Motion>", mouse_move)
root.bind("<ButtonPress>", mouse_press)
cvs = tkinter.Canvas(root, width=912, height=
768)
cvs.pack()

bg = tkinter.PhotoImage(file="neko_bg.png")
cursor = tkinter.PhotoImage(file="neko_cursor.
png")
img_neko = [
    None,
    tkinter.PhotoImage(file="neko1.png"),
    tkinter.PhotoImage(file="neko2.png"),
    tkinter.PhotoImage(file="neko3.png"),
    tkinter.PhotoImage(file="neko4.png"),
    tkinter.PhotoImage(file="neko5.png"),
    tkinter.PhotoImage(file="neko6.png"),
    tkinter.PhotoImage(file="neko_niku.png")
]

cvs.create_image(456, 384, image=bg)
game_main()
root.mainloop()
```

- 164–166: timerの値が50なら GAME OVERの文字を消し indexの値を0にする
- 167–168: 一旦、スコアの表示を消し スコアを表示
- 169–170: 次に配置するネコの値がセットされていれば そのネコを表示
- 171: 0.1秒後に再びメインの処理を実行

- 173: ウィンドウのオブジェクトを作る
- 174: タイトルを指定
- 175: ウィンドウサイズを変更できないようにする
- 176: マウスが動いた時に実行する関数を指定
- 177: マウスボタンをクリックした時に実行する関数を指定
- 178: キャンバスの部品を作る
- 179: キャンバスを配置する

- 181: 背景画像の読み込み
- 182: カーソル画像の読み込み
- 183–184: リストで複数のネコの画像を管理 img_neko[0]は何もない値とする

- 194: キャンバス上に背景を描く
- 195: メインの処理を行う関数を呼び出す
- 196: ウィンドウを表示

Chapter 9

落ち物パズルを作ろう！

　これでゲームとしての処理を一通り組み込みました。このプログラムを実行すると次ページに示したようなゲームがプレイできます。

　マスをクリックすると、風船内に表示されたネコが置かれます。既にネコが入っているマスに置くこともできます。ネコを配置すると最上段からいくつかのネコが落ちてきます。3つ以上揃ったネコは消えます。

図9-9-1　list0909_1.pyの実行結果

追加した関数

次の関数を追加しています。

表9-9-2　list0909_1.pyに追加した関数

関数	意味
sweep_neko() 70〜77行目	肉球を消す関数。 いくつ消したかを数え、戻り値として返す。 この戻り値でスコアを計算する。
over_neko() 89〜93行目	最上段まで積み上がったかを調べる。 積み上がった場合はTrueを返す。
set_neko() 95〜97行目	最上段にランダムにネコを配置する。
draw_txt(txt, x, y, siz, col, tg) 99〜102行目	影付きの文字列を表示する関数。 引数は文字列、xy座標、文字の大きさ、色、タグ。

draw_txt()はキャンバスに文字列を描画する命令を記述した関数です。文字が背景と重なっても読みやすいように、影付きの文字を表示するために用意しました。文字の表示はプログラムの複数箇所で行います。また、何度も行う処理を関数として定義しておくと、すっきりとしたプログラムを書くことができます。

》》》 関数の呼び出し方法について

　関数の呼び出しで少し難しい記述を行っている箇所があるので説明します。

▪ 127行目　if drop_neko() == False:

　このif文はネコを落下させる関数を呼び出し、落下したかどうかを判定します（落下しない場合この関数はFalseを返す）。このように==戻り値のある関数を定義し、if文の条件式に記述して呼び出す==ことができます。

▪ 135行目　sc = sweep_neko()

　肉球を消す関数を呼び出し、その戻り値（消した数）を変数scに入れています。

》》》 ゲームを改良する

　プレイしてみると難しく、すぐ積み上がってしまうことが分かります。そのため、難易度を調整する必要があります。高得点を競うゲームなのでハイスコアも表示したいですね。難易度選択とハイスコアを保持する処理を入れてゲームを完成させましょう。

　ゲームメーカーが開発するゲームも完成に近い状態で何度もテストプレイし、色々な部分を調整します。ゲームが面白くなるかどうかは、この調整作業にかかっているのです。

Chapter 9

落ち物パズルを作ろう！

Lesson 9-10 落ち物パズルの完成

一通り動くようになったゲームに難易度選択とハイスコアの処理を入れ、落ち物パズルを完成させます。

》》》 難易度について

前のlist0909_1.pyでは6種類のネコ（ブロック）がランダムに落ちてきます。ブロックの色や柄を揃えるゲームはブロックの種類が多いほど難しくなります。そこでネコの種類をEasyモードでは4つ、Normalモードでは5つ、Hardモードでは6つとします。それからハイスコアを保持する変数を用意し、現在のスコアがハイスコアを上回った時にハイスコアを更新する処理を追加します。

次のプログラムを入力し、ファイル名を付けて保存し、実行しましょう。ファイル名はゲームの完成となるのでneko_pzl.pyとしています。前のプログラムからさらに長くなるので、書籍サポートページからダウンロードしたプログラムを確認してもかまいません。学習のために自分で入力しようという方は、ぜひ頑張ってください。

リスト▶neko_pzl.py ※list0909_1.pyからの追加、変更箇所はマーカー部です

```
1   import tkinter                            tkinterモジュールをインポート
2   import random                             randomモジュールをインポート
3
4   index = 0                                 ゲーム進行を管理する変数
5   timer = 0                                 時間を管理する変数
6   score = 0                                 スコア用の変数
7   hisc = 1000                               ハイスコアを保持する変数
8   difficulty = 0                            難易度の値を入れる変数
9   tsugi = 0                                 次にセットするネコの値を入れる変数
10
11  cursor_x = 0                              カーソルの横方向の位置（左から何マス目にあるか）
12  cursor_y = 0                              カーソルの縦方向の位置（上から何マス目にあるか）
13  mouse_x = 0                               マウスポインタのX座標
14  mouse_y = 0                               マウスポインタのY座標
15  mouse_c = 0                               マウスボタンをクリックした時の変数（フラグ）
16
17  def mouse_move(e):                        マウスを動かした時に実行する関数
18      global mouse_x, mouse_y                   これらをグローバル変数として扱うと宣言
19      mouse_x = e.x                             mouse_xにマウスポインタのX座標を代入
20      mouse_y = e.y                             mouse_yにマウスポインタのY座標を代入
21
22  def mouse_press(e):                       マウスボタンをクリックした時に実行する関数
```

```python
23      global mouse_c
24      mouse_c = 1
25
26  neko = []
27  check = []
28  for i in range(10):
29      neko.append([0, 0, 0, 0, 0, 0, 0, 0])
30      check.append([0, 0, 0, 0, 0, 0, 0, 0])
31
32  def draw_neko():
33      cvs.delete("NEKO")
34      for y in range(10):
35          for x in range(8):
36              if neko[y][x] > 0:
37                  cvs.create_image(x*72+60, y*72+60, image=img_neko[neko[y][x]], tag="NEKO")
38
39  def check_neko():
40      for y in range(10):
41          for x in range(8):
42              check[y][x] = neko[y][x]
43
44      for y in range(1, 9):
45          for x in range(8):
46              if check[y][x] > 0:
47                  if check[y-1][x] == check[y][x] and check[y+1][x] == check[y][x]:
48                      neko[y-1][x] = 7
49                      neko[y][x] = 7
50                      neko[y+1][x] = 7
51
52      for y in range(10):
53          for x in range(1, 7):
54              if check[y][x] > 0:
55                  if check[y][x-1] == check[y][x] and check[y][x+1] == check[y][x]:
56                      neko[y][x-1] = 7
57                      neko[y][x] = 7
58                      neko[y][x+1] = 7
59
60      for y in range(1, 9):
61          for x in range(1, 7):
62              if check[y][x] > 0:
63                  if check[y-1][x-1] == check[y][x] and check[y+1][x+1] == check[y][x]:
64                      neko[y-1][x-1] = 7
65                      neko[y][x] = 7
66                      neko[y+1][x+1] = 7
67                  if check[y+1][x-1] == check[y]
```

この変数をグローバル変数として扱うと宣言
mouse_cに1を代入

マス目を管理する二次元リスト
判定用の二次元リスト
繰り返しと
　　append()命令でリストを初期化する

ネコを表示する関数
　　一旦、ネコを消す
　　繰り返し　yは0から9まで1ずつ増える
　　　　繰り返し　xは0から7まで1ずつ増える
　　　　　　リストの要素の値が0より大きいなら
　　　　　　　　ネコの画像を表示

ネコが縦、横、斜めに3つ並んだか調べる関数
　　繰り返し　yは0から9まで1ずつ増える
　　　　繰り返し　xは0から7まで1ずつ増える
　　　　　　判定用のリストにネコの値を入れる

　　繰り返し　yは1から8まで1ずつ増える
　　　　繰り返し　xは0から7まで1ずつ増える
　　　　　　マスにネコが配置されていて
　　　　　　　　上下が同じネコなら

　　　　　　　　　　それらのマスを肉球に変える
　　　　　　　　　　〃
　　　　　　　　　　〃

　　繰り返し　yは0から9まで1ずつ増える
　　　　繰り返し　xは1から6まで1ずつ増える
　　　　　　マスにネコが配置されていて
　　　　　　　　左右が同じネコなら

　　　　　　　　　　それらのマスを肉球に変える
　　　　　　　　　　〃
　　　　　　　　　　〃

　　繰り返し　yは1から8まで1ずつ増える
　　　　繰り返し　xは1から6まで1ずつ増える
　　　　　　マスにネコが配置されていて
　　　　　　　　左上と右下が同じネコなら

　　　　　　　　　　それらのマスを肉球に変える
　　　　　　　　　　〃
　　　　　　　　　　〃
　　　　　　　　左下と右上が同じネコなら

Chapter 9

落ち物パズルを作ろう！

209

```
        [x] and check[y-1][x+1] == check[y][x]:
68                  neko[y+1][x-1] = 7
69                  neko[y][x] = 7
70                  neko[y-1][x+1] = 7
71
72  def sweep_neko():
73      num = 0
74      for y in range(10):
75          for x in range(8):
76              if neko[y][x] == 7:
77                  neko[y][x] = 0
78                  num = num + 1
79      return num
80
81  def drop_neko():
82      flg = False
83      for y in range(8, -1, -1):
84          for x in range(8):
85              if neko[y][x] != 0 and neko[y+1][x]
    == 0:
86                  neko[y+1][x] = neko[y][x]
87                  neko[y][x] = 0
88                  flg = True
89      return flg
90
91  def over_neko():
92      for x in range(8):
93          if neko[0][x] > 0:
94              return True
95      return False
96
97  def set_neko():
98      for x in range(8):
99          neko[0][x] = random.randint(0, diffi-
    culty)
100
101 def draw_txt(txt, x, y, siz, col, tg):
102     fnt = ("Times New Roman", siz, "bold")
103     cvs.create_text(x+2, y+2, text=txt, fill
    ="black", font=fnt, tag=tg)
104     cvs.create_text(x, y, text=txt, fill=col,
    font=fnt, tag=tg)
105
106 def game_main():
107     global index, timer, score, hisc, diffi-
    culty, tsugi
108     global cursor_x, cursor_y, mouse_c
109     if index == 0: # タイトルロゴ
110         draw_txt("ねこねこ", 312, 240, 100,
```

それらのマスを肉球に変える
〃
〃

揃ったネコ（肉球）を消す関数
　消した数をカウントする変数
　繰り返し　yは0から9まで1ずつ増える
　　繰り返し　xは0から7まで1ずつ増える
　　　マスが肉球になっていれば
　　　　肉球を消し
　　　　消した数を1増やす
　消した数を戻り値として返す

ネコを落下させる関数
　落下したかのフラグ（Falseは落下していない）
　繰り返し　yは8から0まで1ずつ減る
　　繰り返し　xは0から7まで1ずつ増える
　　　ネコのあるマスの下が空白なら

　　　　空白にネコを入れ
　　　　元のネコのマスは空白にする
　　　　落下したフラグを立てる
　フラグの値を戻り値として返す

最上段に達したかを調べる関数
　繰り返し　xは0から7まで1ずつ増える
　　最上段にネコがあるなら
　　　Trueを返す
　最上段に達してないならFalseを返す

最上段にネコをセットする関数
　繰り返し　xは0から7まで1ずつ増える
　　難易度に応じてランダムにネコをセットする

影付きの文字列を表示する関数
　フォントの指定
　2ドットずらし黒い色で文字列を表示（影）

　指定した色で文字列を表示

メインの処理（リアルタイム処理）を行う関数
　これらをグローバル変数として扱うと宣言

　これらをグローバル変数として扱うと宣言
　index 0 の処理
　　タイトルロゴの表示

```python
    "violet", "TITLE")
111         cvs.create_rectangle(168, 384, 456,
    456, fill="skyblue", width=0, tag="TITLE")
112         draw_txt("Easy", 312, 420, 40, "white",
    "TITLE")
113         cvs.create_rectangle(168, 528, 456,
    600, fill="lightgreen", width=0, tag="TITLE")
114         draw_txt("Normal", 312, 564, 40, "white",
    "TITLE")
115         cvs.create_rectangle(168, 672, 456, 744,
    fill="orange", width=0, tag="TITLE")
116         draw_txt("Hard", 312, 708, 40, "white",
    "TITLE")
117         index = 1
118         mouse_c = 0
119     elif index == 1: # タイトル画面 スタート待ち
120         difficulty = 0
121         if mouse_c == 1:
122             if 168 < mouse_x and mouse_x < 456
    and 384 < mouse_y and mouse_y < 456:
123                 difficulty = 4
124             if 168 < mouse_x and mouse_x < 456
    and 528 < mouse_y and mouse_y < 600:
125                 difficulty = 5
126             if 168 < mouse_x and mouse_x < 456
    and 672 < mouse_y and mouse_y < 744:
127                 difficulty = 6
128             if difficulty > 0:
129                 for y in range(10):
130                     for x in range(8):
131                         neko[y][x] = 0
132                 mouse_c = 0
133                 score = 0
134                 tsugi = 0
135                 cursor_x = 0
136                 cursor_y = 0
137                 set_neko()
138                 draw_neko()
139                 cvs.delete("TITLE")
140                 index = 2
141     elif index == 2: # 落下
142         if drop_neko() == False:
143             index = 3
144         draw_neko()
145     elif index == 3: # 揃ったか
146         check_neko()
147         draw_neko()
148         index = 4
149     elif index == 4: # 揃ったネコがあれば消す
```

Easyの文字の下を空色で塗る

Easyの文字を表示

Normalの文字の下を薄い緑で塗る

Normalの文字を表示

Hardの文字の下をオレンジ色で塗る

Hardの文字を表示

indexの値を1にする
クリックしたフラグを解除
index 1 の処理
difficultyの値を0にする
マウスボタンをクリックしたら
Easyの文字のところなら

difficultyに4を代入
Normalの文字のところなら

difficultyに5を代入
Hardの文字のところなら

difficultyに6を代入
difficultyの値がセットされたら
二重ループの
繰り返しで
マスをクリア
クリックしたフラグを解除
スコアを0にする
次に配置するネコを一旦無し(値0)にする
カーソルの位置を左上にする

最上段にネコをセット
ネコを表示
タイトル画面の文字を消す
indexの値を2にする
index 2 の処理
ネコを落下させ、落ちたネコが無いなら
indexの値を3にする
ネコを表示
index 3 の処理
同じネコが並んだか調べる
ネコを表示
indexの値を4にする
index 4 の処理

Chapter 9

落ち物パズルを作ろう！

```
150        sc = sweep_neko()                          肉球を消し、消した数をscに入れる
151        score = score + sc*difficulty*2            スコアを加算する
152        if score > hisc:                           スコアがハイスコアを超えたら
153            hisc = score                           ハイスコアを更新
154        if sc > 0:                                 消した肉球（ネコ）があれば
155            index = 2                              index 2 の処理に移る（再び落下）
156        else:                                      そうでなければ
157            if over_neko() == False:               最上段に達していなければ
158                tsugi = random.randint(1, dif-     次に配置するネコをランダムに決め
ficulty)
159                index = 5                          indexの値を5にする
160            else:                                  そうでなければ（最上段に達した）
161                index = 6                          indexの値を6にする
162                timer = 0                          timerの値を0にする
163        draw_neko()                                ネコを表示
164    elif index == 5: # マウス入力を待つ             index 5 の処理
165        if 24 <= mouse_x and mouse_x < 24+72*8     マウスポインタの座標が盤面上であれば
and 24 <= mouse_y and mouse_y < 24+72*10:
166            cursor_x = int((mouse_x-24)/72)        ポインタのX座標からカーソルの横の位置を計算
167            cursor_y = int((mouse_y-24)/72)        ポインタのY座標からカーソルの縦の位置を計算
168            if mouse_c == 1:                       マウスボタンをクリックしたら
169                mouse_c = 0                        クリックしたフラグを解除
170                set_neko()                         最上段にネコをセット
171                neko[cursor_y][cursor_x] = tsugi   カーソルのマスにネコを配置
172                tsugi = 0                          次に配置するネコ（風船内）を無しに
173                index = 2                          indexの値を2にする
174            cvs.delete("CURSOR")                   カーソルを消し
175            cvs.create_image(cursor_x*72+60, cursor 新たな位置にカーソルを表示する
_y*72+60, image=cursor, tag="CURSOR")
176        draw_neko()                                ネコを表示
177    elif index == 6: # ゲームオーバー              index 6 の処理
178        timer = timer + 1                          timerの値を1増やす
179        if timer == 1:                             timerの値が1なら
180            draw_txt("GAME OVER", 312, 348, 60,     GAME OVER の文字を表示
"red", "OVER")
181        if timer == 50:                            timerの値が50なら
182            cvs.delete("OVER")                     GAME OVER の文字を消し
183            index = 0                              indexの値を0にする
184    cvs.delete("INFO")                             一旦、スコアの表示を消し
185    draw_txt("SCORE "+str(score), 160, 60, 32,     スコアを表示
"blue", "INFO")
186    draw_txt("HISC "+str(hisc), 450, 60, 32,       ハイスコアを表示
"yellow", "INFO")
187    if tsugi > 0:                                  次に配置するネコの値がセットされていれば
188        cvs.create_image(752, 128, image=img_      そのネコを表示
neko[tsugi], tag="INFO")
189    root.after(100, game_main)                     0.1秒後に再びメインの処理を実行
190
191 root = tkinter.Tk()                               ウィンドウのオブジェクトを作る
```

```python
192  root.title("落ち物パズル「ねこねこ」")
193  root.resizable(False, False)
194  root.bind("<Motion>", mouse_move)
195  root.bind("<ButtonPress>", mouse_press)
196  cvs = tkinter.Canvas(root, width=912, height=768)
197  cvs.pack()
198
199  bg = tkinter.PhotoImage(file="neko_bg.png")
200  cursor = tkinter.PhotoImage(file="neko_cursor.png")
201  img_neko = [
202      None,
203      tkinter.PhotoImage(file="neko1.png"),
204      tkinter.PhotoImage(file="neko2.png"),
205      tkinter.PhotoImage(file="neko3.png"),
206      tkinter.PhotoImage(file="neko4.png"),
207      tkinter.PhotoImage(file="neko5.png"),
208      tkinter.PhotoImage(file="neko6.png"),
209      tkinter.PhotoImage(file="neko_niku.png")
210  ]
211
212  cvs.create_image(456, 384, image=bg)
213  game_main()
214  root.mainloop()
```

行	説明
192	タイトルを指定
193	ウィンドウサイズを変更できないようにする
194	マウスが動いた時に実行する関数を指定
195	マウスボタンをクリックした時に実行する関数を指定
196	キャンバスの部品を作る
197	キャンバスを配置する
199	背景画像の読み込み
200	カーソル画像の読み込み
201	リストで複数のネコの画像を管理
202	img_neko[0]は何もない値とする
212	キャンバス上に背景を描く
213	メインの処理を行う関数を呼び出す
214	ウィンドウを表示

Chapter 9

落ち物パズルを作ろう！

　このプログラムを実行したタイトル画面が、次ページの**図9-10-1**です。

　Easy、Normal、Hardから難易度を選べます。111〜116行目でEasy、Normal、Hardの文字を表示し、121〜127行目でそれらの文字をクリックしたかを判定し、クリックしたらdifficultyという変数に値を代入します。difficultyの値は落ちてくるネコの種類で、Easyは4、Normalは5、Hardは6としています。128行目のif文でdifficultyに値がセットされたかを調べ、セットされたならゲームをスタートします。

　151行目のスコアを増やす計算式は「score = score + sc*difficulty*2」とし、難易度が高いほどネコを消した時に多くの点数が入るようにしています。具体的にはEasyは1つ8点（3つ消すと24点）、Normalは1つ10点（3つ消すと30点）、Hardは1つ12点（3つ消すと36点）になります。

　7行目の初期値1000で宣言したhiscという変数でハイスコアを管理します。152〜153行目でscoreがhiscの値を超えたらhiscにscoreの値を代入します。これでプログラムを終了するまでハイスコアを保持できます。

213

図9-10-1 ゲームの完成

標準モジュールのtkinterだけで本格的なゲームを作ることができました。次章で学ぶPygameを用いれば、より高度なゲームを開発できます。

COLUMN

winsoundで音を鳴らす

　Pythonの基本モジュールだけでゲームを開発する場合、ゲーム中にBGMを流すことは難しいのですが、Windowsパソコンであれば **winsoundモジュール** を用いて、ちょっとしたサウンドを鳴らすことができます。winsoundの使い方を紹介します。

リスト▶column09.py

```
1  import winsound                     winsoundモジュールをインポート
2  print("サウンド開始")
3  winsound.Beep(261,1000)             ドの周波数で1秒間(1000ミリ秒)出力
4  winsound.Beep(293,1000)             レの周波数で1秒間(1000ミリ秒)出力
5  winsound.Beep(329,1000)             ミの周波数で1秒間(1000ミリ秒)出力
6  winsound.Beep(349,1000)             ファの周波数で1秒間(1000ミリ秒)出力
7  winsound.Beep(392,1000)             ソの周波数で1秒間(1000ミリ秒)出力
8  winsound.Beep(440,1000)             ラの周波数で1秒間(1000ミリ秒)出力
9  winsound.Beep(493,1000)             シの周波数で1秒間(1000ミリ秒)出力
10 winsound.Beep(523,1000)             ドの周波数で1秒間(1000ミリ秒)出力
11 print("サウンド終わり")
```

　このプログラムを実行すると、ドレミファソラシドと音が流れます。winsound.Beep(frequency, duration)で周波数と鳴らすミリ秒数を指定します。winsoundは簡易的なサウンド出力機能なので、パソコンによっては音が少しおかしいこともありますが、簡単な演出には使えると思います。

　残念ながらMacには対応しておらず、winsoundという名の通りWindowsパソコン専用の命令です。Chapter 10～12で用いる拡張モジュールのPygameにはサウンドを流す機能があり、MacでもBGMや効果音を出力できます。

周波数を指定して音を鳴らすプログラムを紹介しましたが、winsound.PlaySound(ファイル名, winsound.SND_FILENAME)という命令を使えばwavファイルを再生することもできます。

Pythonは企業のシステム開発、統計解析や研究などの分野で使われるプログラミング言語というイメージをお持ちの方もいらっしゃると思いますが、ゲーム開発もしっかりできる言語ということがお分かりいただけたと思います。

Pythonを習得して、ゲームクリエイターを目指しましょう！

> Pythonでのゲーム開発を支援する拡張モジュールがPygameです。Pygameには画像を拡大縮小したり回転する命令、サウンドを出力する命令などがあり、それらを簡単な記述で使うことができます。Pygameを用いると、より高度なゲームを開発することができるのです。この章ではPygameのインストール方法と使い方を説明します。

Pygameの使い方

Chapter 10

Lesson 10-1 Pygameのインストール

　WindowsパソコンとMacへのPygameのインストール方法を説明します。Pygameをインストールしたら、Lesson 10-2からLesson 10-7でPygameの様々な使い方を学んでいきましょう。

≫ Pygameをインストールする

　Pygameをインストールしましょう。Macをお使いの方はP.222へ進んでください。

▪ Windowsパソコンへのインストール

❶コマンドプロンプトを起動し、次のように「pip3 install pygame」と入力してEnterキーを押します。コマンドプロンプトの起動方法が分からない方は、次ページをご覧ください。

図10-1-1　コマンド入力でインストール

※Windows 10以前のOSや一部のパソコンでpip3が動かない時の対処方法をP.220に記載しました。
　「pip3 install pygame Enter 」でエラーが出た場合はそちらをご参照ください。

❷次のような画面になりインストールが進みます。pipのバージョンが古いと黄色の文字でメッセージが表示されますが、Pygameのインストールに影響はありません。これでPygameのインストールは完了です。Lesson10-2へ進みましょう。

図10-1-2　インストール完了

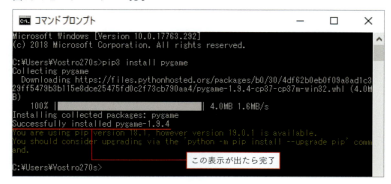

> **POINT**

コマンドプロンプトの起動方法

▪ 方法1
スタートメニューから「Windowsシステムツール」にある「コマンドプロンプト」を選ぶ。

▪ 方法2
Cortanaに「cmd」と入力するとコマンドプロンプトが見つかるのでそれを起動する。

▪ 方法3
Cドライブ→Windows→System32フォルダに「cmd.exe」というファイルがあるので、それをダブルクリックして起動する。

POINT

pip3コマンドでエラーになる場合

次のような警告が表示され、インストールできない時の対応方法を説明します。

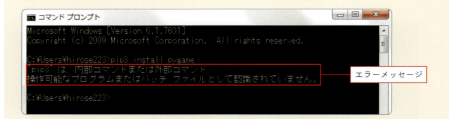

エラーメッセージ

Pythonをインストールしたフォルダ内に「Scripts」という名称のフォルダがあります。その中にpip3.exeがあることを確認します。pip3.exeを右クリックしてプロパティを開き、「場所」欄に記されている階層を確認します。

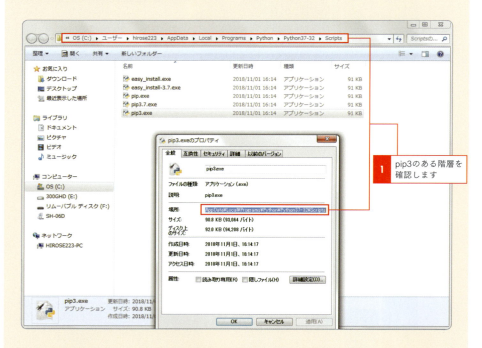

① pip3のある階層を確認します

コマンドプロンプト上でcdコマンドを使い、pip3のある階層に移動します。
例えば次のように入力し、Enter キーを押します。

```
cd C:\Users\hirose223\AppData\Local\Programs\Python\Python37-32\Scripts
```

pip3.exeのある階層に移動したことを確認し、「pip3 install pygame」と入力して Enter キーを押します。次の図のようにインストールが行われれば成功です。

▪ **Macへのインストール**

❶ ターミナルを起動します。

図10-1-3　ターミナルを起動

❷ 「pip3 install pygame」と入力して return キーを押します。

図10-1-4　インストール開始

❸ 次のような画面になりインストールが進みます。pipのバージョンが古いと黄色の文字でメッセージが表示されますが、Pygameのインストールに影響はありません。

図10-1-5　インストール完了

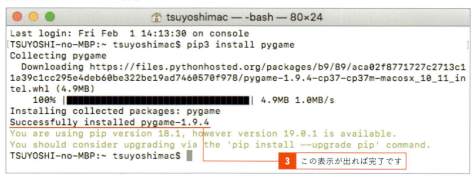

これでPygameのインストールは完了です。

Lesson 10-2　Pygameのシステム

Pygameの基本的な使い方を説明します。

▶▶▶ リアルタイム処理と画面の更新

　Chapter 9の落ち物パズルはtkinterモジュールでウィンドウを表示しました。その際、リアルタイム処理はafter()命令で行い、ゲーム画面はCanvas上に描画しました。Pygameではリアルタイム処理とゲーム画面の描画をafter()やCanvasとは別の命令で行います。そのプログラムを確認します。

　次のプログラムを入力し、ファイル名を付けて保存し、実行しましょう。この章のプログラムはどのようなサンプルか分かりやすいように、list**.py という名称ではなく、pygame_**.py としています。

リスト ▶ pygame_system.py

```python
 1  import pygame                                    # pygameモジュールをインポート
 2  import sys                                       # sysモジュールをインポート
 3
 4  WHITE = (255, 255, 255)                          # 色の定義　白
 5  BLACK = (  0,   0,   0)                           # 色の定義　黒
 6
 7  def main():                                      # メイン処理を行う関数の定義
 8      pygame.init()                                #     pygameモジュールの初期化
 9      pygame.display.set_caption("初めての         #     ウィンドウに表示されるタイトルを指定
Pygame")
10      screen = pygame.display.set_                 #     描画面(スクリーン)を初期化する
mode((800, 600))
11      clock = pygame.time.Clock()                  #     clockオブジェクトを作成
12      font = pygame.font.Font(None, 80)            #     フォントオブジェクトを作成
13      tmr = 0                                      #     時間を管理する変数tmrの宣言
14
15      while True:                                  #     無限ループ
16          tmr = tmr + 1                            #         tmrの値を1増やす
17          for event in pygame.event.get():         #         pygameのイベントを繰り返しで処理する
18              if event.type == pygame.QUIT:        #             ウィンドウの×ボタンをクリックした時
19                  pygame.quit()                    #                 pygameモジュールの初期化を解除
20                  sys.exit()                       #                 プログラムを終了する
21
22          txt = font.render(str(tmr), True,        #         Surfaceに文字列を描く
WHITE)
23          screen.fill(BLACK)                       #         指定した色でスクリーン全体をクリアする
24          screen.blit(txt, [300, 200])             #         文字列を描いたSurfaceをスクリーンに転送
```

Chapter 10　Pygame の使い方

223

```
25            pygame.display.update()         画面を更新する
26            clock.tick(10)                  フレームレートを指定
27
28  if __name__ == '__main__':                このプログラムが直接実行された時に
29      main()                                main()関数を呼び出す
```

このプログラムを実行すると、次のように数字が表示されカウントされます。

図10-2-1　pygame_system.pyの実行結果

これがPygameでゲームを作るための基本的なプログラムになります。プログラムの各部を説明します。

❶Pygameの初期化

Pygameを使うには1行目のようにpygameモジュールをインポートし、8行目のようにpygame.init()でpygameモジュールを初期化します。

❷Pygameの色指定について

Pygameの色指定は10進数のRGB値で行います。4〜5行目で色を定義しています。よく使う色は、このように英単語などで定義しておくと便利です。

❸ウィンドウを表示する準備

Pygameでは描画面のことをSurface（サーフェス）といいます。10行目の「screen = pygame.display.set_mode((幅, 高さ))」でウィンドウを初期化します。この記述で用意したscreenが文字や画像を描画するSurfaceになります。ウィンドウに表示するタイトルは9行目のように「pygame.display.set_caption()」で指定します。

❹フレームレートについて

　1秒間に何回処理を行うかをフレームレートといいます。Pygameでは11行目のように、clockオブジェクトを作成し、26行目のようにメインループ内にtick()命令を記述し、その引数でフレームレートを指定します。このプログラムでは10としているので、1秒間に約10回の処理が行われます。どれだけ高速に処理を行えるかは、制作するゲーム内容やパソコンのスペックによって変わってきます。

❺メインループについて

　7行目でmain()関数を宣言しています。この関数の中に記述した15〜26行目でリアルタイム処理を行っています。Pygameではwhile Trueの無限ループ内に主要な処理と、25行目の画面を更新する命令であるpygame.display.update()、そして❹で説明したclock.tick()を記述します。つまりこのプログラムは1秒間に画面を10回描きかえています。

❻文字列の描画について

　Pygameの文字表示は、フォントと文字サイズを指定→文字列をSurfaceに描く→そのSurfaceをウィンドウに貼り付けるという手順で行います。これらの処理を行っているのが12行目、22行目、24行目です。それら3つを抜き出してみます。

表10-2-1　文字表示に関する処理

行番号	該当箇所	処理の働き
12行目	font = pygame.font.Font(None, 80)	pygameのフォント指定。tkinterのフォント指定とは違います。
22行目	txt = font.render(str(tmr), True, WHITE)	render()命令で文字列と色を指定し、文字列を描いたSurfaceを作ります。2つ目の引数をTrueにすると文字の縁が滑らかになります。
24行目	screen.blit(txt, [300, 200])	blit()命令で画面に貼り付けます。

　Pygameは日本語の表示が苦手です。このプログラムで行ったフォントの指定では日本語が表示できません。本章末のコラムで日本語を表示する方法を説明します。

文字を描くために作るSurfaceはセロハン紙あるいは透明な付箋紙のようなものと考えると分かりやすいと思います。Pygameでは文字を直接画面に書くのではなく、いったん紙に書いてから、それを画面に貼り付けて表示します。Pygameではこの手順で文字列を表示する決まりなのです。

❼Pygameのプログラムの終了の仕方

17～20行目を確認してください。Pygameで発生したイベントは、このようにfor文で処理します。ウィンドウの×ボタンが押されたこともイベントであり、それを「if event.type == pygame.QUIT」で判定します。プログラムを終了するには19行目と20行目のように、pygame.quit()とsys.exit()の2つを実行します。2行目でsysモジュールをインポートしているのは、sys.exit()を使うためです。

》》》if __name__ == '__main__': について

28行目の「if __name__ == '__main__':」は、==このプログラムを直接実行した時にだけ起動する==ための記述です。Pythonのプログラムは実行時に __name__ という変数が作られ、実行したプログラムのモジュール名が代入されます。プログラムを直接実行した時は __name__ に __main__ という値が入ります。IDLEで実行したり、プログラムファイルをダブルクリックして実行した時には、このifの条件式が成り立ち、29行目に記述したmain()関数が呼び出されます。

Pythonで作ったプログラムは、他のPythonのプログラムにimportして使うことができます。そのような使い方をした時、このif文を入れておけばインポートしたプログラムは起動しません。以上のように、このif文にはインポートした時に処理が勝手に実行されるのを防ぐ意味があります。

「if __name__ == '__main__':」の意味は難しいと感じる方が多いと思います。今すぐ理解できなくても問題ありません。

Lesson 10-3 画像を描画する

Pygameで画像を描画する方法を説明します。

画像の読み込みと描画

画像の読み込みと描画を行うプログラムを確認します。次の画像を用いるので、書籍サポートページからダウンロードし、プログラムと同じフォルダに入れてください。

次のプログラムを入力し、ファイル名を付けて保存し、実行しましょう。

リスト ▶ pygame_image.py　※画像の読み込みと表示、フルスクリーンへの切り替え処理を太字にしています

1	`import pygame`	pygameモジュールをインポート
2	`import sys`	sysモジュールをインポート
3		
4	`def main():`	メイン処理を行う関数の定義
5	`    pygame.init()`	pygameモジュールの初期化
6	`    pygame.display.set_caption("初めてのPygame 画像表示")`	ウィンドウに表示されるタイトルを指定
7	`    screen = pygame.display.set_mode((640, 360))`	描画面(スクリーン)を初期化する

8	`    clock = pygame.time.Clock()`	clockオブジェクトを作成
9	`    img_bg = pygame.image.load("pg_bg.png")`	**背景画像の読み込み**
10	`    img_chara = [`	**キャラクター画像の読み込み**
11	`        pygame.image.load("pg_chara0.png"),`	
12	`        pygame.image.load("pg_chara1.png")`	
13	`    ]`	
14	`    tmr = 0`	時間を管理する変数tmrの宣言
15		
16	`    while True:`	無限ループ
17	`        tmr = tmr + 1`	tmrの値を1増やす
18	`        for event in pygame.event.get():`	pygameのイベントを繰り返しで処理する
19	`            if event.type == pygame.QUIT:`	ウィンドウの×ボタンをクリックした時
20	`                pygame.quit()`	pygameモジュールの初期化を解除
21	`                sys.exit()`	プログラムを終了する
22	`            if event.type == pygame.KEYDOWN:`	**キーを押すイベントが発生した時**
23	`                if event.key == pygame.K_F1:`	**F1キーなら**
24	`                    screen = pygame.display.set_mode((640, 360), pygame.FULLSCREEN)`	**フルスクリーンモードにする**
25	`                if event.key == pygame.K_F2 or event.key == pygame.K_ESCAPE:`	**F2キーかEscキーなら**
26	`                    screen = pygame.display.set_mode((640, 360))`	**通常表示に戻す**
27		
28	`        x = tmr%160`	背景スクロール用の値をtmrから求める
29	`        for i in range(5):`	繰り返しで横に5枚分の
30	`            screen.blit(img_bg, [i*160-x, 0])`	**背景画像を描画**
31	`        screen.blit(img_chara[tmr%2], [224, 160])`	**キャラクターをアニメーションさせて描画**
32	`        pygame.display.update()`	画面を更新する
33	`        clock.tick(5)`	フレームレートを指定
34		
35	`if __name__ == '__main__':`	このプログラムが直接実行された時に
36	`    main()`	main()関数を呼び出す

　　このプログラムを実行すると、勇者の一行が歩いていくアニメーションが表示されます。
[F1]キーでフルスクリーンモードに切り替えることができます。[F2]キーか[Esc]キーで通常の画面サイズに戻ります。

図10-3-1　pygame_image.pyの実行結果

　9行目のpygame.image.load()でファイル名を指定し、画像を読み込みます。キャラクターの画像は2パターンでアニメーションさせるので、10～13行目のようにリストで定義しています。画像を画面に描画するには、以下のように記述します。

画像の描画

```
screen.blit(画像を読み込んだ変数, [x座標, y座標])
```

　Pygameの座標の指定はtkinterと違い、指定した位置が画像の左上になります。このプログラムの画面構成を図解すると次のようになります。

図10-3-2　画面構成

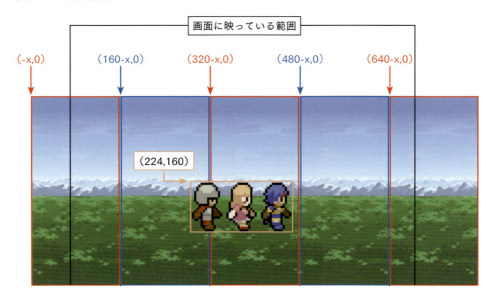

背景のスクロールとキャラクターのアニメーションの仕組みを説明します。背景は横に5回繰り返して描画しています。28行目の「x = tmr%160」が背景の描画位置の計算です。**%は余りを求める演算子**で、例えば8%3（8を3で割った余り）は2、10%5（10を5で割った余り）は0になります。

17行目でtmrの値を1ずつ増やしているので、tmr%160の値は0〜159が繰り返され、xの値は「0→1→2→‥→158→159→0→1→2→‥」と変化します（159になったら0に戻る）。このxの値を使って背景を1ドットずつずらして描画し、画面をスクロールさせています。

描画するキャラクターの画像は31行目で、img_chara[tmr%2]としています。tmr%2は0と1が繰り返され、2つの画像を交互に指定することでアニメーションさせています。

››› フルスクリーン表示について

22〜26行目が F1 キーと F2 キーもしくは Esc キーで、フルスクリーンと通常の画面サイズを切り替える処理です。フルスクリーンモードにするには、次のようにpygame.display.set_mode()の引数にpygame.FULLSCREENを記述します。

表10-3-1　画面サイズの切り替え

画面サイズ	pygame_image.pyにおける記述
フルスクリーン	screen = pygame.display.set_mode((幅, 高さ), pygame.FULLSCREEN)
通常の画面サイズ	screen = pygame.display.set_mode((幅, 高さ))

Pygameではこのように簡単にフルスクリーンモードを利用できます。

››› 画像の拡大縮小、回転について

今回のプログラムには用いていませんが、次の命令で画像の拡大縮小や回転ができます。

表10-3-2　画面の拡大縮小、回転

画面の動き	記述例
拡大縮小	img_s = pygame.transform.scale(img, [幅, 高さ])
回転	img_r = pygame.transform.rotate(img, 回転角)
回転＋拡大縮小	img_rz = pygame.transform.rotozoom(img, 回転角, 大きさの比率)

imgは元の画像を読み込んだ変数、img_sがそれを拡大縮小した画像、img_rが回転した画像、img_rzが回転＋拡縮した画像です。それぞれの変数名は自由に付けてかまいません。これらの命令で拡縮や回転した画像が作り出されるので、それをblit()命令で描画します。

例

```
screen.blit(img_s, [x, y])
```

　回転角は度（degree）で指定します。大きさの比率は1.0が等倍で、例えば幅、高さを2倍にしたければ2.0を指定します。
　scale()とrotate()は描画速度を優先する命令なので、拡縮や回転後の画像に粗が目立つことがあります。その場合はrotozoom()を使うと、滑らかな画像を描画できます。
　参考までに、これらの命令を確認できるプログラム「pygame_image2.py」を用意しましたので、本書サポートページからダウンロードしてご覧ください。

Pygameではbmp、png、jpeg、gifなどのファイル形式の画像を読み込んで表示できます。

Lesson 10-4 　図形を描画する

Pygameで各種の図形を描く方法を説明します。

》》》 図形の描画命令

次のプログラムを入力し、ファイル名を付けて保存し、実行しましょう。

リスト ▶ pygame_draw.py

```python
1   import pygame
2   import sys
3   import math
4
5   WHITE = (255, 255, 255)
6   BLACK = (  0,   0,   0)
7   RED   = (255,   0,   0)
8   GREEN = (  0, 255,   0)
9   BLUE  = (  0,   0, 255)
10  GOLD  = (255, 216,   0)
11  SILVER= (192, 192, 192)
12  COPPER= (192, 112,  48)
13
14  def main():
15      pygame.init()
16      pygame.display.set_caption("初めての
    Pygame 図形")
17      screen = pygame.display.set_
    mode((800, 600))
18      clock = pygame.time.Clock()
19      tmr = 0
20
21      while True:
22          tmr = tmr + 1
23          for event in pygame.event.get():
24              if event.type == pygame.QUIT:
25                  pygame.quit()
26                  sys.exit()
27
28          screen.fill(BLACK)
29
30          pygame.draw.line(screen, RED,
    [0,0], [100,200], 10)
31          pygame.draw.lines(screen, BLUE,
    False, [[50,300], [150,400], [50,500]])
```

pygameモジュールをインポート	
sysモジュールをインポート	
mathモジュールをインポート	

色の定義　白
色の定義　黒
色の定義　赤
色の定義　緑
色の定義　青
色の定義　金色
色の定義　銀色
色の定義　銅色

メイン処理を行う関数の定義
　　pygameモジュールの初期化
　　ウィンドウに表示されるタイトルを指定

　　描画面(スクリーン)を初期化する

　　clockオブジェクトを作成
　　時間を管理する変数tmrの宣言

　　無限ループ
　　　　tmrの値を1増やす
　　　　pygameのイベントを繰り返しで処理する
　　　　　　ウィンドウの×ボタンをクリックした時
　　　　　　　　pygameモジュールの初期化を解除
　　　　　　　　プログラムを終了する

　　　　指定した色でスクリーン全体をクリアする

　　　　線の描画

　　　　線の描画

32		
33	`        pygame.draw.rect(screen, RED, [200,50,120,80])`	矩形の描画
34	`        pygame.draw.rect(screen, GREEN, [200,200,60,180], 5)`	矩形の描画
35	`        pygame.draw.polygon(screen, BLUE, [[250,400], [200,500], [300,500]], 10)`	多角形の描画
36		
37	`        pygame.draw.circle(screen, GOLD, [400,100], 60)`	円の描画
38	`        pygame.draw.ellipse(screen, SILVER, [400-80,300-40,160,80])`	楕円の描画
39	`        pygame.draw.ellipse(screen, COPPER, [400-40,500-80,80,160], 20)`	楕円の描画
40		
41	`        ang = math.pi*tmr/36`	円弧の角度の計算
42	`        pygame.draw.arc(screen, BLUE, [600-100,300-200,200,400], 0, math.pi*2)`	円弧の描画
43	`        pygame.draw.arc(screen, WHITE, [600-100,300-200,200,400], ang, ang+math.pi/2, 8)`	円弧の描画
44		
45	`        pygame.display.update()`	画面を更新する
46	`        clock.tick(10)`	フレームレートを指定
47		
48	`if __name__ == '__main__':`	このプログラムが直接実行された時に
49	`    main()`	main()関数を呼び出す

このプログラムを実行すると次のような図形が表示されます。

図10-4-1　pygame_draw.pyの実行結果

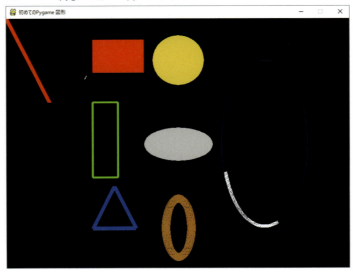

図形の描画命令について説明します。

表10-4-1　図形の描画命令

図形	pygameの描画命令
線	pygame.draw.line(Surface, color, start_pos, end_pos, width=1)
線（座標を連続して指定）	pygame.draw.lines(Surface, color, closed, pointlist, width=1)
短形（四角形）	pygame.draw.rect(Surface, color, Rect, width=0)
多角形	pygame.draw.polygon(Surface, color, pointlist, width=0)
円	pygame.draw.circle(Surface, color, pos, radius, width=0)
楕円	pygame.draw.ellipse(Surface, color, Rect, width=0)
円弧	pygame.draw.arc(Surface, color, Rect, start_angle, stop_angle, width=1)

※引数の指定はPygame公式ドキュメント（https://www.pygame.org/docs/）より抜粋

ポイントをまとめると、次のようになります。

- **Surfaceは描画面です。**
- **colorは10進数のRGB値で指定します。**
- **Rectは矩形の左上角の座標と大きさ、つまり[x, y, 幅, 高さ]です。**
- **pointlistは[[x0,y0], [x1,y1], [x2,y2], ‥]というように、複数の座標で頂点を指定します。**
- **widthは枠線の太さ。width=0となっているものは、何も指定しなければ塗り潰した図形になります。**
- **円弧のstart_angle（開始角）とstop_angle（終了角）はラジアンで指定します。**
- **linesで最初と最後の点を結ぶのであればclosedをTrueとします。**

≫≫≫ ラジアン（弧度）について

Pygameの円弧の角度は"ラジアン（弧度）"という単位で指定します。我々が日常生活で使う"度"をラジアンに変換すると次の値になります。

表10-4-2　ラジアン

度	ラジアン	Python(Pygame)での記述
0度	0	0
90度	$\pi \div 2$	math.pi/2
180度	π	math.pi
270度	$\pi \times 1.5$	math.pi*1.5
360度	$\pi \times 2$	math.pi*2

math.piは数学のπの値（3.141592653589793）です。このプログラムではmath.piを用いるのでmathモジュールをインポートしています。

MEMO

このプログラムでは図形の座標を[ ]を使ってリストで指定しています。座標は( )を用いてタプルで指定することもできます。タプルは値を変更できないリストのことです（→P.88）。本書では座標は値を変更する可能性があるという観点からリストで指定します。色の定義は、例えばBLACK = (0, 0, 0)とした値を後から変更することはないので、色はタプルとします。

Pygameの図形描画命令と標準モジュールのtkinterの図形描画命令は、それぞれ違うものなので、混同しないようにしましょう。

Lesson 10-5 キー入力を行う

Pygameでキー入力を行う方法を説明します。

⟩⟩⟩ キーの同時入力について

　例えば方向キーでキャラクターを動かし、スペースキーでジャンプするゲームを作るなら、複数のキー入力を同時に受け付け、方向キーとスペースキーをそれぞれ判定する必要があります。Pygameではキーの同時入力を簡単な命令で判定できます。そのプログラムを確認します。次のプログラムを入力し、ファイル名を付けて保存し、実行しましょう。

リスト ▶ pygame_key.py

```python
import pygame
import sys

WHITE = (255, 255, 255)
BLACK = (  0,   0,   0)
RED   = (255,   0,   0)
GREEN = (  0, 255,   0)
BLUE  = (  0,   0, 255)

def main():
    pygame.init()
    pygame.display.set_caption("初めての
Pygame キー入力")
    screen = pygame.display.set_
mode((800, 600))
    clock = pygame.time.Clock()
    font = pygame.font.Font(None, 60)

    while True:
        for event in pygame.event.get():
            if event.type == pygame.QUIT:
                pygame.quit()
                sys.exit()

        key = pygame.key.get_pressed()
        txt1 = font.render("UP"+str(key
[pygame.K_UP])+" DOWN"+str(key[pygame.K_
DOWN]), True, WHITE, GREEN)
        txt2 = font.render("LEFT"+str(key
[pygame.K_LEFT])+" RIGHT"+str(key[pygame.
K_RIGHT]), True, WHITE, BLUE)
```

行	説明
1	pygameモジュールをインポート
2	sysモジュールをインポート
4	色の定義　白
5	色の定義　黒
6	色の定義　赤
7	色の定義　緑
8	色の定義　青
10	メイン処理を行う関数の定義
11	pygameモジュールの初期化
12	ウィンドウに表示されるタイトルを指定
13	描画面(スクリーン)を初期化する
14	clockオブジェクトを作成
15	フォントオブジェクトを作成
17	無限ループ
18	pygameのイベントを繰り返しで処理する
19	ウィンドウの×ボタンをクリックした時
20	pygameモジュールの初期化を解除
21	プログラムを終了する
23	リストkeyに全てのキーの状態を代入
24	方向キー上下のリストの値を描いたSurface
25	方向キー左右のリストの値を描いたSurface

26	`        txt3 = font.render("SPACE"+str(key[pygame.K_SPACE])+" ENTER"+str(key[pygame.K_RETURN]), True, WHITE, RED)`	スペースキーとEnterキーのリストの値を描いたSurface
27		
28	`        screen.fill(BLACK)`	指定した色でスクリーン全体をクリアする
29	`        screen.blit(txt1, [100, 100])`	文字列を描いたSurfaceをスクリーンに転送
30	`        screen.blit(txt2, [100, 200])`	〃
31	`        screen.blit(txt3, [100, 300])`	〃
32	`        pygame.display.update()`	画面を更新する
33	`        clock.tick(10)`	フレームレートを指定
34		
35	`if __name__ == '__main__':`	このプログラムが直接実行された時に
36	`    main()`	main()関数を呼び出す

　このプログラムを実行すると、方向キー、スペースキー、Enterキーを押した時に1と表示されます。キーの組み合わせにもよりますが、2つ以上のキーの同時入力を判定できます。

図10-5-1　pygame_key.pyの実行結果

　Pygameでは23行目にある「key = pygame.key.get_pressed()」という1行の記述で全てのキーの状態を取得できます。キーが押されている時には、key[pygame.キーボード定数]の値が1になります。

主なキーボード定数は次のようになります。

表10-5-1　主なキーボード定数

キー	定数
方向キー	K_UP、K_DOWN、K_LEFT、K_RIGHT
スペースキー	K_SPACE
Enter/returnキー	K_RETURN
Escapeキー	K_ESCAPE
アルファベットキー　A～Z	K_a～K_z
数字キー 0～9	K_0～K_9
Shiftキー	K_RSHIFT、K_LSHIFT
ファンクションキー	K_F**は数字

Lesson 10-3のフルスクリーンモードに切り替えるプログラムでは、Pygameのイベントでファンクションキーを判定していました。Pygameではイベント処理によるキー入力の他に、ここで説明したpygame.key.get_pressed()命令でキー入力の判定ができます。

Lesson 10-6 マウス入力を行う

Pygameでマウス入力を行う方法を説明します。

▶▶▶ マウス入力を行う

Pygameでマウス入力を行うプログラムを確認します。次のプログラムを入力し、ファイル名を付けて保存し、実行しましょう。

リスト ▶ pygame_mouse.py

```python
import pygame
import sys

BLACK = (  0,   0,   0)
LBLUE = (  0, 192, 255)
PINK  = (255,   0, 224)

def main():
    pygame.init()
    pygame.display.set_caption("初めての
Pygame マウス入力")
    screen = pygame.display.set_
mode((800, 600))
    clock = pygame.time.Clock()
    font = pygame.font.Font(None, 60)

    while True:
        for event in pygame.event.get():
            if event.type == pygame.QUIT:
                pygame.quit()
                sys.exit()

        mouseX, mouseY = pygame.mouse.
get_pos()
        txt1 = font.render("{},{}".
format(mouseX, mouseY), True, LBLUE)

        mBtn1, mBtn2, mBtn3 = pygame.
mouse.get_pressed()
        txt2 = font.render("{}:{}:{}".
format(mBtn1, mBtn2, mBtn3), True, PINK)

        screen.fill(BLACK)
```

行	説明
1	pygameモジュールをインポート
2	sysモジュールをインポート
4	色の定義　白
5	色の定義　明るい青
6	色の定義　ピンク
8	メイン処理を行う関数の定義
9	pygameモジュールの初期化
10	ウィンドウに表示されるタイトルを指定
11	描画面(スクリーン)を初期化する
12	clockオブジェクトを作成
13	フォントオブジェクトを作成
15	無限ループ
16	pygameのイベントを繰り返しで処理する
17	ウィンドウの×ボタンをクリックした時
18	pygameモジュールの初期化を解除
19	プログラムを終了する
21	マウスポインタの座標を変数に代入
22	座標の値を描いたSurface
24	マウスボタンの状態を変数に代入
25	マウスボタンの状態を描いたSurface
27	指定した色でスクリーン全体をクリアする

Chapter 10 Pygame の使い方

239

```
28              screen.blit(txt1, [100, 100])          文字列を描いたSurfaceをスクリーンに転送
29              screen.blit(txt2, [100, 200])           〃
30              pygame.display.update()                画面を更新する
31              clock.tick(10)                         フレームレートを指定
32
33      if __name__ == '__main__':                    このプログラムが直接実行された時に
34          main()                                     main()関数を呼び出す
```

このプログラムを実行すると、マウスポインタの座標と、マウスボタンを押した時に1という値が表示されます。マウスボタンは左、中央、右の3つを判定できます。ポインタを動かしたりボタンを押して、表示される値が変化することを確認しましょう。

図10-6-1　pygame_mouse.pyの実行結果

21行目の「mouseX, mouseY = pygame.mouse.get_pos()」でマウスポインタのXY座標をそれぞれの変数に代入します。24行目の「mBtn1, mBtn2, mBtn3 = pygame.mouse.get_pressed()」で3つのボタンの状態（押されていれば1、離されていれば0）をそれぞれの変数に代入します。これらの変数名は自由に付けてかまいません。

次の章で制作するロールプレイングゲームはキーで操作し、マウス入力は行いませんが、将来、マウスで操作するソフトウェアを開発する時に、このプログラムを参考にしてください。

Lesson 10-7 サウンドを出力する

Pygame でサウンドを出力する方法を説明します。

BGM と SE の出力

Pygame には BGM と SE（効果音）を出力する命令が用意されています。それらの命令を使って音を出力します。本レッスンでは pygame_bgm.ogg と pygame_se.ogg という2つのサウンドファイルを用いるので、書籍サポートページからダウンロードし、プログラムと同じフォルダに入れてください。

スピーカーなどのオーディオ機器が接続されていないパソコンでは、サウンドファイルを読み込む命令でエラーが発生します。エラーが発生したことは **try** という命令を使った **例外処理** で知ることができます。動作確認後に例外処理について説明します。

次のプログラムを入力し、ファイル名を付けて保存し、実行しましょう。

リスト ▶ pygame_music.py

1	`import pygame`	pygameモジュールをインポート
2	`import sys`	sysモジュールをインポート
3		
4	`WHITE = (255, 255, 255)`	色の定義　白
5	`BLACK = (  0,   0,   0)`	色の定義　黒
6	`CYAN  = (  0, 255, 255)`	色の定義　水色
7		
8	`def main():`	メイン処理を行う関数の定義
9	`    pygame.init()`	pygameモジュールの初期化
10	`    pygame.display.set_caption("初めての Pygame サウンド出力")`	ウィンドウに表示されるタイトルを指定
11	`    screen = pygame.display.set_mode((800, 600))`	描画面(スクリーン)を初期化する
12	`    clock = pygame.time.Clock()`	clockオブジェクトを作成
13	`    font = pygame.font.Font(None, 40)`	フォントオブジェクトを作成
14		
15	`    try:`	例外処理を入れて
16	`        pygame.mixer.music.load("pygame_bgm.ogg")`	ＢＧＭを読み込む
17	`        se = pygame.mixer.Sound("pygame_se.ogg")`	ＳＥを読み込む
18	`    except:`	読み込みエラーとなった時は
19	`        print("oggファイルが見当たらないか、オーディオ機器が接続されていません")`	メッセージを出力

Chapter 10　Pygame の使い方

241

```python
20
21      while True:
22          for event in pygame.event.get():      # pygameのイベントを繰り返しで処理する
23              if event.type == pygame.QUIT:     # ウィンドウの×ボタンをクリックした時
24                  pygame.quit()                  # pygameモジュールの初期化を解除
25                  sys.exit()                     # プログラムを終了する
26
27          key = pygame.key.get_pressed()         # リストkeyに全てのキーの状態を代入
28          if key[pygame.K_p] == 1:               # Pキーを押したなら
29              if pygame.mixer.music.get_busy() == False:   # BGMが停止中なら
30                  pygame.mixer.music.play(-1)    # BGMを再生
31          if key[pygame.K_s] == 1:               # Sキーを押したなら
32              if pygame.mixer.music.get_busy() == True:    # BGMが再生中なら
33                  pygame.mixer.music.stop()      # BGMを停止
34          if key[pygame.K_SPACE] == 1:           # スペースキーを押したなら
35              se.play()                          # SEを再生
36
37          pos = pygame.mixer.music.get_pos()    # BGMの再生時間を変数に代入
38          txt1 = font.render("BGM pos"+str(pos), True, WHITE)   # 再生時間を描いたSurface
39          txt2 = font.render("[P]lay bgm : [S]top bgm : [SPACE] se", True, CYAN)   # 操作方法を描いたSurface
40          screen.fill(BLACK)                    # 指定した色でスクリーン全体をクリアする
41          screen.blit(txt1, [100, 100])         # 文字列を描いたSurfaceをスクリーンに転送
42          screen.blit(txt2, [100, 200])         # 〃
43          pygame.display.update()               # 画面を更新する
44          clock.tick(10)                        # フレームレートを指定
45
46  if __name__ == '__main__':                    # このプログラムが直接実行された時に
47      main()                                    # main()関数を呼び出す
```

このプログラムを実行し、Ｐキーを押すとBGMが流れ、Ｓキーでそれを停止します。BGMの再生時間が表示されます。スペースキーを押すとSEが流れます。

図10-7-1　pygame_music.pyの実行結果

Pygame では mp3 と ogg 形式のサウンドファイルを扱うことができますが、mp3形式でループ再生がうまくいかなかったり、ソフトウェアが停止することがあります。その場合は、ogg形式を用いましょう。

BGM を扱う命令は次のようになります。

表10-7-1　PygameのBGM命令

命令	書式	補足事項
ファイルの読み込み	pygame.mixer.music.load(ファイル名)	
再生	pygame.mixer.music.play(引数)	引数を-1とするとループ再生、0で1回再生。例えば5とすると6回繰り返す
停止	pygame.mixer.music.stop()	
再生時間を取得	pygame.mixer.music.get_pos()	ミリ秒の値
再生中か調べる	pygame.mixer.music.get_busy()	再生中ならTrue、そうでないならFalse

SE は17行目のように記述して読み込みます。

SEの読み込み

```
変数 = pygame.mixer.Sound(ファイル名)
```

再生は35行目のように記述します。

SEの再生

```
変数.play()
```

>>> 例外処理について

15行目に try、18行目に except という命令を記述しています。これらの命令でプログラム実行中に発生したエラーを捉え、その対応を行うことができます。

プログラム実行中に発生するエラーを例外といいます。今回のプログラムではサウンドファイルを読み込もうとした時、プログラムと同じフォルダにファイルがなかったり、パソコンにスピーカーやイヤホンを接続していないと例外が発生します。そこでtryとexceptを使ってサウンドファイルの読み込み処理を記述しています。tryとexceptの記述の仕方は次のようになります。

書式：try〜except

```
try:
    例外が発生する可能性のある処理
except:
    例外が発生した時に行う処理
```

exceptとだけ記述すると、あらゆる例外を捉えることになります。商用のソフトウェア開発などでは「except 例外名:」と記述し、発生した例外の種類によって処理を行うべきですが、本書でPythonを学ぶ過程ではそこまで厳密に処理する必要はありません。

皆さんはtryとexceptを使ってプログラム実行中に発生する例外を知り、それに対応することができると覚えておきましょう。

Pythonの例外処理の命令は、他にfinallyがあります。finallyのブロックに書いた処理は、例外が発生してもしなくても実行されます。

COLUMN

Pygameで日本語を使う

Pygameは日本語の表示が苦手です。日本語を表示するには、「print(pygame.font.get_fonts())」と記述して各パソコンで使える日本語フォントを調べ、それを指定する方法がありますが、Pygameで使える日本語フォントはパソコンごとに違う上、種類が限られています。

そこでこのコラムでは、独立行政法人情報処理推進機構（https://ipafont.ipa.go.jp/）が配布しているIPAフォントを用いて日本語を表示する方法を紹介します。IPAフォントは誰でも利用できますが、「IPAフォントライセンス」に書かれた項目を守って正しく利用してください。

https://ipafont.ipa.go.jp/から使用したいフォントをダウンロードします。ダウンロードした圧縮ファイルを解凍し、生成されたファイルをプログラムと同じ階層にフォルダごと配置します。フォントが定義されているファイルはttfという拡張子のファイルです。フォントオブジェクトを作る記述でこのファイルを指定します。次のプログラムの12行目の**「フォルダ名/ファイル名」**という太字の箇所がそれにあたります。例えば、ipam00303フォルダ内にipam.ttfファイルがあるなら、このように記述します。

リスト ▶ pygame_japanese.py

```
1  import pygame
2  import sys
3
4  WHITE = (255, 255, 255)
5  BLACK = (  0,   0,   0)
6
7  def main():
8      pygame.init()
```

```
 9      pygame.display.set_caption("Pygameで日本語を表示する")
10      screen = pygame.display.set_mode((800, 600))
11      clock = pygame.time.Clock()
12      font = pygame.font.Font("ipam00303/ipam.ttf", 80)
13      tmr = 0
14
15      while True:
16          tmr = tmr + 1
17          for event in pygame.event.get():
18              if event.type == pygame.QUIT:
19                  pygame.quit()
20                  sys.exit()
21
22          txt = font.render("日本語表示 "+str(tmr), True, WHITE)
23          screen.fill(BLACK)
24          screen.blit(txt, [100, 200])
25          pygame.display.update()
26          clock.tick(10)
27
28 if __name__ == '__main__':
29      main()
```

これで次のように日本語を表示することができます。

図10-A　pygame_japanese.pyの実行結果

　無料で利用できる様々な日本語フォントがインターネットで配布されており、それらを用いて同じ方法で日本語を表示できます。フォントファイルの拡張子はttf、ttc、otfなどです。ネットからダウンロードしたフォントを使用したり再配布する際は、各フォントを配布しているホームページの説明やライセンス許諾書などを確認し、ルールを守って利用してください。

Pygameを用いるとキーの同時入力や、BGMとSEの出力など、本格的なゲーム制作に欠かせない処理が行えますね。

そうですね。それぞれの命令の記述で少し難しい部分があるかもしれませんが、そのように記述すると考えておけばよいでしょう。

私はプログラミングの学習で、すぐには理解できない難しい処理は、とりあえず「こう記述するのか」という感覚で捉えておいて、後で復習するようにしています。

いろはさんの行っているその学習法は実に正しい学び方です。みなさん、難しい箇所で立ち止まらずに、楽しみながら進んで行ってください。

> Pygameを用いてロールプレイングゲームを制作します。この前編ではロールプレイングゲームを作る骨組みとなる技術を学び、Chapter 12 の後編でそれらの技術を用いてゲームを組み上げます。

本格RPGを作ろう！前編

Chapter 11

Lesson 11-1 ロールプレイングゲームについて

プログラミングを始める前にロールプレイングゲーム（RPG）というゲームジャンルについて、また本書で制作するRPGの内容を説明します。

ロールプレイングゲームとは

主人公やその仲間達を成長させながら冒険するタイプのゲームをロールプレイングゲーム（Role Playing Game）といいます。元々はコンピュータゲームではなく、数人でテーブルを囲み、サイコロや紙と鉛筆を使って一定のルールを設けて遊ぶテーブルゲーム（テーブルトークRPG）を指す言葉ですが、日本ではロールプレイングゲームというと一般的にコンピュータゲームを意味します。

1980年代初め、海外で作られた『ウィザードリィ』や『ウルティマ』というパソコン用のロールプレイングゲームが人気となります。日本でも多くのソフトウェア制作会社がパソコンソフトや家庭用ゲーム機用ソフトのロールプレイングゲームを開発、発売するようになりました。

80年代に大ヒットした家庭用ゲーム機ファミリーコンピュータ用のロールプレイングゲームとして、『ドラゴンクエスト』や『ファイナルファンタジー』が発売され、それらは人気シリーズになりました。90年代には携帯型ゲーム機ゲームボーイ用の『ポケットモンスター』がヒットしました。90年代後半になると、インターネットにつないだパソコンで多人数が参加するタイプのロールプレイングゲームも登場しました。スマートフォンが普及すると、スマホアプリでもロールプレイングゲームが人気となりました。ただ、スマートフォン用のソーシャルゲームでRPGのカテゴリで配信されているものは、プレイする内容はパズルやミニゲームのようなもので、それにキャラクターを成長させる要素が加わったゲームが多くあります。

ローグライクゲームとは

ロールプレイングゲームには様々なタイプがありますが、その中でローグライクゲームと呼ばれるものがあります。『ローグ』とは1980年頃に作られたダンジョンを探索するコンピュータゲームです。ゲーム内容はシンプルですが、ランダムに地形が作られるダンジョンを探索し、ゲーム内で生き残るための戦術を考え、想像力を膨らませられる内容で、何度プレイしても飽きないシステムになっています。『ローグ』の元祖は次のような画面です。

図11-1-1　元祖『ローグ』のイメージ

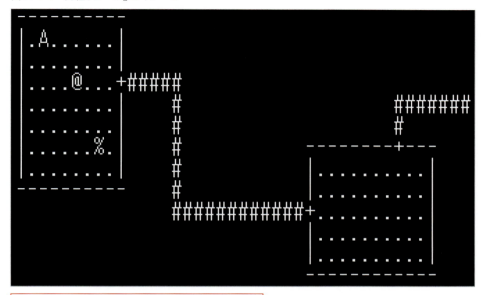

-と|で囲まれたところが部屋、#は通路、主人公は@というように
アスキー文字だけで画面が構成されています

　　この『ローグ』のルールを引き継いでいるゲームを「ローグライクゲーム」といいます。筆者の知る限り、ローグライクゲームは90年代初頭までパソコン愛好家が好むゲームでした。90年代半ばに家庭用ゲーム機用の『トルネコの大冒険 不思議のダンジョン』や『風来のシレン』というローグライクゲームが発売され、一般的に知られるようになりました。
　　ローグライクゲームの「キャラクターを成長させ、冒険を進めるシステム」はロールプレイングゲームに属しますが、『ドラゴンクエスト』や『ポケットモンスター』などのRPGと決定的に違う点は、主人公が死んでしまうとゲームオーバーで「最初からやり直し」になるところです。ローグライクゲームは「一度でも死んだら終わり」というスリルがあり、短時間で遊べるので、つい何度もプレイしてしまいます。『ローグ』が登場し現在に至るまで、世界中の作者達が制作した多数のローグライクゲームが配信されてきました。スマートフォンでも様々なローグライクゲームが配信されており、根強い人気があることが分かります。

▶▶▶ これから制作するRPGについて

　　本書はゲーム開発の入門書です。初めてプログラミングする方にも、ロールプレイングゲームのプログラムを理解してもらいたいと思います。ただ様々なゲームジャンルがある中で、ロールプレイングゲームを開発するには高度な技術が必要です。開発に高い技術を要するゲームのプログラムを理解していただくには、なるべく短い行数でプログラムを作り、プログラム全体を見渡せるようにしなくてはなりません。簡潔なプログラム、かつ、ゲームとして面白いものをと考え、本書では次ページのような内容のゲームを制作します。

- 制作するPPGの特徴
  - 『ローグ』の特徴を取り入れ、自動生成されるダンジョンを探索し、到達できた最大階層数を競う
  - 戦闘シーンはコマンドを入力して敵と戦うシステムで、多くの方に馴染みのある画面構成にする

先に完成形のゲーム画面を見てみましょう。

図11-1-2　今回制作するゲーム

　ロールプレイングゲームの多くは移動シーンと戦闘シーンで構成されますが、ローグライクゲームは移動画面に登場するモンスターと直接戦い、戦闘画面には切り替わらないものがほとんどです。本書で制作するゲームは、移動シーンと戦闘シーンがある、いわゆる王道RPGの作り方を知っていただけるように、2つのシーンが切り替わるシステムとします。

⟫⟫⟫ ルールの概要

制作するゲームのルールについて説明します。

❶ 移動シーン

◎ 自動生成されるダンジョン内を方向キーで移動する
- 移動すると食料が減り、食料がある間は、歩くごとにライフが回復する
- 食料が0になると、歩くごとにライフが減り、ライフが0になるとゲームオーバー
- ダンジョンには宝箱と繭があり、戦闘中に使えるアイテムやモンスターが入っている
- 下り階段から次の階層に移動し、到達できた階層数を競う

❷ 戦闘シーン

◎ プレイヤーの行動と敵の行動が交互に行われるターン制とする
- プレイヤーはコマンドを選び戦闘を行う
- 敵の攻撃を受け、ライフが0になるとゲームオーバー

このChapter 11では◎の項目をプログラミングします。具体的にはLesson 11-2〜11-4で移動シーンを作る基礎技術を解説し、Lesson 11-5〜11-7で戦闘シーンを作る基礎技術を解説します。

このChapter 11と次のChapter 12で多くのことを学びますが、一度に全てを理解しようと焦る必要はありません。分からない内容は後で復習すればよいのです。分からない箇所には付箋紙を貼るなどして、楽しみながら読み進めていってください。

Lesson 11-2 迷路を自動生成する

ロールプレイングゲームのプログラミングをスタートします。Lesson 11-2から11-4まで3つに分けて移動画面の作り方を学んでいきます。まずは迷路を自動生成するアルゴリズムについて説明します。

>>> マップデータについて

市販のゲームソフトのフィールドや町の中の構造は、ゲームクリエイター達が3DCGソフトやマップエディタと呼ばれるツールを使ってデザインします。ゲーム内で訪れることのできる場所がたくさんあるソフトには、クリエイター達が作った多数のマップデータが入っています。

本書で制作するロールプレイングゲームはコンピュータにマップデータを作らせることにします。ローグライクゲームの面白さの1つは、プレイするたびに地形が変化し、新たな攻略法を考える必要があることです。マップをランダムに生成することで、ツールを使ってマップデータを用意する手間を省けるメリットもあります。

コンピュータに、ランダムに迷路を作らせるにはどうすればよいのでしょうか？ 迷路を作るアルゴリズムは、実は昔から色々なものが考え出されています。本書ではその中でよく知られている**棒倒し法**と呼ばれる手法を用います。

>>> 迷路生成のアルゴリズム

棒倒し法による迷路生成のアルゴリズムは次のようになります。分かりやすいように、7×7マスで説明します。

❶周りを壁で埋めます。黒いマスが壁、白いマスが床です。内部は全て床とします。

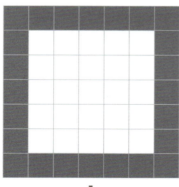

図11-2-1
棒倒し方のアルゴリズム

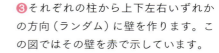

❷次に内部に1マスおきに柱を設けます。柱と表現しますが、壁と同じ意味です。

❸それぞれの柱から上下左右いずれかの方向（ランダム）に壁を作ります。この図ではその壁を赤で示しています。

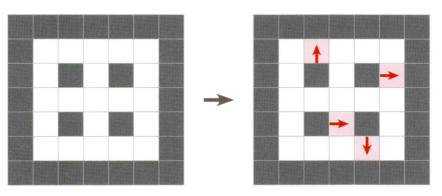

全ての柱から壁を作ると迷路ができあがります。

7×7マスで説明しましたが、マスの数を増やすと迷路らしくなります。例えばこの方法で作った横15マス、縦11マスの迷路は次のようになります。

図11-2-2　15×11マスで作った場合

棒倒し法の注意点

棒倒し法には注意点があります。それはランダムに4方向に壁を作ると、入れない場所ができる恐れがあることです。例えば右のように壁が作られた場合、中央部分に入れなくなります。

図11-2-3　入れない場所ができてしまう

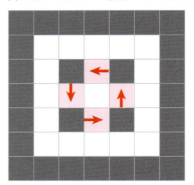

もし、この状態で入れない場所に階段を配置したら、先へ進めないダンジョンになってしまいます。これを防ぐには次の方法を用います。

❹一番左の列の柱からは4方向いずれかに壁を作り、その次の列からは、上、下、右の3方向いずれかに壁を作ります。

図11-2-4　解決法

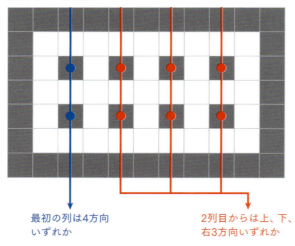

最初の列は4方向いずれか

2列目からは上、下、右3方向いずれか

この方法で迷路を作れば、入れない場所ができることはありません。

迷路を作るプログラム

棒倒し法で迷路を作るプログラムを確認します。次のプログラムを入力し、ファイル名を付けて保存し、実行しましょう。この章のプログラムのファイルはlist**.pyという名称ではなく、それぞれのプログラムの内容が分かるファイル名（英単語の組み合わせ）にしています。

リスト ▶ maze_maker.py

```python
import pygame
import sys
import random

CYAN = (  0, 255, 255)
GRAY = ( 96,  96,  96)

MAZE_W = 11
MAZE_H = 9
maze = []
for y in range(MAZE_H):
    maze.append([0]*MAZE_W)

def make_maze():
    XP = [ 0, 1, 0,-1]
    YP = [-1, 0, 1, 0]

    #周りの壁
    for x in range(MAZE_W):
        maze[0][x] = 1
        maze[MAZE_H-1][x] = 1
    for y in range(1, MAZE_H-1):
        maze[y][0] = 1
        maze[y][MAZE_W-1] = 1

    #中を何もない状態に
    for y in range(1, MAZE_H-1):
        for x in range(1, MAZE_W-1):
            maze[y][x] = 0

    #柱
    for y in range(2, MAZE_H-2, 2):
        for x in range(2, MAZE_W-2, 2):
            maze[y][x] = 1

    #柱から上下左右に壁を作る
    for y in range(2, MAZE_H-2, 2):
        for x in range(2, MAZE_W-2, 2):
            d = random.randint(0, 3)
            if x > 2: # 二列目からは左に壁を作らない
                d = random.randint(0, 2)
            maze[y+YP[d]][x+XP[d]] = 1

def main():
    pygame.init()
    pygame.display.set_caption("迷路を作る")
```

行	説明
1	pygameモジュールをインポート
2	sysモジュールをインポート
3	randomモジュールをインポート
5	色の定義　水色
6	色の定義　灰色
8	迷路の横方向の長さ（横に何マスあるか）
9	迷路の縦方向の長さ（縦に何マスあるか）
10	迷路のデータを入れるリスト
11	繰り返しと
12	append()命令でリストを初期化する
14	迷路を作る関数
15	柱から壁を延ばすための値を定義
16	〃
19	図解した迷路生成アルゴリズム❶
27	図解した迷路生成アルゴリズム❶
32	図解した迷路生成アルゴリズム❷
37	図解した迷路生成アルゴリズム❸
40	図解した迷路生成アルゴリズム❹
44	メイン処理を行う関数
45	pygameモジュールの初期化
46	ウィンドウに表示されるタイトルを指定

```python
47      screen = pygame.display.set_mode
    ((528, 432))
48      clock = pygame.time.Clock()
49
50      make_maze()
51
52      while True:
53          for event in pygame.event.get():
54              if event.type == pygame.QUIT:
55                  pygame.quit()
56                  sys.exit()
57              if event.type == pygame.
    KEYDOWN:
58                  if event.key == pygame.K_
    SPACE:
59                      make_maze()
60
61          for y in range(MAZE_H):
62              for x in range(MAZE_W):
63                  W = 48
64                  H = 48
65                  X = x*W
66                  Y = y*H
67                  if maze[y][x] == 0: # 通路
68                      pygame.draw.rect
    (screen, CYAN, [X, Y, W, H])
69                  if maze[y][x] == 1: # 壁
70                      pygame.draw.rect
    (screen, GRAY, [X, Y, W, H])
71
72          pygame.display.update()
73          clock.tick(2)
74
75  if __name__ == '__main__':
76      main()
```

描画面(スクリーン)を初期化する	
clockオブジェクトを作成	
迷路を作る関数を呼び出す	
無限ループ	
pygameのイベントを繰り返しで処理する	
ウィンドウの×ボタンをクリックした時	
pygameモジュールの初期化を解除	
プログラムを終了する	
キーを押すイベントが発生した時	
スペースキーであれば	
迷路を作る関数を実行	
二重ループの	
繰り返しで迷路を描画する	
1マスの幅	
1マスの高さ	
描画用のX座標を計算	
描画用のY座標を計算	
通路であれば	
水色の四角で塗る	
壁であれば	
灰色の四角で塗る	
画面を更新する	
フレームレートを指定	
このプログラムが直接実行された時に	
main()関数を呼び出す	

　このプログラムを実行すると迷路が作られ、表示されます。さらに、スペースキーを押すと新たな迷路が作られます。

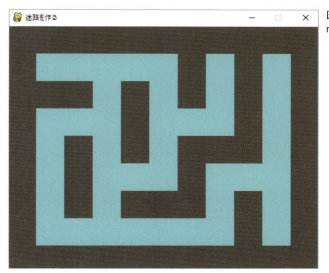

図11-2-5
maze_maker.pyの実行結果

　迷路が横方向と縦方向に何マスあるかを、8〜9行目でMAZE_WとMAZE_Hという変数で定義しています。このように、一度定めた値を変更しない変数を**定数**といいます。定数は通常の変数と区別するため全て大文字とします。

　14〜42行目に定義したmake_maze()関数で迷路を作っています。この関数はmazeというリストに床を0、壁を1としてデータをセットします。図解した棒倒し法のアルゴリズムとmake_maze()で行っている処理を照らし合わせて確認しましょう。その処理の中で37〜42行目の柱からランダムに壁を作るプログラムが少し難しいので、それを抜き出して説明します。

```
for y in range(2, MAZE_H-2, 2):
    for x in range(2, MAZE_W-2, 2):
        d = random.randint(0, 3)
        if x > 2: # 二列目からは左に壁を作らない
            d = random.randint(0, 2)
        maze[y+YP[d]][x+XP[d]] = 1
```

　maze[2][2]が最初の柱の位置になるので、二重ループの繰り返しの変数yとxの値はどちらも2から始めます。変数dにどの向きに壁を作るかの値を乱数で代入します。YPとXPは15〜16行目で定義した4方向の座標の増減量です。「maze[y+YP[d]][x+XP[d]] = 1」で4方向いずれかに壁ができます（リストの要素に値1を代入）。これを図示すると次のようになります。

図11-2-6　乱数で壁を作る

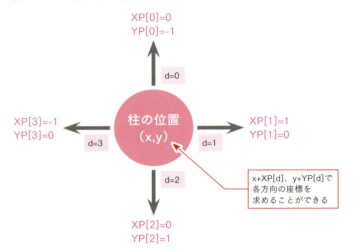

乱数を発生させる命令を復習します。「r = random.randint(最小値, 最大値)」で、最小値から最大値までのいずれかの整数の値が変数rに代入されます。
for文で使うrange()命令はrange(開始値, 終了値)で、開始値から終了値-1までの範囲を表します。randint()とrange()の範囲の違いに気を付けてください。

Lesson 11-3 ダンジョンを作る

　Lesson 11-2で作った迷路はダンジョンを作る原型となるデータです。このデータから移動シーンで探索するダンジョンを作る方法を説明します。

》》》 迷路をダンジョンに変える

　本書では紙に鉛筆で書いたようなシンプルな通路を迷路と呼び、ゲーム内で探索する地下迷宮をダンジョンと呼ぶことにします。前レッスンで作った迷路のデータをそのままダンジョンのデータとして使うこともできますが、それではただ通路がつながっているだけで、見た目に味気ないものになります。そこでここでは単純な迷路ではなく、ゲームとして面白くなるようなダンジョンを作り出すようにします。

　具体的な方法を説明します。次の図の左側が前レッスンのプログラムで作った迷路です。この迷路のデータはmazeというリストに床が0、壁が1として入っています。そのデータから右側の図のように、通路と部屋を作ります。

図11-3-1　迷路からダンジョンを作る

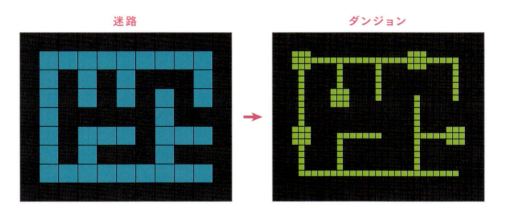

　左と右を見比べてください。左側の1マスが右側で3×3マス分の領域になっています。左側の床のマスを右側では通路か部屋にすることで、ダンジョンらしい雰囲気を出しています。

　迷路からダンジョンへのデータ変換は次の手順で行います。

- 変換手順
  ❶ ダンジョンを定義するための二次元リスト dungeon を用意する
  ❷ maze のマスの状態を調べながら、dungeon に値をセットする

  ❷ は
  - dungeon の中身（要素）を、いったん全て壁にする
  - maze[y][x] の値を調べ、0（床）であればランダムに dungeon に部屋を作る
  - 部屋を作らない場合、maze[y][x] の上下左右のマスを調べ、0 ならその方向に dungeon に通路を作る

ということ行います。

ダンジョンを作るプログラム

迷路からダンジョンのデータを作るプログラムを確認します。次の画像を用いるので、書籍サポートページからダウンロードし、プログラムと同じフォルダに入れてください。

図11-3-2　今回使用する画像ファイル

floor.png　wall.png

次のプログラムを入力し、ファイル名を付けて保存し、実行しましょう。

リスト ▶ dungeon_maker.py

```
1   import pygame                              pygameモジュールをインポート
2   import sys                                 sysモジュールをインポート
3   import random                              randomモジュールをインポート
4
5   BLACK = (  0,   0,   0)                    色の定義　黒
6   CYAN  = (  0, 255, 255)                    色の定義　水色
7   GRAY  = ( 96,  96,  96)                    色の定義　灰色
8
9   MAZE_W = 11                                迷路の横方向の長さ（横に何マスあるか）
10  MAZE_H = 9                                 迷路の縦方向の長さ（縦に何マスあるか）
11  maze = []                                  迷路のデータを入れるリスト
12  for y in range(MAZE_H):                    繰り返しと
13      maze.append([0]*MAZE_W)                    append()命令でリストを初期化する
14
15  DUNGEON_W = MAZE_W*3                       ダンジョンの横方向の長さ（横に何マスあるか）
16  DUNGEON_H = MAZE_H*3                       ダンジョンの縦方向の長さ（縦に何マスあるか）
17  dungeon = []                               ダンジョンのデータを入れるリスト
```

```python
18  for y in range(DUNGEON_H):
19      dungeon.append([0]*DUNGEON_W)
20
21  imgWall = pygame.image.load("wall.png")
22  imgFloor = pygame.image.load("floor.png")
23
24  def make_dungeon(): # ダンジョンの自動生成
25      XP = [ 0, 1, 0,-1]
26      YP = [-1, 0, 1, 0]
27      #周りの壁
28      for x in range(MAZE_W):
29          maze[0][x] = 1
30          maze[MAZE_H-1][x] = 1
31      for y in range(1, MAZE_H-1):
32          maze[y][0] = 1
33          maze[y][MAZE_W-1] = 1
34      #中を何もない状態に
35      for y in range(1, MAZE_H-1):
36          for x in range(1, MAZE_W-1):
37              maze[y][x] = 0
38      #柱
39      for y in range(2, MAZE_H-2, 2):
40          for x in range(2, MAZE_W-2, 2):
41              maze[y][x] = 1
42      #柱から上下左右に壁を作る
43      for y in range(2, MAZE_H-2, 2):
44          for x in range(2, MAZE_W-2, 2):
45            d = random.randint(0, 3)
46            if x > 2: # 二列目からは左に壁を作らない
47                d = random.randint(0, 2)
48            maze[y+YP[d]][x+XP[d]] = 1
49
50      # 迷路からダンジョンを作る
51      #全体を壁にする
52      for y in range(DUNGEON_H):
53          for x in range(DUNGEON_W):
54              dungeon[y][x] = 9
55      #部屋と通路の配置
56      for y in range(1, MAZE_H-1):
57          for x in range(1, MAZE_W-1):
58              dx = x*3+1
59              dy = y*3+1
60              if maze[y][x] == 0:
61                  if random.randint(0, 99) <
20: # 部屋を作る
62                      for ry in range(-1, 2):
63                          for rx in range(-1,
2):
64                              dungeon[dy+ry]
```

繰り返しと	append()命令でリストを初期化する

ダンジョンの壁の画像
ダンジョンの床の画像

ダンジョンを作る関数
　　柱から壁を延ばすための値を定義
　　〃
28〜48行目は前のプログラムと同じ迷路の生成
　　図解した迷路生成アルゴリズム❶

　　図解した迷路生成アルゴリズム❶

　　図解した迷路生成アルゴリズム❷

　　図解した迷路生成アルゴリズム❸

　　　　図解した迷路生成アルゴリズム❹

52〜74行目が迷路をダンジョンのデータに変換する処理

二重ループの
　　繰り返しで
　　　　dungeonの値を全て9(壁)とする

二重ループの
　　繰り返しで

迷路のデータを調べ、床のマスなら
　　部屋を作るかランダムに決める

二重ループの
　　繰り返しで

３×３マスを床にす

```python
                [dx+rx] = 0
65                  else: # 通路を作る
66                      dungeon[dy][dx] = 0
67                      if maze[y-1][x] == 0:
68                          dungeon[dy-1][dx] = 0
69                      if maze[y+1][x] == 0:
70                          dungeon[dy+1][dx] = 0
71                      if maze[y][x-1] == 0:
72                          dungeon[dy][dx-1] = 0
73                      if maze[y][x+1] == 0:
74                          dungeon[dy][dx+1] = 0
75
76  def main():
77      pygame.init()
78      pygame.display.set_caption("ダンジョンを作
る")
79      screen = pygame.display.set_mode
((1056, 432))
80      clock = pygame.time.Clock()
81
82      make_dungeon()
83
84      while True:
85          for event in pygame.event.get():
86              if event.type == pygame.QUIT:
87                  pygame.quit()
88                  sys.exit()
89              if event.type == pygame.KEYDOWN:
90                  if event.key == pygame.K_
SPACE:
91                      make_dungeon()
92
93          # 確認用の迷路を表示
94          for y in range(MAZE_H):
95              for x in range(MAZE_W):
96                  X = x*48
97                  Y = y*48
98                  if maze[y][x] == 0:
99                      pygame.draw.rect(screen,
CYAN, [X,Y,48,48])
100                 if maze[y][x] == 1:
101                     pygame.draw.rect(screen,
GRAY, [X,Y,48,48])
102
103         # ダンジョンを描画する
104         for y in range(DUNGEON_H):
105             for x in range(DUNGEON_W):
106                 X = x*16+528
107                 Y = y*16
```

る

部屋を作らないなら通路を作る
３×３マスの中央を床にし
迷路の上のマスが床なら
上に通路を延ばす
迷路の下のマスが床なら
下に通路を延ばす
迷路の左のマスが床なら
左に通路を延ばす
迷路の右のマスが床なら
右に通路を延ばす

メイン処理を行う関数の定義
pygameモジュールの初期化
ウィンドウに表示されるタイトルを指定

描画面(スクリーン)を初期化する

clockオブジェクトを作成

ダンジョンを作る関数を呼び出す

無限ループ
pygameのイベントを繰り返しで処理する
ウィンドウの×ボタンをクリックした時
pygameモジュールの初期化を解除
プログラムを終了する
キーが押され
スペースキーであれば

ダンジョンを作る関数を実行

二重ループの
繰り返しで
描画用のX座標を計算
描画用のY座標を計算
通路であれば
水色で塗る

壁であれば
灰色で塗る

二重ループの
繰り返しで
描画用のX座標を計算
描画用のY座標を計算

```
108                 if dungeon[y][x] == 0:                    通路であれば
109                     screen.blit(imgFloor, [X,                床の画像を描画
Y])
110                 if dungeon[y][x] == 9:                    壁であれば
111                     screen.blit(imgWall, [X,                 壁の画像を描画
Y])
112
113         pygame.display.update()                            画面を更新する
114         clock.tick(2)                                      フレームレートを指定
115
116 if __name__ == '__main__':                                 このプログラムが直接実行された時に
117     main()                                                 main()関数を呼び出す
```

このプログラムを実行すると次のようにダンジョンが作られます。スペースキーを押すとダンジョンがランダムに変化するので、どのような構造のダンジョンができるかを確認しましょう。

図11-3-3　dungeon_maker.pyの実行結果

24～74行目に定義したmake_dungeon()関数で棒倒し法により迷路を作り、そのデータからダンジョンを作っています。迷路を作る部分は前のプログラムと一緒で、52～74行目がダンジョンのデータを作るために追加した部分です。迷路のデータは床を0、壁を1としていますが、ダンジョンのデータを入れるリストdungeonでは床を0、壁を9としました。壁を9にしたのは次章で宝箱（値1）や繭（値2）を配置するためです。

ダンジョンを作る処理を抜き出して説明します。

```python
for y in range(1, MAZE_H-1):
    for x in range(1, MAZE_W-1):
        dx = x*3+1
        dy = y*3+1
        if maze[y][x] == 0:
            if random.randint(0, 99) < 20: # 部屋を作る
                for ry in range(-1, 2):
                    for rx in range(-1, 2):
                        dungeon[dy+ry][dx+rx] = 0
            else: # 通路を作る
                dungeon[dy][dx] = 0
                if maze[y-1][x] == 0:
                    dungeon[dy-1][dx] = 0
                if maze[y+1][x] == 0:
                    dungeon[dy+1][dx] = 0
                if maze[y][x-1] == 0:
                    dungeon[dy][dx-1] = 0
                if maze[y][x+1] == 0:
                    dungeon[dy][dx+1] = 0
```

　迷路の1マスがダンジョンでは3×3マスになります。ダンジョンに部屋や通路を作るために「dx = x*3+1」「dy = y*3+1」という変数を用意します。それぞれ+1しているのは、dx、dyを3×3マスの中央の座標の値とするためです。

　maze[y][x]の値を調べ、0（床）であれば20％の確率で部屋を作り、部屋を作らないならmaze[y][x]の上下左右を調べ、床のある方向に通路を作っています。

迷路を作るアルゴリズムと、迷路を地下迷宮（ダンジョン）らしいデータに変える処理を難しいと感じる方もいらっしゃると思います。今すぐ理解できなくても大丈夫です。難しいという方はプログラムの全体を眺め、だいたいのイメージをつかんでおきましょう。

Lesson 11-4 ダンジョン内を移動する

制作するロールプレイングゲームはキャラクターをウィンドウの中央に表示し、方向キーの入力に応じて背景がスクロールするようにします。画面をスクロールさせる方法を説明します。

背景をスクロールさせる

Chapter 8でネコのキャラクターを方向キーで移動するプログラムを作りました。そのプログラムでは背景（迷路の画面）は固定されており、キャラクターが上下左右に動きました。一方、ロールプレイングゲームやアクションゲームでは通常、背景がスクロールします。今回制作するゲームもダンジョンの背景がスクロールするようにします。

背景をスクロールさせるプログラムを確認します。3つの画像を用いるので、書籍サポートページからダウンロードし、プログラムと同じフォルダに入れてください。floor.pngとwall.pngは前のプログラムで用いたものと一緒です。

図11-4-1　今回使用する画像ファイル

floor.png

wall.png

player.png

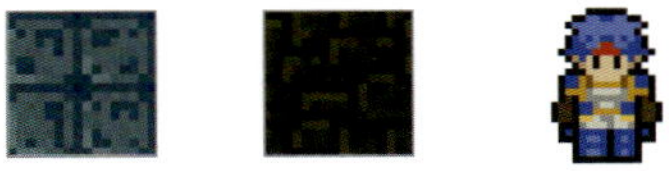

次のプログラムを入力し、ファイル名を付けて保存し、実行しましょう。

リスト ▶ walk_in_dungeon.py

```
1   import pygame                         pygameモジュールをインポート
2   import sys                            sysモジュールをインポート
3   import random                         randomモジュールをインポート
4
5   BLACK = (  0,   0,   0)               色の定義　黒
6
7   MAZE_W = 11                           迷路の横方向の長さ（横に何マスあるか）
8   MAZE_H = 9                            迷路の縦方向の長さ（縦に何マスあるか）
9   maze = []                             迷路のデータを入れるリスト
10  for y in range(MAZE_H):               繰り返しと
11      maze.append([0]*MAZE_W)               append()命令でリストを初期化する
12
13  DUNGEON_W = MAZE_W*3                  ダンジョンの横方向の長さ（横に何マスあるか）
14  DUNGEON_H = MAZE_H*3                  ダンジョンの縦方向の長さ（縦に何マスあるか）
```

```python
dungeon = []
for y in range(DUNGEON_H):
    dungeon.append([0]*DUNGEON_W)

imgWall = pygame.image.load("wall.png")
imgFloor = pygame.image.load("floor.png")
imgPlayer = pygame.image.load("player.png")

pl_x = 4
pl_y = 4

def make_dungeon(): # ダンジョンの自動生成
    XP = [ 0, 1, 0,-1]
    YP = [-1, 0, 1, 0]
    #周りの壁
    for x in range(MAZE_W):
        maze[0][x] = 1
        maze[MAZE_H-1][x] = 1
    for y in range(1, MAZE_H-1):
        maze[y][0] = 1
        maze[y][MAZE_W-1] = 1
    #中を何もない状態に
    for y in range(1, MAZE_H-1):
        for x in range(1, MAZE_W-1):
            maze[y][x] = 0
    #柱
    for y in range(2, MAZE_H-2, 2):
        for x in range(2, MAZE_W-2, 2):
            maze[y][x] = 1
    #柱から上下左右に壁を作る
    for y in range(2, MAZE_H-2, 2):
        for x in range(2, MAZE_W-2, 2):
            d = random.randint(0, 3)
            if x > 2: # 二列目からは左に壁を作らない
                d = random.randint(0, 2)
            maze[y+YP[d]][x+XP[d]] = 1

    # 迷路からダンジョンを作る
    #全体を壁にする
    for y in range(DUNGEON_H):
        for x in range(DUNGEON_W):
            dungeon[y][x] = 9
    #部屋と通路の配置
    for y in range(1, MAZE_H-1):
        for x in range(1, MAZE_W-1):
            dx = x*3+1
            dy = y*3+1
            if maze[y][x] == 0:
```

ダンジョンのデータを入れるリスト
繰り返しと
　　append()命令でリストを初期化する

ダンジョンの壁の画像
ダンジョンの床の画像
主人公の画像

主人公のX座標 ┐
主人公のY座標 ┘ ダンジョンのどの位置にいるか

ダンジョンを作る関数
　　柱から壁を延ばすための値を定義
　　〃

図解した迷路生成アルゴリズム❶

図解した迷路生成アルゴリズム❶

図解した迷路生成アルゴリズム❷

図解した迷路生成アルゴリズム❸

　　図解した迷路生成アルゴリズム❹

二重ループの
　　繰り返しで
　　　　dungeonの値を全て9(壁)とする

二重ループの
　　繰り返しで

　　迷路のデータを調べ、床のマスなら

63	`            if random.randint(0, 99) < 20: # 部屋を作る`	部屋を作るかランダムに決める
64	`                for ry in range(-1, 2):`	二重ループの
65	`                    for rx in range(-1, 2):`	繰り返しで
66	`                        dungeon[dy+ry][dx+rx] = 0`	3×3マスを床にする
67	`            else: # 通路を作る`	部屋を作らないなら通路を作る
68	`                dungeon[dy][dx] = 0`	3×3マスの中央を床にし
69	`                if maze[y-1][x] == 0:`	迷路の上のマスが床なら
70	`                    dungeon[dy-1][dx] = 0`	上に通路を延ばす
71	`                if maze[y+1][x] == 0:`	迷路の下のマスが床なら
72	`                    dungeon[dy+1][dx] = 0`	下に通路を延ばす
73	`                if maze[y][x-1] == 0:`	迷路の左のマスが床なら
74	`                    dungeon[dy][dx-1] = 0`	左に通路を延ばす
75	`                if maze[y][x+1] == 0:`	迷路の右のマスが床なら
76	`                    dungeon[dy][dx+1] = 0`	右に通路を延ばす
77		
78	`def draw_dungeon(bg): # ダンジョンを描画する`	ダンジョンを描く関数を定義
79	`    bg.fill(BLACK)`	指定した色でスクリーン全体をクリアする
80	`    for y in range(-5, 6):`	二重ループの
81	`        for x in range(-5, 6):`	繰り返しで
82	`            X = (x+5)*16`	描画用のX座標を計算
83	`            Y = (y+5)*16`	描画用のY座標を計算
84	`            dx = pl_x + x`	ダンジョンのマス目のX座標
85	`            dy = pl_y + y`	ダンジョンのマス目のY座標
86	`            if 0 <= dx and dx < DUNGEON_W and 0 <= dy and dy < DUNGEON_H:`	ダンジョンのデータが定義されている範囲で
87	`                if dungeon[dy][dx] == 0:`	床であれば
88	`                    bg.blit(imgFloor, [X, Y])`	床の画像を描画
89	`                if dungeon[dy][dx] == 9:`	壁であれば
90	`                    bg.blit(imgWall, [X, Y])`	壁の画像を描画
91	`            if x == 0 and y == 0: # 主人公の表示`	ウィンドウの中央に
92	`                bg.blit(imgPlayer, [X, Y-8])`	主人公を描画
93		
94	`def move_player(): # 主人公の移動`	主人公を移動する関数
95	`    global pl_x, pl_y`	これらをグローバル変数として扱うと宣言
96	`    key = pygame.key.get_pressed()`	リストkeyに全てのキーの状態を代入
97	`    if key[pygame.K_UP] == 1:`	方向キー上が押されていて
98	`        if dungeon[pl_y-1][pl_x] != 9: pl_y = pl_y - 1`	その方向が壁でないならY座標を変化させる
99	`    if key[pygame.K_DOWN] == 1:`	方向キー下が押されていて
100	`        if dungeon[pl_y+1][pl_x] != 9: pl_y = pl_y + 1`	その方向が壁でないならY座標を変化させる
101	`    if key[pygame.K_LEFT] == 1:`	方向キー左が押されていて
102	`        if dungeon[pl_y][pl_x-1] != 9: pl_x = pl_x - 1`	その方向が壁でないならX座標を変化させる
103	`    if key[pygame.K_RIGHT] == 1:`	方向キー右が押されていて
104	`        if dungeon[pl_y][pl_x+1] != 9: pl_x =`	その方向が壁でないならX座標を変化させる

```
105         pl_x + 1
106 def main():                                            メイン処理を行う関数の定義
107     pygame.init()                                      pygameモジュールの初期化
108     pygame.display.set_caption("ダンジョン              ウィンドウに表示されるタイトルを指定
    内を歩く")
109     screen = pygame.display.set_                       描画面(スクリーン)を初期化する
    mode((176, 176))
110     clock = pygame.time.Clock()                        clockオブジェクトを作成
111
112     make_dungeon()                                     ダンジョンを作る関数を呼び出す
113
114     while True:                                        無限ループ
115         for event in pygame.event.get():               pygameのイベントを繰り返しで処理する
116             if event.type == pygame.QUIT:              ウィンドウの×ボタンをクリックした時
117                 pygame.quit()                          pygameモジュールの初期化を解除
118                 sys.exit()                             プログラムを終了する
119
120         move_player()                                  主人公を動かす関数
121         draw_dungeon(screen)                           ダンジョンを描画する
122         pygame.display.update()                        画面を更新する
123         clock.tick(5)                                  フレームレートを指定
124
125 if __name__ == '__main__':                             このプログラムが直接実行された時に
126     main()                                             main()関数を呼び出す
```

　このプログラムを実行すると、方向キーでダンジョン内を移動できます。確認用のプログラムなので小さな画面ですが、次章で制作するロールプレイングゲームのウィンドウはもっと大きく、見やすい画面にします。

図11-4-2
walk_in_dungeon.pyの実行結果

　23〜24行目で宣言したpl_x、pl_yという変数で主人公がダンジョンのどの位置にいるかを管理します。94〜104行目に記述したmove_player()関数で、方向キーの入力に応じて、pl_xとpl_yの値を変化させます。これはChapter 8で学んだ迷路内を移動する処理と一緒です。

78〜92行目のdraw_dungeon()関数で、ダンジョンの背景と主人公を描画します。この処理を抜き出して説明します。

```python
def draw_dungeon(bg): # ダンジョンを描画する
    bg.fill(BLACK)
    for y in range(-5, 6):
        for x in range(-5, 6):
            X = (x+5)*16
            Y = (y+5)*16
            dx = pl_x + x
            dy = pl_y + y
            if 0 <= dx and dx < DUNGEON_W and 0 <= dy and dy < DUNGEON_H:
                if dungeon[dy][dx] == 0:
                    bg.blit(imgFloor, [X, Y])
                if dungeon[dy][dx] == 9:
                    bg.blit(imgWall, [X, Y])
            if x == 0 and y == 0: # 主人公の表示
                bg.blit(imgPlayer, [X, Y-8])
```

二重ループで使う変数y、xとも-5から5の範囲で変化するようにしています。これは主人公の位置を中心に次の範囲を描画するためです。

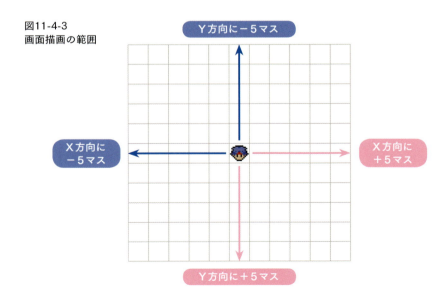

図11-4-3
画面描画の範囲

「dx = pl_x + x」と「dy = pl_y + y」がダンジョンのリストに入っている値を調べるのに用いる変数です。床や壁を描画する座標は「X = (x+5)*16」「Y = (y+5)*16」とし、ウィンドウ

左上の角から描いていきます。こうして主人公の位置を中心に、左上5マスから右下5マスの範囲のダンジョンの背景を描きます。pl_x、pl_yの値が変化すれば描かれる範囲が変わるので、画面がスクロールします。

　この関数は引数をbgとしている点もポイントです。121行目のdraw_dungeon(screen)で描画面のscreenを引数で渡しており、draw_dungeon()関数は引数bgに対して描画を行います。こうすることで、メインループの外側で定義した関数で画面を描くことができます。これを図示すると次のようになります。

図11-4-4　画面描画の処理

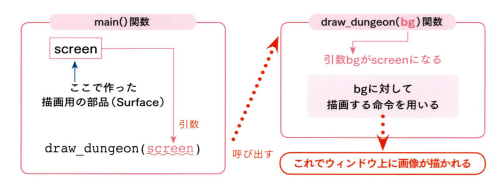

　ある程度規模の大きなソフトウェア開発でメインループ内に全ての処理を書くと、どこで何を行っているのか分かりにくくなります。**処理のまとまりを関数として定義し、その関数を呼び出して使うようにすれば、すっきりとしたプログラムを書くことができます。**

ダンジョンを自動生成し、その中を歩く処理ができました。Python
は他のプログラミング言語に比べ、短い行数でプログラムを作れま
す。それでも移動画面のプログラムで126行になりました。長いと
感じる方もいると思いますが、頑張って読み進めていきましょう。

Lesson 11-5　戦闘シーンを作る　その1

ここからはLesson 11-5から11-7まで3つに分けて、戦闘シーンの作り方を学んでいきます。

画像の読み込みについて

Chapter 9で制作した落ち物パズルゲームは、ゲームで使う全ての画像を読み込んでいます。画像の枚数が少なければそのようなプログラムで問題ないですが、多数の画像を扱うソフトウェアで一度に全ての画像を読み込もうとすると、使えるメモリの容量を超えてしまい、ソフトウェアが動かなくなるなどの不具合が生じることがあります。

ロールプレイングゲームは、一般的に多数の画像を用いて作られます。例えば市販のゲームでは、キャラクターだけで200～300種類、あるいはそれ以上の数が登場します。そのようなゲームソフトは、それぞれのハードで許容されているメモリをオーバーしないように、全ての画像を一度には読み込まず、シーンごとに必要な画像を読み込むように作られています。例えば戦闘画面の背景と敵キャラクターの画像は、戦闘が始まる直前に読み込まれます。

本書で制作するロールプレイングゲームも、複数の敵キャラクター画像を用いるので、敵の画像ファイルは戦闘に入る時に読み込むようにします。Pythonではそれをどのようにプログラミングするかを見ていきましょう。

背景と敵キャラクターの表示

戦闘に入る時に敵キャラクターの画像を読み込むプログラムを確認します。次の画像を用いるので、書籍サポートページからダウンロードし、プログラムと同じフォルダに入れてください。

図11-5-1　背景の画像ファイル

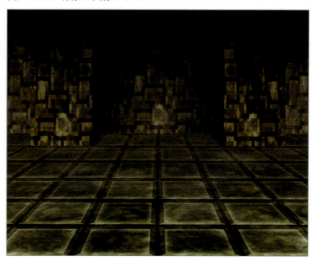

btlbg.png

図11-5-2　敵の画像ファイル

学習用のプログラムなので敵は4種類にしますが、次章で完成させるプログラムでは10種類の敵の画像を用います。戦闘の背景画像は1種類なので、これから確認するプログラム、次章のプログラムともに、背景画像は最初に読み込むようにしています。

次のプログラムを入力し、ファイル名を付けて保存し、実行しましょう。

リスト▶ battle_start.py

```python
import pygame                                   # pygameモジュールをインポート
import sys                                      # sysモジュールをインポート

WHITE = (255,255,255)                           # 色の定義　白

imgBtlBG = pygame.image.load("btlbg.png")       # 戦闘の背景画像を読み込む
imgEnemy = None                                 # 敵の画像を読み込むための変数を用意する

emy_num = 0                                     # 読み込む画像の番号を管理する変数
emy_x = 0                                       # 敵キャラクター表示位置のX座標
emy_y = 0                                       # 敵キャラクター表示位置のY座標

def init_battle():                              # 戦闘に入る準備をする関数
    global imgEnemy, emy_num, emy_x, emy_y      # これらをグローバル変数として扱うと宣言
    emy_num = emy_num + 1                       # 敵の画像を管理する番号を増やす
    if emy_num == 5:                            # 5になったら
        emy_num = 1                             #     1に戻す
    imgEnemy = pygame.image.load("enemy"+str(emy_num)+".png")  # 敵キャラクターの画像を読み込む
    emy_x = 440-imgEnemy.get_width()/2          # 表示位置を画像の幅から求める
    emy_y = 560-imgEnemy.get_height()           # 表示位置を画像の高さから求める

def draw_battle(bg, fnt):                       # 戦闘画面を描画する関数
    bg.blit(imgBtlBG, [0, 0])                   # 背景を描く
    bg.blit(imgEnemy, [emy_x, emy_y])           # 敵キャラを描く
```

```python
25     sur = fnt.render("enemy"+str(emy_
   num)+".png", True, WHITE)
26     bg.blit(sur, [360, 580])
27
28 def main():
29     pygame.init()
30     pygame.display.set_caption("戦闘開始の
   処理")
31     screen = pygame.display.set_mode
   ((880, 720))
32     clock = pygame.time.Clock()
33     font = pygame.font.Font(None, 40)
34
35     init_battle()
36
37     while True:
38         for event in pygame.event.get():
39             if event.type == pygame.QUIT:
40                 pygame.quit()
41                 sys.exit()
42             if event.type == pygame.
   KEYDOWN:
43                 if event.key == pygame.K_
   SPACE:
44                     init_battle()
45
46         draw_battle(screen, font)
47         pygame.display.update()
48         clock.tick(5)
49
50 if __name__ == '__main__':
51     main()
```

行	コメント
25	ファイル名を描画するSurface
26	文字列を描いたSurfaceを画面に転送
28	メイン処理を行う関数の定義
29	pygameモジュールの初期化
30	ウィンドウに表示されるタイトルを指定
31	描画面(スクリーン)を初期化する
32	clockオブジェクトを作成
33	フォントオブジェクトを作成
35	戦闘に入る準備をする関数を呼び出す
37	無限ループ
38	pygameのイベントを繰り返しで処理する
39	ウィンドウの×ボタンをクリックした時
40	pygameモジュールの初期化を解除
41	プログラムを終了する
42	キーを押すイベントが発生した時
43	スペースキーであれば
44	戦闘に入る準備をする関数を実行
46	戦闘画面を描画する
47	画面を更新する
48	フレームレートを指定
50	このプログラムが直接実行された時に
51	main()関数を呼び出す

　このプログラムを実行すると、戦闘画面が表示されます。スペースキーを押すごとに、新たなキャラクターの画像を読み込んで表示します。

図11-5-3　battle_start.pyの実行結果

　13～20行目に記述した、init_battle()関数で登場する敵の画像を読み込んでいます。その方法ですが、画像を読み込む変数を、7行目のように関数の外側で宣言します。宣言した時点では画像を読み込まないので、値をNoneとしています。init_battle()関数でその変数をglobal宣言し、18行目のようにファイル名を指定して画像を読み込みます。今回はinit_battle()関数を実行するたびに、emy_numという変数の値を「1→2→3→4→1→2……」と変化させ、この番号で指定したファイルを読み込みます。

　敵を画面に表示する際、キャラクターの足元の位置（座標）を揃えるための計算を19～20行目で行っています。

```
emy_x = 440-imgEnemy.get_width()/2
emy_y = 560-imgEnemy.get_height()
```

　画像を読み込んだ変数.get_width()で画像の幅を、get_height()で画像の高さを取得します。それぞれの数値は画像のドット数です。この計算式を図解すると、次ページ**図11-5-4**のようになります。

図11-5-4　足元の座標を揃える

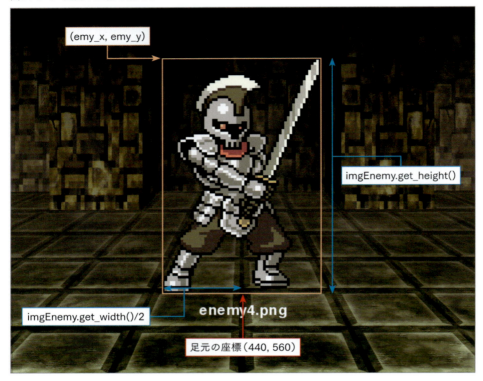

　このように画像の大きさからキャラクターの表示位置を計算すれば、後で色々な大きさの敵を追加しても、プログラムで表示位置を調整する手間を掛けなくて済みます。

消費メモリについて

　コンピュータ機器で使えるメモリの容量は、ハードごとに上限があります。大きいプログラムほど、使っている変数やリスト（配列）の数が多いほどメモリを消費しますが、今のパソコンはメモリ容量が大きいので、プログラムの大きさや変数の数は、さほど問題になりません。それよりずっと大きなメモリを消費するのが画像です。

　画像ファイルを読み込むと、コンピュータはそれを表示する準備としてメモリ上にデータを展開（配置）します。つまり画像を表示しなくても、読み込んだ時点でメモリを消費するのです。そのため画像を大量に読み込むと、メモリを使い切ってプログラムが動かなくなることがあります。

　ソフトウェア開発ではメモリを無駄に消費しないという鉄則があります。メモリ容量が大きなコンピュータ機器のソフトウェア開発では、一昔前ほど消費メモリをシビアに考えなくてもよくなりましたが、それでも無制限に使えるわけではありません。特に本職としてプログラマーを目指す方は、「ハードごとにメモリの容量が違う」ということを知っておく必要が

あります。

　メモリについて知るために、本書のロールプレイングゲームのプログラムは、敵の画像を使う時にだけ読み込む作りにしました。実はPythonとPygameを使って趣味のゲーム開発を行うのであれば、画像を読み込んだ時に消費するメモリをあまり気にする必要はありません。

　筆者の調べた限り、よほど大量の画像を一度に扱わなければ問題は生じないことが分かりました。具体的には、Windowsパソコンで大きなサイズのフルカラー画像100枚を読み込み、テストしました。結果は画像の読み込み時間は少し掛かりますが、全ての画像を問題なく表示でき、趣味のプログラミングであれば十分な量の画像を扱うことができたのです。

　ただこれはパソコンでの話であり、筆者はスマホアプリも開発していますが、スマートフォンのプログラムで大量の画像を一度に扱おうとすると、アプリが動かなくなるなどの不具合が生じます。ソフトウェア開発では必要なリソースを必要な時に読み込む作りにしておくことが大切です。

Pythonで複数の画像を扱うにはリストで定義すると便利ですが、使う画像だけを読み込むという方法もあったのですね。私も勉強になりました！

Lesson 11-6　戦闘シーンを作る　その2

戦闘中は戦いの状況をメッセージでプレイヤーに知らせます。ここでは戦闘画面に効率よくメッセージを表示する処理の作り方を説明します。

メッセージの表示

本書で制作するロールプレイングゲームは、プレイヤーと敵が交互に行動するターン制と呼ばれるルールにします。戦闘中は誰が攻撃したか、どれくらいのダメージを受けたかなどのメッセージを表示します。

メッセージを繰り返し表示するゲームでは、==文字列をセットすればそれを自動的に表示してくれるプログラム==を作っておくと便利です。そのプログラムを説明します。画像は前のプログラムと同じものを用います。Lesson 11-5で作った戦闘に入る準備をする関数は、ここでは不用なので入れていません。

次のプログラムを入力し、ファイル名を付けて保存し、実行しましょう。

リスト ▶ battle_message.py

```python
import pygame
import sys

WHITE = (255,255,255)
BLACK = (  0,  0,  0)

imgBtlBG = pygame.image.load("btlbg.png")
imgEnemy = pygame.image.load("enemy1.png")
emy_x = 440-imgEnemy.get_width()/2
emy_y = 560-imgEnemy.get_height()

message = [""]*10
def init_message():
    for i in range(10):
        message[i] = ""

def set_message(msg):
    for i in range(10):
        if message[i] == "":
            message[i] = msg
            return
    for i in range(9):
        message[i] = message[i+1]
```

1	pygameモジュールをインポート
2	sysモジュールをインポート
4	色の定義　白
5	色の定義　黒
7	戦闘の背景画像を読み込む
8	敵の画像を読み込む
9	敵キャラクター表示位置のX座標
10	敵キャラクター表示位置のY座標
12	戦闘メッセージを入れるリスト
13	メッセージを空にする関数
14	繰り返しで
15	リストに空の文字列を代入
17	メッセージをセットする関数
18	繰り返しで
19	文字列がセットされていないリストがあれば
20	新たな文字列を代入し
21	関数の処理から戻る
22	繰り返しで
23	メッセージを1つずつずらす

278

```
24      message[9] = msg                               最後の行に新たな文字列を代入
25
26  def draw_text(bg, txt, x, y, fnt, col):            影付きの文字列を描く関数
27      sur = fnt.render(txt, True, BLACK)                 黒い色で文字列を描いたSurface
28      bg.blit(sur, [x+1, y+2])                           指定された座標より少し右下にそれを転送
29      sur = fnt.render(txt, True, col)                   指定した色で文字列を描いたSurface
30      bg.blit(sur, [x, y])                               指定された座標にそれを転送
31
32  def draw_battle(bg, fnt):                          戦闘画面を描画する関数
33      bg.blit(imgBtlBG, [0, 0])                          背景を描く
34      bg.blit(imgEnemy, [emy_x, emy_y])                  敵キャラを描く
35      for i in range(10):                                繰り返しで
36          draw_text(bg, message[i], 600,                     戦闘メッセージを表示する
100+i*50, fnt, WHITE)
37
38  def main():                                        メイン処理を行う関数の定義
39      pygame.init()                                      pygameモジュールの初期化
40      pygame.display.set_caption("戦闘中の                ウィンドウに表示されるタイトルを指定
メッセージ")
41      screen = pygame.display.set_                       描画面(スクリーン)を初期化する
mode((880, 720))
42      clock = pygame.time.Clock()                        clockオブジェクトを作成
43      font = pygame.font.Font(None, 40)                  フォントオブジェクトを作成
44
45      init_message()                                     メッセージを空にする
46
47      while True:                                        無限ループ
48          for event in pygame.event.get():                   pygameのイベントを繰り返しで処理する
49              if event.type == pygame.QUIT:                      ウィンドウの×ボタンをクリックした時
50                  pygame.quit()                                      pygameモジュールの初期化を解除
51                  sys.exit()                                         プログラムを終了する
52              if event.type == pygame.                           キーを押すイベントが発生した時
KEYDOWN:
53                  set_message("KEYDOWN                                キーの値をメッセージに追加する
"+str(event.key))
54
55          draw_battle(screen, font)                          戦闘画面を描画する
56          pygame.display.update()                            画面を更新する
57          clock.tick(5)                                      フレームレートを指定
58
59  if __name__ == '__main__':                         このプログラムが直接実行された時に
60      main()                                             main()関数を呼び出す
```

　このプログラムを実行すると戦闘画面が表示され、キーを押すごとにそのキーの値がメッセージとして追加されます。

図11-6-1　battle_message.pyの実行結果

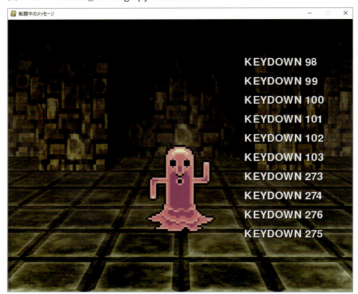

　12行目でメッセージを入れるリストを用意しています。13～15行目のinit_message()はそのリストの中身を空にする関数です。
　17～24行目に記述したset_message()関数でメッセージを追加します。この関数はリストの空いている要素に文字列をセットし、空いているところがなければmessage[1]の値をmessage[0]に入れ、message[2]の値をmessage[1]に入れるというように、1つ前の要素に文字列を移し、message[9]に新たな文字列を追加します。これを図解すると次のようになります。

図11-6-2　set_message()関数の働き

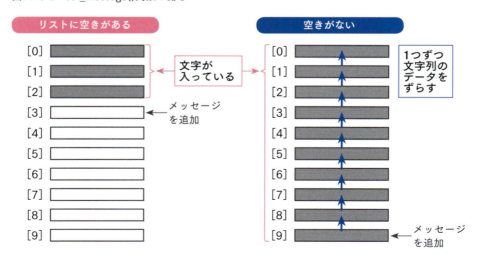

メッセージの表示は、draw_battle()関数の35～36行目で行っています。

- set_message()関数でメッセージを追加する際、リストに空きがある間は、戦闘画面では上から順に文字列が表示されていきます。
- リストが全て埋まっていると、set_message()関数は文字列のデータを1つずつずらし、message[9]に新たな文字列を入れます。戦闘画面では文字列が上にスクロールします。

表示したいメッセージを引数で与え、set_message()関数を呼び出せば、自動的に画面にメッセージが表示されるので、色々なメッセージを出すゲームでは、このような処理を作っておくと便利に使えます。

Lesson 11-7 戦闘シーンを作る　その3

プレイヤーと敵が交互に行動するターン制と呼ばれる処理の作り方を説明します。

交互に行動するには

　プレイヤーと敵が交互に行動する処理を作ることは、一見難しそうかもしれませんが、実は皆さんは既にその作り方の基本を学んでいます。Chapter 9の落ち物パズルでindexという変数を用意し、タイトル画面やゲーム中の処理を分けたことを思い出してください。プレイヤーと敵が交互に行動する処理も、それと同じ方法で作ることができます。

　具体的にはインデックスの値を次のように定め、プレイヤーと敵の行動を組み込みます。今回のプログラムではindexを略してidxという変数名にしています。

表11-7-1　インデックスの値と処理

idxの値	処理の内容
10	戦闘に入る準備を行う。 idxの値を11にし、プレイヤーの入力待ちに移る。
11	プレイヤーの入力を待つ。「戦う」「逃げる」などのコマンドを選ぶ。 「戦う」を選ぶとidx12に、「逃げる」を選ぶとidx14に移る。
12	主人公（プレイヤー）が敵を攻撃する処理。 敵のライフを減らし、0以下になったらidx16の戦闘勝利へ移る。 そうでなければidx13の敵のターンに移る。
13	敵が主人公を攻撃する処理。 主人公のライフを減らし、0以下になったらidx15の戦闘敗北へ移る。 そうでなければidx11のプレイヤーの入力待ちに移る。
14	敵から逃げられるかを乱数などで決める。 逃げられるなら移動画面に戻る。 逃げられないならidx13の敵の攻撃に移る。
15	戦闘敗北の処理。
16	戦闘勝利の処理。

※戦闘を続けている間はidx11から13の処理が繰り返されます。

ターン制のプログラミングは、シミュレーションゲームやテーブルゲームを作る時にも必要です。ここでしっかり学んでおきましょう。

ターン制をプログラミングする

ターン制の処理を行うプログラムを確認します。このプログラムは、学習用に idx10〜13 だけを組み込んでいます。

今回のプログラムには4行目に次のような記述があります。

```
from pygame.locals import *
```

これを記述しておくと、pygame.QUIT や pygame.KEYDOWN と記述していたイベントの種類や pygame.K_SPACE や pygame.K_UP と記述していたキーボード定数などを、pygame. を省略して記述できます。

それから今回のプログラムでは idx の他に tmr という変数を用意し、メッセージを表示したり次の処理へ移るタイミングを tmr の値で管理します。ゲーム進行を管理するこの方法を動作確認後に改めて説明します。

では次のプログラムを入力し、ファイル名を付けて保存し、実行しましょう。

リスト ▶ battle_turn.py

	コード	説明
1	`import pygame`	pygameモジュールをインポート
2	`import sys`	sysモジュールをインポート
3	`import random`	randomモジュールをインポート
4	`from pygame.locals import *`	上記の説明を参照
5		
6	`WHITE = (255,255,255)`	色の定義　白
7	`BLACK = (  0,  0,  0)`	色の定義　黒
8		
9	`imgBtlBG = pygame.image.load("btlbg.png")`	戦闘の背景画像を読み込む
10	`imgEffect = pygame.image.load("effect_a.png")`	攻撃エフェクトの画像を読み込む
11	`imgEnemy = pygame.image.load("enemy4.png")`	敵の画像を読み込む
12	`emy_x = 440-imgEnemy.get_width()/2`	敵キャラ表示位置のX座標
13	`emy_y = 560-imgEnemy.get_height()`	敵キャラ表示位置のY座標
14	`emy_step = 0`	敵キャラを手前に移動するための変数
15	`emy_blink = 0`	敵キャラを点滅させるための変数
16	`dmg_eff = 0`	画面を揺らすための変数
17	`COMMAND = ["[A]ttack", "[P]otion", "[B]laze gem", "[R]un"]`	戦闘コマンドをリストで定義
18		
19	`message = [""]*10`	戦闘メッセージを入れるリスト
20	`def init_message():`	メッセージを空にする関数
21	`    for i in range(10):`	繰り返しで
22	`        message[i] = ""`	リストに空の文字列を代入
23		
24	`def set_message(msg):`	メッセージをセットする関数
25	`    for i in range(10):`	繰り返しで

283

```python
26          if message[i] == "":          文字列がセットされていないリストがあれば
27              message[i] = msg            新たな文字列を代入し
28              return                      関数の処理から戻る
29      for i in range(9):                繰り返しで
30          message[i] = message[i+1]       メッセージを1つずつずらす
31      message[9] = msg                最後の行に新たな文字列を代入
32
33  def draw_text(bg, txt, x, y, fnt, col):   影付きの文字列を描く関数
34      sur = fnt.render(txt, True, BLACK)      黒い色で文字列を描いたSurface
35      bg.blit(sur, [x+1, y+2])              指定された座標より少し右下にそれを転送
36      sur = fnt.render(txt, True, col)       指定した色で文字列を描いたSurface
37      bg.blit(sur, [x, y])                  指定された座標にそれを転送
38
39  def draw_battle(bg, fnt):               戦闘画面を描画する関数
40      global emy_blink, dmg_eff             これらをグローバル変数として扱うと宣言
41      bx = 0                              背景を表示するX座標
42      by = 0                              背景を表示するY座標
43      if dmg_eff > 0:                     画面を揺らす変数がセットされていれば
44          dmg_eff = dmg_eff - 1             その変数の値を1減らし
45          bx = random.randint(-20, 20)       X座標を乱数で決める
46          by = random.randint(-10, 10)       Y座標を乱数で決める
47      bg.blit(imgBtlBG, [bx, by])         (bx,by)の位置に背景を描く
48      if emy_blink%2 == 0:                敵を点滅させるためのif文
49          bg.blit(imgEnemy, [emy_x, emy_      敵キャラを描く
y+emy_step])
50      if emy_blink > 0:                   敵を点滅させる変数がセットされていれば
51          emy_blink = emy_blink - 1         その変数の値を1減らす
52      for i in range(10):                 繰り返しで
53          draw_text(bg, message[i], 600,      戦闘メッセージを表示する
100+i*50, fnt, WHITE)
54
55  def battle_command(bg, fnt):            戦闘コマンドを表示する関数
56      for i in range(4):                  繰り返しで
57          draw_text(bg, COMMAND[i], 20,       戦闘コマンドを表示
360+60*i, fnt, WHITE)
58
59  def main():                             メイン処理を行う関数の定義
60      global emy_step, emy_blink, dmg_eff   これらをグローバル変数として扱うと宣言
61      idx = 10                            ゲーム進行を管理するインデックス
62      tmr = 0                             ゲーム進行を管理するタイマー
63
64      pygame.init()                       pygameモジュールの初期化
65      pygame.display.set_caption("ターン制の   ウィンドウに表示されるタイトルを指定
処理")
66      screen = pygame.display.set_mode       描画面(スクリーン)を初期化する
((880, 720))
67      clock = pygame.time.Clock()         clockオブジェクトを作成
68      font = pygame.font.Font(None, 30)   フォントオブジェクトを作成
69
```

284

```
70        init_message()                              メッセージを空にする
71
72        while True:                                 無限ループ
73            for event in pygame.event.get():        pygameのイベントを繰り返しで処理する
74                if event.type == QUIT:              ウィンドウの×ボタンをクリックした時
75                    pygame.quit()                   pygameモジュールの初期化を解除
76                    sys.exit()                      プログラムを終了する
77
78            draw_battle(screen, font)               戦闘画面を描画
79            tmr = tmr + 1                           tmrを1増やす
80            key = pygame.key.get_pressed()          リストkeyに全てのキーの状態を代入
81
82            if idx == 10: # 戦闘開始                  idx 10 の処理
83                if tmr == 1: set_message             tmrが1ならメッセージをセットする
("Encounter!")
84                if tmr == 6:                        tmrが6になったら
85                    idx = 11                        プレイヤー入力待ちへ
86                    tmr = 0
87
88            elif idx == 11: # プレイヤー入力待ち        idx 11 の処理
89                if tmr == 1: set_message("Your       tmrが1ならメッセージをセットする
turn.")
90                battle_command(screen, font)        戦闘コマンドの表示
91                if key[K_a] == 1 or key[K_          Aキーかスペースキーが押されたら
SPACE] == 1:
92                    idx = 12                        プレイヤーの攻撃処理へ
93                    tmr = 0
94
95            elif idx == 12: # プレイヤーの攻撃          idx 12 の処理
96                if tmr == 1: set_message("You        tmrが1ならメッセージをセットする
attack!")
97                if 2 <= tmr and tmr <= 4:           tmrが2から4なら
98                    screen.blit(imgEffect,          攻撃するエフェクトを描画
[700-tmr*120, -100+tmr*120])
99                if tmr == 5:                        tmrが5なら
100                   emy_blink = 5                   敵を点滅させる変数に値をセット
101                   set_message("***pts of          メッセージをセットする
damage!")
102               if tmr == 16:                       tmrが16なら
103                   idx = 13                        敵のターンへ移る
104                   tmr = 0
105
106           elif idx == 13: # 敵のターン、敵の攻       idx 13 の処理
撃
107               if tmr == 1: set_message            tmrが1ならメッセージをセットする
("Enemy turn.")
108               if tmr == 5:                        tmrが5なら
109                   set_message("Enemy              メッセージをセットする
attack!")
```

```
110                emy_step = 30
111            if tmr == 9:
112                set_message("***pts of damage!")
113                dmg_eff = 5
114                emy_step = 0
115            if tmr == 20:
116                idx = 11
117                tmr = 0
118
119        pygame.display.update()
120        clock.tick(5)
121
122 if __name__ == '__main__':
123     main()
```

敵を前後に移動する変数に値をセット
tmrが9なら
　メッセージをセットする

画面を揺らす変数に値をセット
敵を元の位置に戻す
tmrが20なら
　プレイヤー入力待ちへ

画面を更新する
フレームレートを指定

このプログラムが直接実行された時に
　main()関数を呼び出す

　このプログラムを実行すると、「Your turn.」というメッセージと「[A]ttack」などのコマンドが表示されます。Aキーかスペースキーを押すと、主人公が敵を攻撃する演出と「***pts of damage!」というメッセージが表示されます。

　次いで敵のターンとなり、「Enemy turn. Enemy attack!」というメッセージが表示され、主人公がダメージを受ける演出（背景が揺れる）があり、「***pts of damage!」というメッセージが表示されます。そして再びプレイヤーのターンになります。

図11-7-1　battle_turn.pyの実行結果

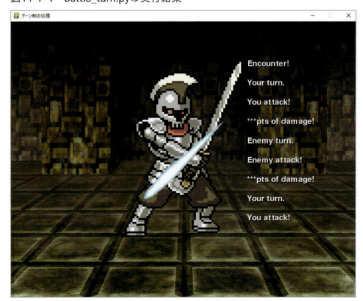

　初めに説明したようにidxという変数を用いて、プレイヤーのターン、敵のターンなどの

処理を分けて記述していることを確認しましょう。そしてtmrという変数を79行目のようにカウントし続け、各処理の中でtmrの値をif文で調べてメッセージを表示したり、次の処理へ移っていることも確認してください。==インデックスとタイマーでゲーム進行を管理する方法はゲーム開発の基本かつ重要テクニック==ですので、この方法を理解できるようにしましょう。

次の変数を演出用として使っています。

表11-7-2 演出用の変数の役割

変数名	用途
emy_step	敵の表示位置のy座標に加算することで、敵を前後に動かす
emy_blink	敵を点滅させるのに用いる
dmg_eff	戦闘背景を揺らすのに用いる

確認用のプログラムなのでプレイヤーのターンと敵のターンが延々と繰り返されます。ゲームとして完成させるには、コマンド [P]otion、[B]laze gem、[R]un の各処理、体力計算と相手を倒したかの判定などを加えていきます。それらの追加は次章で行います。

encounterは敵との遭遇戦という意味です。ターン制のプログラムで、ぐっとゲームらしくなりました。難しい内容もあると思いますが、次章でRPGがプレイできるようになるので頑張って行きましょう！

COLUMN

ゲームの画面演出

ゲームソフトでは色々な画面演出が行われます。例えば体力が回復する時にキャラクターが青白く光ったり、ダメージを受けると画面が赤く明滅するなどです。また、魔法やスキルを使うと派手なエフェクトが表示されます。画面演出の参考に、Pygameに備わっている半透明の描画を行う命令と、画面をスクロールさせる命令を使った演出例を紹介します。

ゲーム作りの基本ができるようになると、次は画面演出に凝りたくなるものです。将来、皆さんがゲームを開発する時に、参考にしていただければと思います。

リスト▶ column11.py

```
1  import pygame                      pygameモジュールをインポート
2  import sys                         sysモジュールをインポート
3  import random                      randomモジュールをインポート
4
5  WHITE = (255,255,255)              色の定義　白
6  BLACK = (  0,  0,  0)              色の定義　黒
```

```python
7
8   def main():
9       pygame.init()
10      pygame.display.set_caption("半
    透明とスクロール")
11      screen = pygame.display.set_
    mode((800, 600))
12      clock = pygame.time.Clock()
13
14      surface_a = pygame.Surface
    ((800, 600))
15      surface_a.fill(BLACK)
16      surface_a.set_alpha(32)
17
18      CHIP_MAX = 50
19      cx = [0]*CHIP_MAX
20      cy = [0]*CHIP_MAX
21      xp = [0]*CHIP_MAX
22      yp = [0]*CHIP_MAX
23      for i in range(CHIP_MAX):
24          cx[i] = random.randint(0,
25      800)
            cy[i] = random.randint(0,
26      600)
27      while True:
28          for event in pygame.event.
29      get():
                if event.type ==
30      pygame.QUIT:
                    pygame.quit()
31                  sys.exit()
32
33          screen.scroll(1, 4)
34          screen.blit(surface_a, [0,
35      0])
36          mx, my = pygame.mouse.get_
37      pos()
            pygame.draw.rect(screen,
38      WHITE, [mx-4, my-4, 8, 8])
39          for i in range(CHIP_MAX):
40              if mx < cx[i] and
    xp[i] > -20: xp[i] = xp[i] - 1
41              if mx > cx[i] and
    xp[i] <  20: xp[i] = xp[i] + 1
```

メイン処理を行う関数
pygameモジュールの初期化
ウィンドウに表示されるタイトルを指定

描画面(スクリーン)を初期化する

clockオブジェクトを作成

幅800×高さ600ドットのSurfaceを用意する

そのSurfaceを黒で塗り潰し
透明度を設定

光弾の数
光弾のX座標
光弾のY座標
光弾のX方向の移動量
光弾のY方向の移動量
繰り返しで
　光弾のX座標を乱数で決める

　光弾のY座標を乱数で決める

無限ループ
pygameのイベントを繰り返しで処理する
　ウィンドウの×ボタンをクリックした時

　pygameモジュールの初期化を解除
　プログラムを終了する

画面に描画された画像を移動(スクロール)
画面に黒の半透明のSurfaceを重ねる

変数にマウスポインタの座標を代入

マウスポインタの座標に四角を描画

繰り返しで光弾を動かす
┬─マウスポインタの座標と
│
│　光弾の座標を比べ
│

288

42	`            if my < cy[i] and yp[i] > -16: yp[i] = yp[i] - 1`	┐ X方向とY方向の移動量を
43	`            if my > cy[i] and yp[i] <  16: yp[i] = yp[i] + 1`	┘ 変化させる
44	`            cx[i] = cx[i] + xp[i]`	X座標を変化させる
45	`            cy[i] = cy[i] + yp[i]`	Y座標を変化させる
46	`            pygame.draw.circle(screen, (  0, 64,192), [cx[i],cy[i]], 12)`	光弾を描く
47	`            pygame.draw.circle(screen, (  0,128,224), [cx[i],cy[i]],  9)`	〃
48	`            pygame.draw.circle(screen, (192,224,255), [cx[i],cy[i]],  6)`	〃
49		
50	`        pygame.display.update()`	画面を更新する
51	`        clock.tick(30)`	フレームレートを指定
52		
53	`if __name__ == '__main__':`	このプログラムが直接実行された時に
54	`    main()`	main()関数を呼び出す

　このプログラムを実行すると、光弾がマウスポインタを追い掛けてウィンドウ内を飛び回ります。

図11-A　column11.pyの実行結果

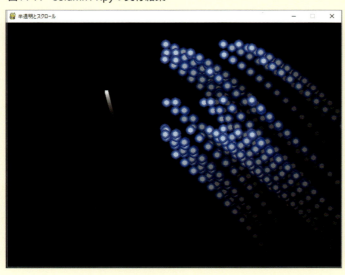

光弾は座標を管理するcx、cyと、移動量を管理するxp、ypというリストを用いて、慣性のある動きを表現しています。40～45行目が光弾の移動量と座標の計算です。座標に移動量を加えているところがポイントです。

　14～16行目で半透明のSurfaceを作っています。set_alpha()命令は引数でSurface全体の透明度（アルファ値）を指定します。引数の値0が完全な透明、255が完全な不透明です。例えば128であれば半分透明になります。

　33行目のscroll()命令でウィンドウ内に描画された画像をスクロールしています。scroll()の引数は画像を移動するX方向ドット数、Y方向ドット数です。

　34行目のblit()命令で黒の半透明Surfaceをウィンドウ全体に重ねています。これは例えるなら、毎フレーム、画面全体に薄墨を塗っていくような処理になり、以前描いたものが薄い黒で塗られ、やがて完全に黒くなって消えます。これで光弾とマウスポインタを示す四角が滲むように消えていく仕組みになっています。

前編で用意したロールプレイングゲームの骨組みとなる処理をまとめ、新たな処理を追加し、ゲームを完成させます。完成版をプレイした後、プログラムの細部を確認し、ロールプレイングゲームのプログラムを読み解いていきましょう。

本格RPGを作ろう！後編

Chapter 12

Lesson 12-1 ロールプレイングゲームの全体像

　ゲームのタイトルは、1時間程度のプレイ時間で気軽に遊べる内容ということで「One hour Dungeon」としました。これ以後は本ゲームを One hour Dungeon と呼びます。最初に One hour Dungeon の全体像を説明します。

▶▶▶ One hour Dungeon の世界

One hour Dungeon は次のような冒険物語です。

> **Story**
> 　ここは剣と魔法が支配するファンタジー世界。レイクロームという王国の辺境に、その地下迷宮は存在しました。王国が所有する古い石碑には、勇者がそこに魔王を封じ込めたという話が古代の文字で刻まれています。長い年月が経て魔王は力を失い消滅しましたが、切れ切れになったその魂は数多の魔物に変化し、迷宮内を跋扈しています。
> 　いつの頃からか己の力を試したい者達が、死と隣り合わせのその場所に降りていくようになりました。駆け出しの戦士であるあなたも、そういった冒険者達の一人です。一本の剣を携えて、恐ろしい魔物どもが潜む危険な迷宮の探索に挑むのでした……

完成させるために必要な処理

One hour Dungeon を完成させるには、前編で用意した「ダンジョンの自動生成」と「ダンジョン内の移動」、「戦闘のターン制」の処理を1つのプログラムにまとめます。そして次のような処理を組み込みます。

1. 移動シーン

❶ ダンジョンを自動生成する際に、床に宝箱、繭、階段を配置する。

❷ 宝箱に載ると回復薬（Potion）か火炎石（Blaze gem）が手に入るようにする。一部の宝箱には食料（FOOD）を腐らせるトラップが仕掛けられているという設定で、トラップに当たるとFOODの値が半減する。

❸ 繭に載ると戦闘に突入するか、食料を入手できるようにする。

❹ 階段に載ると次の階層へ移動する。到達できた最大階層数を保持する。

❺ 歩くごとに食料とライフの計算を行い、ライフが0になるとゲームオーバーにする。

❻ 主人公のキャラクターは上下左右の向きの画像を用意し、方向キーの入力に合わせて向きを変える。また歩くアニメーションをするようにする。

2. 戦闘シーン

❶ 戦闘に入る時に、出現する敵の種類と強さを決める。

❷ 戦うためのコマンドの入力を受け付ける。

- コマンドはAttack（攻撃）、Potion（回復薬）、Blaze gem（火炎石）、Run（逃げる）の4つとする。
- Potionを使うとライフが回復する。
- Blaze gemを使うと炎の魔法で敵に大ダメージを与えられる。
- Runを選ぶと逃げられるかどうかをランダムに決め、逃げられるなら移動画面に戻り、逃げられないなら敵のターンとする。

❸ 敵を倒すと、一定確率でライフの最大値と攻撃力が増えるようにする。

❹ 敵に攻撃され、ライフが0になるとゲームオーバーにする。

3. その他

❶ 移動中、戦闘中とも、Ｓキーでゲームの速さを3段階に調整できるようにする。

❷ サウンドを組み込む。

ロールプレイングゲームのキャラクターの能力値はデータとして定義する方法もありますが、One hour Dungeonでは計算式で敵の能力値を決めるようにします。それからローグライクゲームはゲーム速度を調整できると快適にプレイできるので、その機能を入れます。
　以上の処理のプログラミングは、前章で学んだダンジョンの自動生成や、戦闘のターン制の処理に比べれば、それほど複雑ではありません。これらの処理をどのようなプログラムで行うかは、読者のみなさんにゲームをプレイしていただいた後、Lesson 12-3のプログラムリストと、Lesson 12-4のプログラムの詳細で確認します。説明が必要な処理がいくつかあるので、それらについてもLesson 12-4で解説します。

》》》 必要な処理を１つずつ組み込む

　「自分で作るとしたら、こんなにたくさんの処理を組み込めるかなぁ」と不安になる方がいるかもしれませんが、心配は無用です。ゲームを作る時には骨組みとなるシステムを最初にプログラミングします。ロールプレイングゲームの骨組みは移動画面、次いで戦闘画面の処理です。そのため、それらの基本的な作り方を前章で学んだのです。
　骨組みができたら、欲しい処理を１つずつ追加していきます。ゲームメーカーに勤めるプロのゲームプログラマーでも、全ての処理を一気に組み込むことは困難です。プランナーなどが作ったゲームの仕様書を確認し、様々な処理をどの順に入れていけばよいか考え、作業内容に優先順位をつけて組み込んでいきます。One hour Dungeonのプログラムを開発した筆者も、処理を１つ組み込んだら動作を確認するということを繰り返し、プログラムを完成させました。
　なお紙面上で１つずつ処理を組み込みながら解説すると、ページ数が膨大になってしまうため、Lesson 12-3に全ての処理を組み込んだプログラムを掲載し、Lesson 12-4で細かな説明を行っています。

必要な処理を追加していき、ゲーム内容を濃くしていくわけですね。

Lesson 12-2 ファイルのダウンロードとプログラムの実行

　書籍サポートページからダウンロードしたファイルを確認しましょう。グラフィックデータやサウンドデータをリソースファイルといいます。One hour Dungeonではどのようなリソースファイルを使っているか説明します。そしてOne hour Dungeonのプログラムを実行し、動作を確認します。

ファイル一式を確認する

　書籍サポートページからダウンロードしたZIPファイルを解凍すると、プログラムとリソースファイルが入ったフォルダが作られます。画像は「image」フォルダに、サウンドは「sound」フォルダにまとめて入っています。
　リソースファイルを配置する階層（フォルダ）はゲームを開発する環境や開発言語によって違いがありますが、複数の画像やサウンドデータを使用するのであれば、

- グラフィックデータを1つのフォルダにまとめる
- サウンドデータを1つのフォルダまとめる
- テキストデータやマップデータがあれば、それらもフォルダにまとめて管理する
- それぞれのフォルダ名は何が入っているか分かりやすいものとする

とすることが一般的です。
　One hour Dungeonは次の画像ファイルとサウンドファイルを使用します。

図12-2-1　One hour Dungeonで使用する画像ファイル

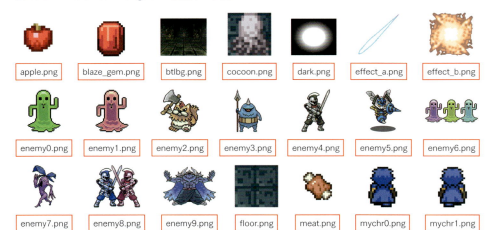

表12-2-1　One hour Dungeonで使用するサウンドファイル

ファイル名	使用シーン
ohd_bgm_battle.ogg	戦闘画面のBGM
ohd_bgm_field.ogg	移動画面のBGM
ohd_bgm_title.ogg	タイトル画面のBGM
ohd_jin_gameover.ogg	ゲームオーバー時のジングル
ohd_jin_levup.ogg	レベルアップ時のジングル
ohd_jin_win.ogg	戦闘に勝った時のジングル
ohd_se_attack.ogg	相手を攻撃する時の効果音
ohd_se_blaze.ogg	火炎石を使う時の効果音
ohd_se_potion.ogg	回復薬を使う時の効果音

※演出用の数秒程度のサウンドをジングルといいます。

操作方法とゲームルール

　one_hour_dungeon.pyを実行して動作を確認しましょう。操作方法とゲームルールは次のようになります。Lesson 12-3にプログラムを掲載しているので、長い行数ですが入力に挑戦しようという方はぜひ頑張ってください。

操作方法

- タイトル画面でスペースキーを押すとゲームスタート。
- 移動画面では方向キーで移動する。
- 戦闘画面では ↑ ↓ キーでコマンドを選び、スペースキーか Enter キーで決定する。
- A P B R キーで直接コマンドを選べる。

ゲームルール

❶移動画面
- 移動すると食料が減り、食料がある間は歩くごとにライフが回復する。

- 食料が0になると歩くごとにライフが減り、ライフが0になるとゲームオーバー。
- ダンジョンにある宝箱には戦闘中に使えるアイテムが入っている。
- 宝箱には食料を腐らせるトラップが仕掛けられていることがある。
- 繭にはモンスターか食料が入っている。モンスターに当たると戦闘になる。
- 下り階段から次の階層に移動する。
- 何階層まで到達できたかを競う。到達できた階層数がタイトル画面に表示される。

❷戦闘画面
- プレイヤーの行動と敵の行動が交互に行われるターン制で、コマンドを選んで戦闘を行う。
- 敵を倒すと主人公の能力値が増えることがある。
- 敵の攻撃を受け、ライフが0になるとゲームオーバー。

※日本語を表示するための設定をしなくてよいように、ゲーム中に表示されるメッセージは簡単な英単語としています。

ローグライクゲームを初めてプレイする方は食料の値に注意しましょう。ローグライクゲームでは食料がなくなると命取りになります。

》》》 実行時の注意点

　スピーカーやイヤフォンをつないでいないパソコンではエラーが発生し、黒い画面のまま動かないので、オーディオ機器をつないで実行しましょう。

図12-2-2　音声出力機器がないとエラーになる

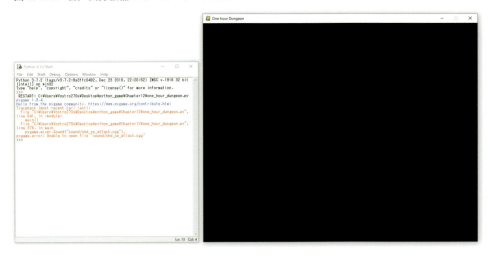

Lesson 12-3 プログラムリスト

　はじめに、One hour Dungeonのプログラム全体を確認します。次のLesson 12-4で変数名とその用途、インデックスの値と処理内容、定義した関数を説明します。そちらの解説と合わせながら内容を理解していきましょう。

リスト▶One hour Dungeonのプログラム（one_hour_dungeon.py）

```python
import pygame
import sys
import random
from pygame.locals import *

# 色の定義
WHITE = (255, 255, 255)
BLACK = (  0,   0,   0)
RED   = (255,   0,   0)
CYAN  = (  0, 255, 255)
BLINK = [(224,255,255), (192,240,255), (128,224,255), (64,192,255), (128,224,255), (192,240,255)]

# 画像の読み込み
imgTitle = pygame.image.load("image/title.png")
imgWall = pygame.image.load("image/wall.png")
imgWall2 = pygame.image.load("image/wall2.png")
imgDark = pygame.image.load("image/dark.png")
imgPara = pygame.image.load("image/parameter.png")
imgBtlBG = pygame.image.load("image/btlbg.png")
imgEnemy = pygame.image.load("image/enemy0.png")
imgItem = [
    pygame.image.load("image/potion.png"),
    pygame.image.load("image/blaze_gem.png"),
    pygame.image.load("image/spoiled.png"),
    pygame.image.load("image/apple.png"),
    pygame.image.load("image/meat.png")
]
imgFloor = [
    pygame.image.load("image/floor.png"),
    pygame.image.load("image/tbox.png"),
    pygame.image.load("image/cocoon.png"),
    pygame.image.load("image/stairs.png")
]
imgPlayer = [
    pygame.image.load("image/mychr0.png"),
    pygame.image.load("image/mychr1.png"),
```

```python
37        pygame.image.load("image/mychr2.png"),
38        pygame.image.load("image/mychr3.png"),
39        pygame.image.load("image/mychr4.png"),
40        pygame.image.load("image/mychr5.png"),
41        pygame.image.load("image/mychr6.png"),
42        pygame.image.load("image/mychr7.png"),
43        pygame.image.load("image/mychr8.png")
44    ]
45    imgEffect = [
46        pygame.image.load("image/effect_a.png"),
47        pygame.image.load("image/effect_b.png")
48    ]
49
50    # 変数の宣言
51    speed = 1
52    idx = 0
53    tmr = 0
54    floor = 0
55    fl_max = 1
56    welcome = 0
57
58    pl_x = 0
59    pl_y = 0
60    pl_d = 0
61    pl_a = 0
62    pl_lifemax = 0
63    pl_life = 0
64    pl_str = 0
65    food = 0
66    potion = 0
67    blazegem = 0
68    treasure = 0
69
70    emy_name = ""
71    emy_lifemax = 0
72    emy_life = 0
73    emy_str = 0
74    emy_x = 0
75    emy_y = 0
76    emy_step = 0
77    emy_blink = 0
78
79    dmg_eff = 0
80    btl_cmd = 0
81
82    COMMAND = ["[A]ttack", "[P]otion", "[B]laze gem", "[R]un"]
83    TRE_NAME = ["Potion", "Blaze gem", "Food spoiled.", "Food +20", "Food +100"]
84    EMY_NAME = [
85        "Green slime", "Red slime", "Axe beast", "Ogre", "Sword man",
```

```python
86          "Death hornet", "Signal slime", "Devil plant", "Twin killer", "Hell"
87      ]
88
89  MAZE_W = 11
90  MAZE_H = 9
91  maze = []
92  for y in range(MAZE_H):
93      maze.append([0]*MAZE_W)
94
95  DUNGEON_W = MAZE_W*3
96  DUNGEON_H = MAZE_H*3
97  dungeon = []
98  for y in range(DUNGEON_H):
99      dungeon.append([0]*DUNGEON_W)
100
101 def make_dungeon(): # ダンジョンの自動生成
102     XP = [ 0, 1, 0,-1]
103     YP = [-1, 0, 1, 0]
104     #周りの壁
105     for x in range(MAZE_W):
106         maze[0][x] = 1
107         maze[MAZE_H-1][x] = 1
108     for y in range(1, MAZE_H-1):
109         maze[y][0] = 1
110         maze[y][MAZE_W-1] = 1
111     #中を何もない状態に
112     for y in range(1, MAZE_H-1):
113         for x in range(1, MAZE_W-1):
114             maze[y][x] = 0
115     #柱
116     for y in range(2, MAZE_H-2, 2):
117         for x in range(2, MAZE_W-2, 2):
118             maze[y][x] = 1
119     #柱から上下左右に壁を作る
120     for y in range(2, MAZE_H-2, 2):
121         for x in range(2, MAZE_W-2, 2):
122             d = random.randint(0, 3)
123             if x > 2: # 二列目からは左に壁を作らない
124                 d = random.randint(0, 2)
125             maze[y+YP[d]][x+XP[d]] = 1
126
127     # 迷路からダンジョンを作る
128     #全体を壁にする
129     for y in range(DUNGEON_H):
130         for x in range(DUNGEON_W):
131             dungeon[y][x] = 9
132     #部屋と通路の配置
133     for y in range(1, MAZE_H-1):
134         for x in range(1, MAZE_W-1):
```

```python
135                 dx = x*3+1
136                 dy = y*3+1
137                 if maze[y][x] == 0:
138                     if random.randint(0, 99) < 20: # 部屋を作る
139                         for ry in range(-1, 2):
140                             for rx in range(-1, 2):
141                                 dungeon[dy+ry][dx+rx] = 0
142                     else: # 通路を作る
143                         dungeon[dy][dx] = 0
144                         if maze[y-1][x] == 0: dungeon[dy-1][dx] = 0
145                         if maze[y+1][x] == 0: dungeon[dy+1][dx] = 0
146                         if maze[y][x-1] == 0: dungeon[dy][dx-1] = 0
147                         if maze[y][x+1] == 0: dungeon[dy][dx+1] = 0
148
149 def draw_dungeon(bg, fnt): # ダンジョンを描画する
150     bg.fill(BLACK)
151     for y in range(-4, 6):
152         for x in range(-5, 6):
153             X = (x+5)*80
154             Y = (y+4)*80
155             dx = pl_x + x
156             dy = pl_y + y
157             if 0 <= dx and dx < DUNGEON_W and 0 <= dy and dy < DUNGEON_H:
158                 if dungeon[dy][dx] <= 3:
159                     bg.blit(imgFloor[dungeon[dy][dx]], [X, Y])
160                 if dungeon[dy][dx] == 9:
161                     bg.blit(imgWall, [X, Y-40])
162                     if dy >= 1 and dungeon[dy-1][dx] == 9:
163                         bg.blit(imgWall2, [X, Y-80])
164             if x == 0 and y == 0: # 主人公キャラの表示
165                 bg.blit(imgPlayer[pl_a], [X, Y-40])
166     bg.blit(imgDark, [0, 0]) # 四隅が暗闇の画像を重ねる
167     draw_para(bg, fnt) # 主人公の能力を表示
168
169 def put_event(): # 床にイベントを配置する
170     global pl_x, pl_y, pl_d, pl_a
171     # 階段の配置
172     while True:
173         x = random.randint(3, DUNGEON_W-4)
174         y = random.randint(3, DUNGEON_H-4)
175         if(dungeon[y][x] == 0):
176             for ry in range(-1, 2): # 階段の周囲を床にする
177                 for rx in range(-1, 2):
178                     dungeon[y+ry][x+rx] = 0
179             dungeon[y][x] = 3
180             break
181     # 宝箱と繭の配置
182     for i in range(60):
183         x = random.randint(3, DUNGEON_W-4)
```

```python
184            y = random.randint(3, DUNGEON_H-4)
185            if(dungeon[y][x] == 0):
186                dungeon[y][x] = random.choice([1,2,2,2,2])
187        # プレイヤーの初期位置
188        while True:
189            pl_x = random.randint(3, DUNGEON_W-4)
190            pl_y = random.randint(3, DUNGEON_H-4)
191            if(dungeon[pl_y][pl_x] == 0):
192                break
193        pl_d = 1
194        pl_a = 2
195
196    def move_player(key): # 主人公の移動
197        global idx, tmr, pl_x, pl_y, pl_d, pl_a, pl_life, food, potion, blazegem, treasure
198
199        if dungeon[pl_y][pl_x] == 1: # 宝箱に載った
200            dungeon[pl_y][pl_x] = 0
201            treasure = random.choice([0,0,0,1,1,1,1,1,1,2])
202            if treasure == 0:
203                potion = potion + 1
204            if treasure == 1:
205                blazegem = blazegem + 1
206            if treasure == 2:
207                food = int(food/2)
208            idx = 3
209            tmr = 0
210            return
211        if dungeon[pl_y][pl_x] == 2: # 繭に載った
212            dungeon[pl_y][pl_x] = 0
213            r = random.randint(0, 99)
214            if r < 40: # 食料
215                treasure = random.choice([3,3,3,4])
216                if treasure == 3: food = food + 20
217                if treasure == 4: food = food + 100
218                idx = 3
219                tmr = 0
220            else: # 敵出現
221                idx = 10
222                tmr = 0
223            return
224        if dungeon[pl_y][pl_x] == 3: # 階段に載った
225            idx = 2
226            tmr = 0
227            return
228
229        # 方向キーで上下左右に移動
230        x = pl_x
231        y = pl_y
232        if key[K_UP] == 1:
```

```python
233         pl_d = 0
234         if dungeon[pl_y-1][pl_x] != 9:
235             pl_y = pl_y - 1
236     if key[K_DOWN] == 1:
237         pl_d = 1
238         if dungeon[pl_y+1][pl_x] != 9:
239             pl_y = pl_y + 1
240     if key[K_LEFT] == 1:
241         pl_d = 2
242         if dungeon[pl_y][pl_x-1] != 9:
243             pl_x = pl_x - 1
244     if key[K_RIGHT] == 1:
245         pl_d = 3
246         if dungeon[pl_y][pl_x+1] != 9:
247             pl_x = pl_x + 1
248     pl_a = pl_d*2
249     if pl_x != x or pl_y != y: # 移動したら食料の量と体力を計算
250         pl_a = pl_a + tmr%2 # 移動したら足踏みのアニメーション
251         if food > 0:
252             food = food - 1
253             if pl_life < pl_lifemax:
254                 pl_life = pl_life + 1
255         else:
256             pl_life = pl_life - 5
257             if pl_life <= 0:
258                 pl_life = 0
259                 pygame.mixer.music.stop()
260                 idx = 9
261                 tmr = 0
262
263 def draw_text(bg, txt, x, y, fnt, col): # 影付き文字の表示
264     sur = fnt.render(txt, True, BLACK)
265     bg.blit(sur, [x+1, y+2])
266     sur = fnt.render(txt, True, col)
267     bg.blit(sur, [x, y])
268
269 def draw_para(bg, fnt): # 主人公の能力を表示
270     X = 30
271     Y = 600
272     bg.blit(imgPara, [X, Y])
273     col = WHITE
274     if pl_life < 10 and tmr%2 == 0: col = RED
275     draw_text(bg, "{}/{}".format(pl_life, pl_lifemax), X+128, Y+6, fnt, col)
276     draw_text(bg, str(pl_str), X+128, Y+33, fnt, WHITE)
277     col = WHITE
278     if food == 0 and tmr%2 == 0: col = RED
279     draw_text(bg, str(food), X+128, Y+60, fnt, col)
280     draw_text(bg, str(potion), X+266, Y+6, fnt, WHITE)
281     draw_text(bg, str(blazegem), X+266, Y+33, fnt, WHITE)
```

```python
282
283  def init_battle(): # 戦闘に入る準備をする
284      global imgEnemy, emy_name, emy_lifemax, emy_life, emy_str, emy_x, emy_y
285      typ = random.randint(0, floor)
286      if floor >= 10:
287          typ = random.randint(0, 9)
288      lev = random.randint(1, floor)
289      imgEnemy = pygame.image.load("image/enemy"+str(typ)+".png")
290      emy_name = EMY_NAME[typ] + " LV" + str(lev)
291      emy_lifemax = 60*(typ+1) + (lev-1)*10
292      emy_life = emy_lifemax
293      emy_str = int(emy_lifemax/8)
294      emy_x = 440-imgEnemy.get_width()/2
295      emy_y = 560-imgEnemy.get_height()
296
297  def draw_bar(bg, x, y, w, h, val, max): # 敵の体力を表示するバー
298      pygame.draw.rect(bg, WHITE, [x-2, y-2, w+4, h+4])
299      pygame.draw.rect(bg, BLACK, [x, y, w, h])
300      if val > 0:
301          pygame.draw.rect(bg, (0,128,255), [x, y, w*val/max, h])
302
303  def draw_battle(bg, fnt): # 戦闘画面の描画
304      global emy_blink, dmg_eff
305      bx = 0
306      by = 0
307      if dmg_eff > 0:
308          dmg_eff = dmg_eff - 1
309          bx = random.randint(-20, 20)
310          by = random.randint(-10, 10)
311      bg.blit(imgBtlBG, [bx, by])
312      if emy_life > 0 and emy_blink%2 == 0:
313          bg.blit(imgEnemy, [emy_x, emy_y+emy_step])
314      draw_bar(bg, 340, 580, 200, 10, emy_life, emy_lifemax)
315      if emy_blink > 0:
316          emy_blink = emy_blink - 1
317      for i in range(10): # 戦闘メッセージの表示
318          draw_text(bg, message[i], 600, 100+i*50, fnt, WHITE)
319      draw_para(bg, fnt) # 主人公の能力を表示
320
321  def battle_command(bg, fnt, key): # コマンドの入力と表示
322      global btl_cmd
323      ent = False
324      if key[K_a]: # Aキー
325          btl_cmd = 0
326          ent = True
327      if key[K_p]: # Pキー
328          btl_cmd = 1
329          ent = True
330      if key[K_b]: # Bキー
```

```python
331         btl_cmd = 2
332         ent = True
333     if key[K_r]: # Rキー
334         btl_cmd = 3
335         ent = True
336     if key[K_UP] and btl_cmd > 0: #↑キー
337         btl_cmd -= 1
338     if key[K_DOWN] and btl_cmd < 3: #↓キー
339         btl_cmd += 1
340     if key[K_SPACE] or key[K_RETURN]:
341         ent = True
342     for i in range(4):
343         c = WHITE
344         if btl_cmd == i: c = BLINK[tmr%6]
345         draw_text(bg, COMMAND[i], 20, 360+i*60, fnt, c)
346     return ent
347
348 # 戦闘メッセージの表示処理
349 message = [""]*10
350 def init_message():
351     for i in range(10):
352         message[i] = ""
353
354 def set_message(msg):
355     for i in range(10):
356         if message[i] == "":
357             message[i] = msg
358             return
359     for i in range(9):
360         message[i] = message[i+1]
361     message[9] = msg
362
363 def main(): # メイン処理
364     global speed, idx, tmr, floor, fl_max, welcome
365     global pl_a, pl_lifemax, pl_life, pl_str, food, potion, blazegem
366     global emy_life, emy_step, emy_blink, dmg_eff
367     dmg = 0
368     lif_p = 0
369     str_p = 0
370
371     pygame.init()
372     pygame.display.set_caption("One hour Dungeon")
373     screen = pygame.display.set_mode((880, 720))
374     clock = pygame.time.Clock()
375     font = pygame.font.Font(None, 40)
376     fontS = pygame.font.Font(None, 30)
377
378     se = [ # 効果音とジングル
379         pygame.mixer.Sound("sound/ohd_se_attack.ogg"),
```

```python
380            pygame.mixer.Sound("sound/ohd_se_blaze.ogg"),
381            pygame.mixer.Sound("sound/ohd_se_potion.ogg"),
382            pygame.mixer.Sound("sound/ohd_jin_gameover.ogg"),
383            pygame.mixer.Sound("sound/ohd_jin_levup.ogg"),
384            pygame.mixer.Sound("sound/ohd_jin_win.ogg")
385        ]
386
387    while True:
388        for event in pygame.event.get():
389            if event.type == QUIT:
390                pygame.quit()
391                sys.exit()
392            if event.type == KEYDOWN:
393                if event.key == K_s:
394                    speed = speed + 1
395                    if speed == 4:
396                        speed = 1
397
398        tmr = tmr + 1
399        key = pygame.key.get_pressed()
400
401        if idx == 0: # タイトル画面
402            if tmr == 1:
403                pygame.mixer.music.load("sound/ohd_bgm_title.ogg")
404                pygame.mixer.music.play(-1)
405            screen.fill(BLACK)
406            screen.blit(imgTitle, [40, 60])
407            if fl_max >= 2:
408                draw_text(screen, "You reached floor {}.".format(fl_max), 300, 460, font, CYAN)
409            draw_text(screen, "Press space key", 320, 560, font, BLINK[tmr%6])
410            if key[K_SPACE] == 1:
411                make_dungeon()
412                put_event()
413                floor = 1
414                welcome = 15
415                pl_lifemax = 300
416                pl_life = pl_lifemax
417                pl_str = 100
418                food = 300
419                potion = 0
420                blazegem = 0
421                idx = 1
422                pygame.mixer.music.load("sound/ohd_bgm_field.ogg")
423                pygame.mixer.music.play(-1)
424
425        elif idx == 1: # プレイヤーの移動
426            move_player(key)
427            draw_dungeon(screen, fontS)
428            draw_text(screen, "floor {} ({},{})".format(floor, pl_x, pl_y), 60, 40, fontS, WHITE)
```

```python
            if welcome > 0:
                welcome = welcome - 1
                draw_text(screen, "Welcome to floor {}.".format(floor), 300, 180, font, CYAN)

        elif idx == 2: # 画面切り替え
            draw_dungeon(screen, fontS)
            if 1 <= tmr and tmr <= 5:
                h = 80*tmr
                pygame.draw.rect(screen, BLACK, [0, 0, 880, h])
                pygame.draw.rect(screen, BLACK, [0, 720-h, 880, h])
            if tmr == 5:
                floor = floor + 1
                if floor > fl_max:
                    fl_max = floor
                welcome = 15
                make_dungeon()
                put_event()
            if 6 <= tmr and tmr <= 9:
                h = 80*(10-tmr)
                pygame.draw.rect(screen, BLACK, [0, 0, 880, h])
                pygame.draw.rect(screen, BLACK, [0, 720-h, 880, h])
            if tmr == 10:
                idx = 1

        elif idx == 3: # アイテム入手もしくはトラップ
            draw_dungeon(screen, fontS)
            screen.blit(imgItem[treasure], [320, 220])
            draw_text(screen, TRE_NAME[treasure], 380, 240, font, WHITE)
            if tmr == 10:
                idx = 1

        elif idx == 9: # ゲームオーバー
            if tmr <= 30:
                PL_TURN = [2, 4, 0, 6]
                pl_a = PL_TURN[tmr%4]
                if tmr == 30: pl_a = 8 # 倒れた絵
                draw_dungeon(screen, fontS)
            elif tmr == 31:
                se[3].play()
                draw_text(screen, "You died.", 360, 240, font, RED)
                draw_text(screen, "Game over.", 360, 380, font, RED)
            elif tmr == 100:
                idx = 0
                tmr = 0

        elif idx == 10: # 戦闘開始
            if tmr == 1:
                pygame.mixer.music.load("sound/ohd_bgm_battle.ogg")
                pygame.mixer.music.play(-1)
```

```python
478                 init_battle()
479                 init_message()
480             elif tmr <= 4:
481                 bx = (4-tmr)*220
482                 by = 0
483                 screen.blit(imgBtlBG, [bx, by])
484                 draw_text(screen, "Encounter!", 350, 200, font, WHITE)
485             elif tmr <= 16:
486                 draw_battle(screen, fontS)
487                 draw_text(screen, emy_name+" appear!", 300, 200, font, WHITE)
488             else:
489                 idx = 11
490                 tmr = 0
491
492         elif idx == 11: # プレイヤーのターン（入力待ち）
493             draw_battle(screen, fontS)
494             if tmr == 1: set_message("Your turn.")
495             if battle_command(screen, font, key) == True:
496                 if btl_cmd == 0:
497                     idx = 12
498                     tmr = 0
499                 if btl_cmd == 1 and potion > 0:
500                     idx = 20
501                     tmr = 0
502                 if btl_cmd == 2 and blazegem > 0:
503                     idx = 21
504                     tmr = 0
505                 if btl_cmd == 3:
506                     idx = 14
507                     tmr = 0
508
509         elif idx == 12: # プレイヤーの攻撃
510             draw_battle(screen, fontS)
511             if tmr == 1:
512                 set_message("You attack!")
513                 se[0].play()
514                 dmg = pl_str + random.randint(0, 9)
515             if 2 <= tmr and tmr <= 4:
516                 screen.blit(imgEffect[0], [700-tmr*120, -100+tmr*120])
517             if tmr == 5:
518                 emy_blink = 5
519                 set_message(str(dmg)+"pts of damage!")
520             if tmr == 11:
521                 emy_life = emy_life - dmg
522                 if emy_life <= 0:
523                     emy_life = 0
524                     idx = 16
525                     tmr = 0
526             if tmr == 16:
```

```
527             idx = 13
528             tmr = 0
529
530         elif idx == 13: # 敵のターン、敵の攻撃
531             draw_battle(screen, fontS)
532             if tmr == 1:
533                 set_message("Enemy turn.")
534             if tmr == 5:
535                 set_message(emy_name + " attack!")
536                 se[0].play()
537                 emy_step = 30
538             if tmr == 9:
539                 dmg = emy_str + random.randint(0, 9)
540                 set_message(str(dmg)+"pts of damage!")
541                 dmg_eff = 5
542                 emy_step = 0
543             if tmr == 15:
544                 pl_life = pl_life - dmg
545                 if pl_life < 0:
546                     pl_life = 0
547                     idx = 15
548                     tmr = 0
549             if tmr == 20:
550                 idx = 11
551                 tmr = 0
552
553         elif idx == 14: # 逃げられる？
554             draw_battle(screen, fontS)
555             if tmr == 1: set_message("...")
556             if tmr == 2: set_message("......")
557             if tmr == 3: set_message(".........")
558             if tmr == 4: set_message("............")
559             if tmr == 5:
560                 if random.randint(0, 99) < 60:
561                     idx = 22
562                 else:
563                     set_message("You failed to flee.")
564             if tmr == 10:
565                 idx = 13
566                 tmr = 0
567
568         elif idx == 15: # 敗北
569             draw_battle(screen, fontS)
570             if tmr == 1:
571                 pygame.mixer.music.stop()
572                 set_message("You lose.")
573             if tmr == 11:
574                 idx = 9
575                 tmr = 29
```

```python
        elif idx == 16: # 勝利
            draw_battle(screen, fontS)
            if tmr == 1:
                set_message("You win!")
                pygame.mixer.music.stop()
                se[5].play()
            if tmr == 28:
                idx = 22
                if random.randint(0, emy_lifemax) > random.randint(0, pl_lifemax):
                    idx = 17
                    tmr = 0

        elif idx == 17: # レベルアップ
            draw_battle(screen, fontS)
            if tmr == 1:
                set_message("Level up!")
                se[4].play()
                lif_p = random.randint(10, 20)
                str_p = random.randint(5, 10)
            if tmr == 21:
                set_message("Max life + "+str(lif_p))
                pl_lifemax = pl_lifemax + lif_p
            if tmr == 26:
                set_message("Str + "+str(str_p))
                pl_str = pl_str + str_p
            if tmr == 50:
                idx = 22

        elif idx == 20: # Potion
            draw_battle(screen, fontS)
            if tmr == 1:
                set_message("Potion!")
                se[2].play()
            if tmr == 6:
                pl_life = pl_lifemax
                potion = potion - 1
            if tmr == 11:
                idx = 13
                tmr = 0

        elif idx == 21: # Blaze gem
            draw_battle(screen, fontS)
            img_rz = pygame.transform.rotozoom(imgEffect[1], 30*tmr, (12-tmr)/8)
            X = 440-img_rz.get_width()/2
            Y = 360-img_rz.get_height()/2
            screen.blit(img_rz, [X, Y])
            if tmr == 1:
                set_message("Blaze gem!")
```

```python
                se[1].play()
            if tmr == 6:
                blazegem = blazegem - 1
            if tmr == 11:
                dmg = 1000
                idx = 12
                tmr = 4

        elif idx == 22: # 戦闘終了
            pygame.mixer.music.load("sound/ohd_bgm_field.ogg")
            pygame.mixer.music.play(-1)
            idx = 1

        draw_text(screen, "[S]peed "+str(speed), 740, 40, fontS, WHITE)

        pygame.display.update()
        clock.tick(4+2*speed)

if __name__ == '__main__':
    main()
```

　長いプログラムなので、一通り目を通しただけで全てを理解することは難しいと思います。次のLesson 12-4でプログラムの詳細を確認しながら、少しずつ読み解いていきましょう。

ダンジョンの自動生成、ダンジョン内の移動、ターン制の戦闘という、このゲームの骨組みとなる処理はChapter 11で復習しましょう。

Lesson 12-4 プログラムの詳細

　One hour Dungeon のプログラムで用いている変数、インデックス、関数について説明します。

変数と用途について

　変数の名称とその用途は次のようになります。

❶画像を読み込むための変数 （※グローバル変数として宣言）

```
imgTitle = pygame.image.load("img/title.png")
```

のように、img*** という名称にしています。

❷データを保持するための変数（※グローバル変数として宣言）

変数名	用途
speed	ゲーム全体の速さ（フレームレート）を管理
idx、tmr	ゲームの進行を管理
floor fl_max welcome	現在の階層数 到達した階層数（最大値） 「Welcome to floor *.」というメッセージを表示する時間
pl_x、pl_y、pl_d、pl_a	主人公のダンジョン内の位置、向き、アニメパターン
pl_lifemax、pl_life、pl_str	主人公のライフ最大値、ライフ、攻撃力
food	食料
potion、blazegem	手に入れたPotion、Blaze gemの数
treasure	宝箱を開けたり、繭に載った時に出てくるもの
emy_name、emy_lifemax、 emy_life、emy_str	敵の名前、ライフ最大値、ライフ、攻撃力
emy_x、emy_y	敵の画像を戦闘画面に表示する座標
emy_step、emy_blink	敵の表示演出を行うための変数。emy_stepは画像を前後に動かす、emy_blinkは点滅させるのに用いる
dmg_eff	プレイヤーがダメージを受けた時に画面を揺らすのに用いる
btl_cmd	戦闘のコマンドの値を入れる

❸ 移動画面用のリスト（※グローバル変数として宣言）

リスト名	用途
maze	自動生成する迷路のデータを入れる
dungeon	迷路から生成するダンジョンのデータを入れる

❹ 戦闘画面用のリスト（※グローバル変数として宣言）

リスト名	用途
message	戦闘中のメッセージを入れる

❺ その他の変数（※main()関数内にローカル変数として宣言）

変数名	用途
dmg	攻撃した時のダメージ値の計算用
lif_p、str_p	主人公が成長する時、ライフの最大値と攻撃力がいくつ増えるか

❻ ジングルと効果音を読み込むリスト（※main()関数内にローカル変数として宣言）

```python
se = [
    pygame.mixer.Sound("snd/ohd_se_attack.ogg"),
    :
]
```

≫≫ インデックスについて

このプログラムではインデックスをidxという変数名にしています。次の値で処理を分岐させています。

表12-4-1　idxの処理

idxの値	何の処理か	処理の内容
0	タイトル画面	▪ タイトルBGMを流し、タイトルロゴを表示 ▪ 到達した最大階層数を表示 ▪ スペースキーを押したら、ダンジョンを自動生成し、ゲームで使う変数に最初の値を代入し、移動画面のBGMを出力して移動画面（idx1）に移る
1	プレイヤーの移動	▪ 方向キーで主人公を移動 ▪ 宝箱や繭に載った時の判定を行う ▪ 階段に載った時はidx2へ ▪ アイテムやトラップはidx3へ ▪ 戦闘に入る場合はidx10へ ▪ ライフが0になったらidx9へ

313

idxの値	何の処理か	処理の内容
2	画面を切り替える	• 次の階層へ移動する演出 • ダンジョンを作る関数を実行し、再びidx1へ
3	アイテム入手 もしくはトラップ	• 宝箱を空けた結果を表示し、再びidx1へ
9	ゲームオーバー	• 主人公が倒れた様子を表示 • 一定時間後、タイトル画面(idx0)に戻る
10	戦闘開始	• 戦闘に入る準備と画面演出を行い、プレイヤーのターン (idx11)に移る
11	プレイヤーのターン	• コマンドの入力を待ち、入力があればコマンドに応じた 処理(idx12、20、21、14)に移る
12	プレイヤーの攻撃	• プレイヤーが敵を攻撃する処理 • 敵のライフを減らし、倒せたら戦闘勝利(idx16)へ • 敵のライフが残っていれば敵のターン(idx13)へ
13	敵のターン、敵の攻撃	• 敵が主人公を攻撃する処理 • 主人公のライフを減らし、倒れたら戦闘敗北(idx15)へ • 主人公のライフが残っていればプレイヤーのターン (idx11)へ
14	逃げられるか?	• 逃げられるかをランダムに決定 • 逃げられるなら移動画面(idx1)に戻り、逃げられないな ら敵のターン(idx13)へ
15	戦闘敗北	• 負けた旨を表示し、ゲームオーバー(idx9)へ
16	戦闘勝利	• 勝った旨を表示 • 一定確率でレベルアップ(idx17)へ • レベルアップしないなら戦闘終了(idx22)へ
17	レベルアップ	• 主人公の能力値を増やし、戦闘終了(idx22)へ
20	Potionを使う処理	• ライフを回復させ、敵のターン(idx13)へ
21	Blaze gemを使う処理	• 画面演出を行い、ダメージ計算用の変数に値を入れ、 idx12へ移る(敵にダメージを与える処理はidx12で行う)
22	戦闘終了	• 移動画面のBGMを出力し、idx1の処理へ

》》 定義した関数の一覧

Chapter 11で学んだ関数も含め、全ての関数を挙げます。

表12-4-2　関数の処理まとめ

	関数	処理の内容
①	make_dungeon()	ダンジョンの自動生成
②	draw_dungeon(bg, fnt)	ダンジョンの描画
③	put_event()	床にイベント(階段、宝箱、繭)を配置 主人公の位置を決める
④	move_player(key)	主人公の移動
⑤	draw_text(bg, txt, x, y, fnt, col)	影付き文字の表示
⑥	draw_para(bg, fnt)	主人公の能力を表示

⑦	init_battle()	戦闘に入る準備（敵の画像の読み込みなど）
⑧	draw_bar(bg, x, y, w, h, val, max)	敵の体力を表示するバー
⑨	draw_battle(bg, fnt)	戦闘画面の描画
⑩	battle_command(bg, fnt, key)	コマンドの入力と表示
⑪	init_message()	戦闘メッセージのリストを空にする
⑫	set_message(msg)	戦闘メッセージをセットする
⑬	main()	メイン処理

処理の詳細

難しい処理を抜き出して説明します。

❶階段の配置について　put_event()関数の172〜180行目

while Trueの繰り返しでダンジョン内のランダムな位置に階段を配置し、配置できたらbreakで繰り返しを抜けます。配置する際に階段の周囲を床にします。これは一本道の通路に階段が配置された場合、階段の向こう側に行けなくなる（一本道だと階段を降りてしまう）状況を避けるためです。

```python
while True:
    x = random.randint(3, DUNGEON_W-4)
    y = random.randint(3, DUNGEON_H-4)
    if(dungeon[y][x] == 0):
        for ry in range(-1, 2): # 階段の周囲を床にする
            for rx in range(-1, 2):
                dungeon[y+ry][x+rx] = 0
        dungeon[y][x] = 3
        break
```

❷敵の能力値を計算式で決める　init_battle()関数の285〜293行目

typという変数に敵の種類を、levという変数に敵のレベルの値を、次のルールで代入します。

- typ←0から現在の階層数までの乱数、10階層以上は0〜9までの乱数（敵は10種類）
- lev←1から現在の階層数までの乱数

```
    typ = random.randint(0, floor)
    if floor >= 10:
        typ = random.randint(0, 9)
    lev = random.randint(1, floor)
    imgEnemy = pygame.image.load("image/enemy"+str(typ)+".png")
    emy_name = EMY_NAME[typ] + " LV" + str(lev)
    emy_lifemax = 60*(typ+1) + (lev-1)*10
    emy_life = emy_lifemax
    emy_str = int(emy_lifemax/8)
```

　敵のライフの値を「60*(typ+1) + (lev-1)*10」という計算で求めています。敵にはレベル
を設定し、同じ種類の敵でもレベルが高いほどライフが多くなる計算式にしています。また
敵の攻撃力はライフの8分の1の値としています。これで階層が進むほど強い敵が出現する
ようになります。

❸コマンドを選ぶbattle_command()関数について　321〜346行目

　この関数でキー入力の受け付けとコマンドの描画を同時に行っています。

```
def battle_command(bg, fnt, key): # コマンドの入力と表示
    global btl_cmd
    ent = False
    if key[K_a]: # Aキー
        btl_cmd = 0
        ent = True
    if key[K_p]: # Pキー
        btl_cmd = 1
        ent = True
    if key[K_b]: # Bキー
        btl_cmd = 2
        ent = True
    if key[K_r]: # Rキー
        btl_cmd = 3
        ent = True
    if key[K_UP] and btl_cmd > 0: #↑キー
        btl_cmd -= 1
    if key[K_DOWN] and btl_cmd < 3: #↓キー
        btl_cmd += 1
    if key[K_SPACE] or key[K_RETURN]:
        ent = True
    for i in range(4):
```

```
        c = WHITE
        if btl_cmd == i: c = BLINK[tmr%6]
        draw_text(bg, COMMAND[i], 20, 360+i*60, fnt, c)
    return ent
```

この関数はreturn命令でentという変数の値を返すようにしています。entは初期値を
Falseで宣言しています。押されたキーを判定し、コマンド番号をbtl_cmdに代入しますが、
Ａ Ｐ Ｂ Ｒ キーやスペースキーか Enter キーが押された時は、entをTrueとします。これで
main()関数内に記述したコマンド入力の処理（495行目）でコマンドが選ばれたことを判定
できます（この関数を呼び出し、Trueが返ればコマンドが決定されたことになる）。

❹レベルアップについて　main()関数の585行目

One hour Dungeonには経験値というパラメータはありません。戦闘で勝つと一定確率で
レベルアップし、ライフの最大値と攻撃力が増えます。レベルアップするかどうかは、倒し
た敵のライフ最大値を用いて発生させる乱数と、主人公のライフ最大値を用いて発生させる
乱数の大小関係で決めています。それを行っているのが次の条件式です。

```
if random.randint(0, emy_lifemax) > random.randint(0, pl_lifemax):
```

この条件式ではプレイヤー（主人公）から見て強い敵ほど（敵のライフ最大値が大きいほ
ど）、レベルアップする確率が高くなります。逆に主人公より弱い敵を倒してもレベルアッ
プする確率は低いです。例えば、単に5分の1の確率でレベルアップするとした場合、「強い
敵を倒したのになかなかレベルアップしない」という悪い印象をユーザーに与える恐れがあ
ります。

ここで行っているように、敵と強さと主人公の強さとを比較してレベルアップの確率を決
めれば、ユーザーが納得いくキャラクターの成長具合を実現できます。

❺ゲームの進行速度を調整する機能　392〜396行目、及び641行目

Pygameのイベント処理で Ｓ キーが押されたことを調べ、ゲームの速度を管理する変数
speedの値を1〜3の範囲で変化させます。

```
if event.type == KEYDOWN:
    if event.key == K_s:
        speed = speed + 1
        if speed == 4:
            speed = 1
```

フレームレートを指定するclock.tick()の引数を4+2*speedとし、speedの値に応じてゲームの速さが変わるようにしています。

```
clock.tick(4+2*speed)
```

初期（speedの値は1）のフレームレートは6です。ゲームに慣れてきたら速さを上げると快適にプレイできます。

その他の細かな部分を説明します。

❻文字の演出で使う色

文字を明滅させる演出で使う色を、11行目のようにリストの中にタプルの値を記述して定義しています。

```
BLINK = [(224,255,255), (192,240,255), (128,224,255), (64,192,255),
(128,224,255), (192,240,255)]
```


❼ダンジョンの壁

ダンジョンの壁は、wall.pngとwall2.pngの2つの画像を用いて立体感を出しています。上下に壁が連なっている部分では、wall2.pngを重ねて描いています（draw_dungeon()関数の160〜163行目）。

❽ダンジョンの雰囲気

移動シーンで画面の四隅を暗くし、ダンジョンの雰囲気を出しています。これはdraw_dungeon()関数でダンジョンの背景を描いた後、166行目で暗闇の画像（dark.png）を重ねることで実現しています。

❾逃げられる確率

One hour Dungeonの戦闘は繭に載った時にしか行われないので、敵と戦うかどうかはプレイヤーの判断に委ねられています。そこで敵から逃げられる確率（560行目）を低めにしています。またChapter 4のコラムで説明した撤退する時の処理の工夫は、ローグライクではゲームの緊張感を殺いでしまうことになるので入れていません。

❿攻撃時の演出

Blaze gemで敵を攻撃する演出は、Chapter 10のP.230で説明した画像の拡縮回転命令（619行目）で行っています。

One hour Dungeon、20階層に到達しました！

わたしは3時間プレイして50階層突破したところです。One hourではなくThree hoursですね。

えっ？　先生、上手過ぎます。

▶▶▶ One hour Dungeonを改良しよう

誰かが作ったプログラムを改良することも、プログラミングの立派な勉強になります。One hour Dungeonのプログラムも改良してみましょう。

▪ 例：画像の差し替え

プログラムに直接手を加える前に、画像を差し替えるところから始めても良いでしょう。自分好みの画像を使えば学習意欲も増すはずです。

▪ 例：宝箱と繭の配置数、敵の強さを変える

プログラムの改良は、例えば宝箱と繭の配置数を変えるなど、簡単なところから始めると分かりやすいです。次のように、繰り返し回数やchoice()命令の値を変えるだけです。

- 182行目のrange()の引数の値を変えると、宝箱と繭の配置数を増減できる
- 186行目のrandom.choice()の引数で、宝箱と繭が配置される比率を変えられる
- 201行目のrandom.choice()の引数で、宝箱の中身（Potion、Blaze gem、トラップ）の比率を変えられる

また、敵の強さ（能力値）を変えるなら、init_battle()関数のライフと攻撃力の計算式を変更してみましょう。

▪ ゲーム自体の改良

ゲーム自体を改良するにはどうすれば良いか考えてみます。

例えばトラップ床や、すり抜けられる壁が欲しいとします。ダンジョンのデータはdungeonというリストに入っており、値0が床、1が宝箱、2が繭、3が階段、9が壁になっています。値4をトラップ床とし、そこに踏み込んだらダメージを受けたり、別の場所に飛ばされる処理を記述すれば、新たなトラップを追加できます。すり抜けられる壁は値8で管理すれば良いでしょう。

One hour Dungeonにはデータのセーブ機能がありません。セーブ、ロード機能を加えることができれば素晴らしいです。データをセーブするにはファイルの入出力についての知識が必要なので、次のコラムでファイルを扱う方法を説明します。

COLUMN

Pythonでのファイル処理

ファイルの入出力処理でソフトウェアのデータをセーブ、ロードすることができます。このコラムではPythonでファイルの読み書きを行う方法を説明します。

ファイルへ文字列を書き込むプログラム

ファイルに文字列を書き込むプログラムを確認します。次のプログラムを入力し、ファイル名を付けて保存し、実行しましょう。

リスト▶column12_file_write.py

```
1  file = open("test.txt", 'w')        書き込みモード(w)でファイルを開く
2  for i in range(10):                  繰り返し iは0から9まで1ずつ増える
3      file.write("line "+str(i)+"\n")      文字列をファイルに書き込む
4  file.close()                         ファイルを閉じる
```

このプログラムを実行すると、プログラムと同じフォルダに test.txt というファイルが作られます。test.txtを開くと次の文字列が書き込まれています。

```
line 0
line 1
line 2
line 3
line 4
line 5
line 6
line 7
line 8
line 9
```

▪ ファイルから読み込むプログラム

次にファイルから文字列を読み込むプログラムを確認します。test2.txtというファイルを作り、そこに何か文字列を書き込んでください。複数行の文字列を読み込むプログラムなので、2行以上書いておきましょう。

test2.txtの中身の例

```
おはよう
こんにちは
こんばんは
```

次のプログラムを入力し、test2.txtと同じフォルダに置いて、実行してください。

リスト▶column12_file_read.py

```
1  file = open("test2.txt", 'r')        読み込みモード(r)でファイルを開く
2  rl = file.readlines()                変数rlにファイル内の文字列を全て読み込む
3  file.close()                         ファイルを閉じる
4  for i in rl:                         繰り返しで1行ずつ
5      print(i.rstrip("¥n"))                改行コードを削除して出力
```

このプログラムを実行すると、test2.txtに書かれている内容が読み込まれ、シェルウィンドウに出力されます。

2行目のreadlines()はファイル全体を読み込む命令です。rlにファイルの中身が読み込まれ、その値は

```
['おはよう¥n', 'こんにちは¥n', 'こんばんは¥n']
```

となります。¥nは改行コードです。4行目の繰り返しで1行ずつ出力する際に、i.rstrip("¥n")として改行コードを削除しています。5行目を単にprint(i)として試してみましょう。すると改行コードも含め出力されるので、無駄な改行が入ってしまいます。

書き込み、読み込みのプログラムともに **file.close()** で開いたファイルを閉じています。閉じ忘れるとそのファイルが扱えなくなることがあるので、開いたファイルは必ず閉じるようにします。

▪ 文字列⇔数値の変換について

ファイルに書き込まれているデータは文字列です。例えば文字列として保存したライフの値を読み込んだ時、そのままでは数値として扱えません。文字列から数値への変換は

int()命令あるいはfloat()命令で行います。

　文字列を数値に変換するプログラムを確認します。次のプログラムを入力し、ファイル名を付けて保存し、実行しましょう。

リスト▶column12_int.py

```
1  num1 = "1000"              num1に1000という文字列を代入
2  print(num1+num1)           文字列を + でつないで出力
3  num2 = int(num1)           num2にnum1を数値に変換して代入
4  print(num2+num2)           数値を + で合算した値を出力
```

　このプログラムを実行すると、2行目のprint()命令では10001000と出力され、4行のprint()命令では2000と出力されます。

図12A

```
10001000
2000
>>>
```

　文字列を小数に変換するなら、int()の代わりにfloat()命令を用います。数値から文字列への変換はstr()命令で行います。

このコラムでは

- 文字列をファイルに書き込む
- ファイルから文字列を読み込む
- 文字列と数値の変換

を学びました。これらの知識を用いれば、ゲームで使っている変数の値をファイルにセーブし、ロードする処理を作ることができます。

プログラムの書き方には手続き型とオブジェクト指向の2つがあります。皆さんが本書で学んできたプログラムは手続き型で書かれたものです。手続き型プログラミングで本格的なゲームを開発できることがお分かりいただけたと思いますが、大規模なプログラムを効率よく作るにはオブジェクト指向プログラミングの知識が役に立ちます。そこで本書では、最後にオブジェクト指向プログラミングについて説明します。

オブジェクト指向プログラミング

Chapter 13

Lesson 13-1 オブジェクト指向プログラミングについて

POINT

最初にお読みください

オブジェクト指向プログラミングは、Python に標準で備わったものです。この章では特別なモジュールは用いず、標準モジュールのみを使用します。Chapter 10〜12で学んだ Pygame はオブジェクト指向プログラミングのために必要なモジュールではないことを、念のためお伝えしておきます。

Python、C/C++ から派生した C 系言語、Java、JavaScript など、ソフトウェア開発で広く使われているプログラミング言語はオブジェクト指向プログラミングをサポートしています。初めにオブジェクト指向とは、どのようなものなのかについて説明します。

オブジェクト指向プログラミングとは

オブジェクト指向プログラミングとは、複数のオブジェクトが係わり合う形でシステム全体を動かすという考え方です。オブジェクト指向プログラミングでは、**データ**（変数で扱う数値や文字列など）と**機能**（関数で定義した処理のこと）をひとまとめにした**クラス**というものを定義し、そのクラスから**オブジェクト**を作ります。そして複数のオブジェクトがデータをやり取りしたり、協調して処理を進めるようにプログラムを記述します。

なお、オブジェクトを**インスタンス**と呼ぶこともあります。インスタンスとは、クラスから作り出した**実体**という意味です。

クラスとオブジェクト

クラスとオブジェクトについて少し詳しく説明します。オブジェクト指向プログラミングでは、クラスから作ったオブジェクト（インスタンス）が処理を行うようにプログラムを記述します。クラスは機械の設計図、オブジェクトはその設計図から作った仕事をする機械に例えることができます。

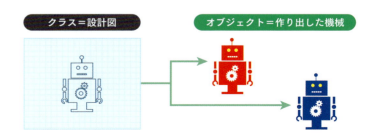

図13-1-1
クラスとオブジェクトの関係

あるいはゲームソフトをイメージして、次のように考えることができます。クラスはキャラクターを作り出す素になるもの、オブジェクトが実際に作られたキャラクターです。

図13-1-2　ゲームのキャラクターに例えると

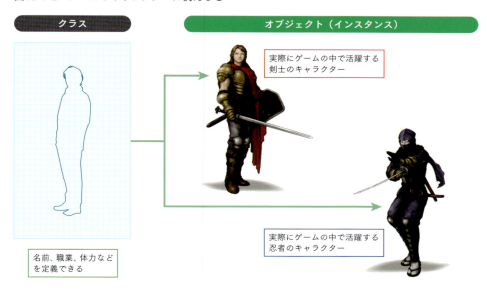

言葉による説明だけでは、オブジェクト指向プログラミングをイメージすることは難しいかもしれません。次のLesson 13-2からクラスを定義したり、オブジェクトを作るプログラムを確認しながら、オブジェクト指向プログラミングを学んでいきましょう。
　本書はゲーム開発の解説書なので、==キャラクターを作るクラスを題材にしてオブジェクト指向プログラミングを学ぶ==内容になっています。

》》 なぜオブジェクト指向なのか？

　プログラムの学習に入る前に、オブジェクト指向プログラミングがもてはやされる理由を説明しておきます。
　最初に述べたように、プログラムの書き方は==手続き型==による記述と==オブジェクト指向==による記述に分かれます。規模の大きなプログラムになると、手続き型よりもオブジェクト指向で書くほうが処理の内容や流れが分かりやすくなります。分かりやすいということは、プログラムのメンテナンスや改良がしやすいということです。これがオブジェクト指向プログラミングの人気が高まった大きな理由です。
　オブジェクト指向プログラミングは、大規模なソフトウェア開発に向いています。趣味レベルのプログラミングならオブジェクト指向の習得は必須ではありませんが、本職としてゲームプログラマーを目指す方は、オブジェクト指向について学んでおくに越したことはありません。

さて、オブジェクト指向という言葉を初めて聞く方や、「どこかで聞いたかな？」という程度の方もいると思います。それもそのはずです。日常生活ではオブジェクト指向という言葉は使いません。

　本書以外でプログラミングを学んだことのある方の中には、オブジェクト指向という言葉は知っているけど理解するのは難しいと考える方もいるでしょう。確かにオブジェクト指向はプログラミングの学習の中で難易度の高い部類に位置付けられますが、この章では短い行数のサンプルプログラムでオブジェクト指向の基礎を解説するので、気楽に読み進めてください。

Lesson 13-2 クラスとオブジェクト

Pythonでクラスをどのように定義するか説明します。そして定義したクラスからオブジェクトを作り、動作を確認します。

クラスの作り方

クラスを定義する基本の書式を見てみましょう。次のようになります。

書式：クラスの定義

```
class クラス名：
    def __init__(self):
        self.変数名 = 初期値
```

Pythonでは「**class** クラス名」としてクラスを宣言します。そして **def __init__(self)** に、このクラスから作ったオブジェクトで使う変数を記述します。この変数は**属性**と呼ばれます。属性についてはP.329で改めて説明します。

def __init__(self)は**コンストラクタ**と呼ばれ、クラスの中に1つだけ記述する特別な関数のようなものです。コンストラクタに記述した処理は、クラスからオブジェクトを作る時に1回だけ実行されます。コンストラクタはクラスに必ず記述すべきものではなく、コンストラクタを設けないクラスを定義することもできます。

Pythonでは、クラス内に記述するコンストラクタや関数の引数に**self**を入れる決まりがあります。このselfはオブジェクトを作る時、そのオブジェクト自身を意味するものになります。

最初のうちはselfの意味が難しいと思いますので、「こう記述する」と考えておけばOKです。

クラスを定義し、オブジェクトを作る

4つのステップでクラスとオブジェクトを確認していきます。「ゲームのキャラクターを作り出す」というプログラムになります。

第1ステップはクラスを定義します。クラス名はGameCharacterとします。クラス名の頭文字は大文字にすることが推奨されるので、Gを大文字にしています。コンストラクタにはself以外に2つの引数、job（職業）とlife（ライフ）を追加しています。次のプログラムを入力し、ファイル名を付けて保存し、実行しましょう。

リスト ▶ list1302_1.py

```
1  class GameCharacter:              クラスの宣言
2      def __init__(self, job, life):    コンストラクタ
3          self.job = job                jobという属性に引数の値を代入
4          self.life = life              lifeという属性に引数の値を代入
```

このプログラムを実行しても何も起きません。実行して何も起こらないことを確認しましょう。**クラスを定義しただけでは処理は行われない**のです。

第2ステップではクラスからオブジェクトを作ります。次のプログラムを入力し、ファイル名を付けて保存し、実行しましょう。

リスト ▶ list1302_2.py

```
1  class GameCharacter:              クラスの宣言
2      def __init__(self, job, life):    コンストラクタ
3          self.job = job                jobという属性に引数の値を代入
4          self.life = life              lifeという属性に引数の値を代入
5
6  warrior = GameCharacter("戦士", 100)  warriorというオブジェクトを作る
7  print(warrior.job)                    warriorのjob属性の値を出力
8  print(warrior.life)                   warriorのlife属性の値を出力
```

このプログラムを実行すると、IDLEのシェルウィンドウに「戦士」と「100」が出力されます。

図13-2-1
list1302_2.pyの実行結果

ゲームの世界で活躍する戦士（オブジェクト）を、魔法の粘土のようなキャラクターの素になるもの（クラス）から作り出すことを想像すると分かりやすいと思いますが、いかがでしょうか？ 1～4行目でキャラクターの素を定義し、6行目のwarriorがその素から作り出した実体のある戦士のイメージです。

このプログラムではwarriorという変数がオブジェクトになります。オブジェクトは次の書式で作ります。

書式：オブジェクトを作る

オブジェクト変数 = クラス名()

328

コンストラクタにself以外の引数を設けた場合

オブジェクト変数 = クラス名(引数)

list1302_2.pyに定義したクラスでは、コンストラクタにselfの他に2つの引数を記述し、3～4行目のように引数で受け取る値を **self.変数** に代入しています。この変数のことを **属性** といい、オブジェクトにデータを保持させるために用います。属性は7～8行目のように **オブジェクト変数.属性** と記述してデータの値を参照したり、新たなデータを代入します。

クラスを定義しただけでは何も起きませんでしたが、クラスからオブジェクト（インスタンス）を作り、そのオブジェクトに属性の値（ここでは職業とライフ）を設定することができました。**第3ステップでは属性の値の出力をオブジェクト自身が行う** ようにします。次のプログラムを入力し、ファイル名を付けて保存し、実行しましょう。

リスト ▶ list1302_3.py

```
1   class GameCharacter:                        クラスの宣言
2       def __init__(self, job, life):          コンストラクタ
3           self.job = job                      jobという属性に引数の値を代入
4           self.life = life                    lifeという属性に引数の値を代入
5
6       def info(self):                         属性の値を出力する関数(メソッド)
7           print(self.job)                     job属性の値を出力
8           print(self.life)                    life属性の値を出力
9
10  warrior = GameCharacter("戦士", 100)        warriorというオブジェクトを作る
11  warrior.info()                              warriorのinfo()メソッドを実行
```

このプログラムを実行すると、前のプログラムと同様にシェルウィンドウに「戦士」と「100」が出力されます。実行画面は省略します。

動作は前のプログラムと一緒ですが、11行目のwarrior.info()で職業名とライフの値を出力しています。info()は6～8行目でクラス内に記述した関数です。クラス内に定義した関数を **メソッド** と呼びます。メソッドは11行目のように **オブジェクト変数.メソッド** と記述して実行します。オブジェクト指向プログラミングでは、このようにオブジェクトの機能をメソッドで定義します。

オブジェクト指向のプログラムは「オブジェクトに仕事をさせる」というイメージで捉えると分かりやすいことがあります。戦士のオブジェクトwarriorにinfo()命令を実行させたイメージを思い浮かべてみましょう。

第4ステップではクラスから複数のオブジェクトを作ります。次のプログラムを入力し、ファイル名を付けて保存し、実行しましょう。

リスト ▶ list1302_4.py

```
1   class GameCharacter:                        クラスの宣言
2       def __init__(self, job, life):              コンストラクタ
3           self.job = job                              jobという属性に引数の値を代入
4           self.life = life                            lifeという属性に引数の値を代入
5
6       def info(self):                             属性の値を出力する関数(メソッド)
7           print(self.job)                             job属性の値を出力
8           print(self.life)                            life属性の値を出力
9
10  human1 = GameCharacter("騎士", 120)         human1というオブジェクトを作る
11  human1.info()                               human1のinfo()メソッドを実行
12
13  human2 = GameCharacter("魔法使い", 80)      human2というオブジェクトを作る
14  human2.info()                               human2のinfo()メソッドを実行
```

このプログラムを実行すると、2つのオブジェクトの職業名とライフの値が出力されます。10行目のhuman1が騎士のオブジェクト、13行目のhuman2が魔法使いのオブジェクトです。

図13-2-2
list1302_4.pyの出力結果

> ここではhuman1、human2という2つの変数でオブジェクトを作りましたが、複数のオブジェクトはリストで作ると便利なことがあります。

Lesson 13-3 tkinterを使ってオブジェクト指向を学ぶ

tkinterでウィンドウを表示し、画像を用いて、オブジェクト指向プログラムの動作を確認します。目に見える形でオブジェクトを確認することで、クラスやオブジェクトについての知識と理解を深めていきましょう。

≫ tkinterを用いる

Lesson 13-2ではシェルウィンドウへの文字出力でオブジェクトを確認しましたが、次はtkinterを用いてウィンドウを表示し、クラスとオブジェクトを確認します。次の画像を用いるので、書籍サポートページからダウンロードして、プログラムと同じフォルダに入れてください。

swordsman.png

次のプログラムを入力し、ファイル名を付けて保存し、実行しましょう。

リスト ▶ list1303_1.py

1	`import tkinter`	tkinterモジュールをインポート
2	`FNT = ("Times New Roman", 30)`	フォントを指定する変数
3		
4	`class GameCharacter:`	クラスの定義
5	`    def __init__(self, job, life, imgfile):`	コンストラクタ
6	`        self.job = job`	job属性に引数の値を代入
7	`        self.life = life`	life属性に引数の値を代入
8	`        self.img = tkinter.PhotoImage(file=imgfile)`	img属性に画像を読み込む
9		
10	`    def draw(self):`	画像と情報を表示するメソッド
11	`        canvas.create_image(200, 280, image=self.img)`	画像の描画
12	`        canvas.create_text(300, 400, text=self.job, font=FNT, fill="red")`	文字列の表示（jobの値）
13	`        canvas.create_text(300, 480, text=self.life, font=FNT, fill="blue")`	文字列の表示（lifeの値）
14		
15	`root = tkinter.Tk()`	ウィンドウのオブジェクトを作る
16	`root.title("tkinterでオブジェクト指向プログラミング")`	タイトルを指定
17	`canvas = tkinter.Canvas(root, width=400, height=560, bg="white")`	キャンバスの部品を作る
18	`canvas.pack()`	キャンバスを配置する

```
19
20  character = GameCharacter("剣士", 200, "swordsman.png")    キャラクターのオブジェクトを作る
21  character.draw()                                            そのオブジェクトのdraw()メソッドを実行
22
23  root.mainloop()                                             ウィンドウを表示
```

このプログラムを実行すると、次のように剣士の画像と情報が表示されます。

図13-3-1　list1303_1.pyの実行結果

注意して見ていただきたいのがコンストラクタに記述した8行目の処理です。

```
self.img = tkinter.PhotoImage(file=
imgfile)
```

コンストラクタの引数で画像のファイル名を受け取り、self.imgに画像を読み込んでいます。属性では数値や文字列だけでなく画像データを扱うこともできます。

10～13行目に記述したdraw()メソッドを21行目で実行し、キャンバスに画像を表示していることも合わせて確認しましょう。

 属性で画像を扱っているところがこのプログラムのポイントです。20行目で作ったcharacterというオブジェクトは、職業名、ライフの値、そして画像というデータを持っています。

▶▶▶ 複数のオブジェクトを作る

ninja.png

次はリストで複数のオブジェクトを作ります。swordsman.pngに加えて右の画像も用いるので、書籍サポートページからダウンロードして、プログラムと同じフォルダに入れてください。

次のプログラムを入力し、ファイル名を付けて保存し、実行しましょう。

リスト▶list1303_2.py

```python
import tkinter
FNT = ("Times New Roman", 30)

class GameCharacter:
    def __init__(self, job, life, imgfile):
        self.job = job
        self.life = life
        self.img = tkinter.PhotoImage(file=imgfile)

    def draw(self, x, y):
        canvas.create_image(x+200, y+280, image=self.img)
        canvas.create_text(x+300, y+400, text=self.job, font=FNT, fill="red")
        canvas.create_text(x+300, y+480, text=self.life, font=FNT, fill="blue")

root = tkinter.Tk()
root.title("tkinterでオブジェクト指向プログラミング")
canvas = tkinter.Canvas(root, width=800, height=560, bg="white")
canvas.pack()

character = [
    GameCharacter("剣士", 200, "swordsman.png"),
    GameCharacter("忍者", 160, "ninja.png")
]
character[0].draw(0, 0)
character[1].draw(400, 0)

root.mainloop()
```

行	説明
1	tkinterモジュールをインポート
2	フォントを指定する変数
4	クラスの定義
5	コンストラクタ
6	job属性に引数の値を代入
7	life属性に引数の値を代入
8	img属性に画像を読み込む
10	画像と情報を表示するメソッド
11	画像の描画
12	文字列の表示（jobの値）
13	文字列の表示（lifeの値）
15	ウィンドウのオブジェクトを作る
16	タイトルを指定
17	キャンバスの部品を作る
18	キャンバスを配置する
20	リストでオブジェクトを作る
21	剣士のオブジェクト
22	忍者のオブジェクト
24	剣士オブジェクトのdraw()メソッドを実行
25	忍者オブジェクトのdraw()メソッドを実行
27	ウィンドウを表示

このプログラムを実行すると剣士と忍者が表示されます。

基本的な処理は前のlist1303_1.pyと一緒ですが、今回のプログラムではdraw()メソッドにdraw(self, x, y)と2つの引数を追加し、画像と文字列の表示位置を指定できるようにしています。

20～23行目のように、2

図13-3-2　list1303_2.pyの実行結果

つのオブジェクトをリストで用意します。24～25行目でそれぞれのオブジェクトのdraw()
メソッドを実行しています。

機能を定義し戦えるようにする

　クラスに定義するメソッドは、オブジェクトに機能を持たせるためのものです。
list1303_1.pyとlist1303_2.pyの2つのプログラムは、クラスにdraw()というメソッドを定
義しています。オブジェクト指向プログラミングでゲームを開発するのであれば、例えば

- **キャラクターを移動させる機能を持つメソッド**
- **キャラクターのライフの計算を行うメソッド**

などを用意します。これらの機能に必要な変数（属性）があれば、コンストラクタにその変
数を加えます。

　オブジェクトの機能について学ぶために、前のlist1303_2.pyに相手のキャラクターと戦
うメソッドを追加し、ゲームに近い動作をするプログラムに改良します。このプログラムで
は前のプログラムまで使っていた職業名を入れる変数jobを、キャラクター名を入れる変数
nameに変更しました。

　次のプログラムを入力し、ファイル名を付けて保存し、実行しましょう。

リスト▶list1303_3.py

```
1   import tkinter
2   import time
3   FNT = ("Times New Roman", 24)
4
5   class GameCharacter:
6       def __init__(self, name, life, x, y, imgfile,
    tagname):
7           self.name = name
8           self.life = life
9           self.lmax = life
10          self.x = x
11          self.y = y
12          self.img = tkinter.PhotoImage(file=imgfile)
13          self.tagname = tagname
14
15      def draw(self):
16          x = self.x
17          y = self.y
18          canvas.create_image(x, y, image=self.img,
    tag=self.tagname)
19          canvas.create_text(x, y+120, text=self.name,
    font=FNT, fill="red", tag=self.tagname)
20          canvas.create_text(x, y+200, text="life{}/
```

	tkinterモジュールをインポート
	timeモジュールをインポート
	フォントを指定する変数
	クラスの定義
	コンストラクタ
	name属性に引数の値を代入
	life属性に引数の値を代入
	lmax属性に引数の値を代入
	x属性に引数の値を代入
	y属性に引数の値を代入
	img属性に画像を読み込む
	tagname属性に引数の値を代入
	画像と情報を表示するメソッド
	変数xに表示位置（X座標）を代入
	変数yに表示位置（Y座標）を代入
	画像の描画
	文字列の表示（nameの値）
	文字列の表示（lifeとlmaxの値）

```
      {}".format(self.life, self.lmax), font=FNT, fill=
      "lime", tag=self.tagname)
21
22      def attack(self):                                          攻撃処理を行うメソッド
23          dir = 1                                                  画像を動かす向き
24          if self.x >= 400:                                          右側のキャラは
25              dir = -1                                                 動かす向きを左とする
26          for i in range(5): # 攻撃動作（横に動かす）            繰り返しで
27              canvas.coords(self.tagname, self.x+i*                     coords()命令で表示位置を変更
      10*dir, self.y)
28              canvas.update()                                        キャンバスを更新
29              time.sleep(0.1)                                        0.1秒待つ
30          canvas.coords(self.tagname, self.x, self.y)          画像を元に位置に移動
31
32      def damage(self):                                          ダメージを受ける処理を行うメソッド
33          for i in range(5): # ダメージ（画像の点滅）            繰り返しで
34              self.draw()                                            キャラを表示するメソッドを実行
35              canvas.update()                                        キャンバスを更新
36              time.sleep(0.1)                                        0.1秒待つ
37              canvas.delete(self.tagname)                            画像を削除（一旦消す）
38              canvas.update()                                        キャンバスを更新
39              time.sleep(0.1)                                        0.1秒待つ
40          self.life = self.life - 30                            ライフを30減らす
41          if self.life > 0:                                      ライフが0より大きければ
42              self.draw()                                            キャラを表示する
43          else:                                                  そうでなければ
44              print(self.name+"は倒れた...")                        倒れたとシェルウィンドウに出力
45
46  def click_left():                                          左側のボタンをクリックした時の関数
47      character[0].attack()                                      剣士の攻撃処理のメソッドを実行
48      character[1].damage()                                      忍者のダメージ処理のメソッドを実行
49
50  def click_right():                                         右側のボタンをクリックした時の関数
51      character[1].attack()                                      忍者の攻撃処理のメソッドを実行
52      character[0].damage()                                      剣士のダメージ処理のメソッドを実行
53
54  root = tkinter.Tk()                                        ウィンドウのオブジェクトを作る
55  root.title("オブジェクト指向でバトル")                       タイトルを指定
56  canvas = tkinter.Canvas(root, width=800,                   キャンバスの部品を作る
      height=600, bg="white")
57  canvas.pack()                                              キャンバスを配置する
58
59  btn_left = tkinter.Button(text="攻撃→", command=          左側のボタンを作り
      click_left)
60  btn_left.place(x=160, y=560)                               配置する
61  btn_right = tkinter.Button(text="←攻撃", command=         右側のボタンを作り
      click_right)
62  btn_right.place(x=560, y=560)                              配置する
63
```

Chapter 13

オブジェクト指向プログラミング

335

64	`character = [`	リストでオブジェクトを作る
65	`    GameCharacter("暁の剣士「ガイア」", 200, 200, 280, "swordsman.png", "LC"),`	剣士のオブジェクト
66	`    GameCharacter("闇の忍者「半蔵」", 160, 600, 280, "ninja.png", "RC")`	忍者のオブジェクト
67	`]`	
68	`character[0].draw()`	剣士オブジェクトのdraw()メソッドを実行
69	`character[1].draw()`	忍者オブジェクトのdraw()メソッドを実行
70		
71	`root.mainloop()`	ウィンドウを表示

　このプログラムを実行すると、剣士と忍者の足元に攻撃ボタンが表示され、それをクリックすると相手を攻撃します。ライフが0以下になると画像が消え、シェルウィンドウに「〇〇は倒れた……」と出力されます。

図13-3-3
list1303_3.pyの
実行結果

　GameCharacterクラスに定義したコンストラクタとメソッドの処理を説明します。

表13-3-1　GameCharacterクラスのコンストラクタとメソッド

行番号	コンストラクタ／メソッド	処理
6〜13行目	コンストラクタ __init__()	キャラクターの名前、ライフ、表示位置、画像ファイル名、タグ名を引数で受け取り、変数（属性）に代入する。
15〜20行目	draw()メソッド	キャラクターの画像、名前とライフを表示する。
22〜30行目	attack()メソッド	画像を左右に移動させ、相手を攻撃する演出を行う。
32〜44行目	damage()メソッド	画像を点滅させ、ダメージを受ける演出を行う。ライフの値を減らし、ライフが残っていれば画像を再表示し、0以下になった場合はシェルウィンドウに負けた旨を出力する。

59行目のボタンを作る記述で、剣士の足元のボタンをクリックするとclick_left()関数を呼び出すようにしています。この関数は47〜48行目のように、剣士のオブジェクトが攻撃するメソッド、忍者のオブジェクトがダメージを受けるメソッドを実行します。忍者の足元のボタンも同様で、クリックすると忍者が攻撃するメソッドと剣士がダメージを受けるメソッドを実行するようにしています。

　画像の表示演出では、一定時間、処理を止めるために**time.sleep()**命令を用いています（29、36、39行目）。この命令を使うには**timeモジュール**をインポートし、sleep()の引数で何秒間、処理を停止するか指定します。

　剣士と忍者の画像を、移動や点滅させる処理でタグ名を使っています。リストでオブジェクトを作る際、65〜66行目のようにタグ名を引数で渡し（剣士の画像はLC、忍者の画像はRCというタグ名）、オブジェクトの属性でそのタグ名を保持しています。

> このプログラムを改良していけば、本格的なゲームが作れそうです。オブジェクト指向プログラミングを学ぼうという方は、ゲーム作りに挑戦することでも知識を深められると思います。

Chapter 13

オブジェクト指向プログラミング

Lesson 13-4 オブジェクト指向プログラミングをもっと学ぶ

　Lesson 13-1から13-3まで、オブジェクト指向プログラミングの基礎知識を説明しました。オブジェクト指向プログラミングをさらに学びたい方のために、クラスの継承とオーバーライドという2つの知識を説明します。難しい内容ですが、頑張って読み進めてください。

クラスの継承について

　オブジェクト指向プログラミングでは、あるクラスを元に、新たな機能を加えた新しいクラスを作ることができます。これをクラスの**継承**といいます。
　ロールプレイングゲームを例に、クラスの継承を説明します。まずキャラクターの名前とライフを扱うための基本的なクラスを用意します。これをCという名のクラスとしましょう。クラスCを元に、パーティメンバーを作り出すためのPというクラスと、敵のモンスターを作り出すためのMというクラスを用意します。
　パーティメンバーは武器と防具を装備するので、クラスPには装備品を管理するweaponとarmorという変数を追加します。モンスターはゲームでよく使われる六大要素の火、風、土、水、闇、光のいずれかに属するものとし、クラスMにはどの要素に属するかを管理する変数elementを追加します。これを図示すると次のようになります。

図13-4-1　クラスの継承

　継承元となるクラスを親クラスやスーパークラスといいます。親クラスを継承して作ったクラスを子クラスやサブクラスといいます。以上のように、あるクラスを元に新たなクラスを作ることが継承の概念です。
　Pythonでは次の書式で親クラスを継承した子クラスを作ります。

書式：子クラスを作る

```
class 子クラス名(親クラス名)：
    子クラスの定義内容
```

オーバーライドについて

　子クラスでは、親クラスのコンストラクタやメソッドを上書きして機能を充実させることができます。コンストラクタやメソッドを上書きすることを**オーバーライド**といいます。

　継承とオーバーライドをプログラムで確認します。プログラムの内容はロールプレイングゲームをイメージし、一般人（町の人々）を作るためのクラスを定義します。そして冒険に出る戦士を作るためのクラスを、一般人のクラスを継承して定義します。一般人のクラスが親クラス、戦士のクラスが子クラスです。戦士クラスではコンストラクタとメソッドをオーバーライドし、機能を充実させます。

　画像は用いません。次のプログラムを入力し、ファイル名を付けて保存し、実行しましょう。

リスト ▶ list1304_1.py

```python
class Human:                                      Humanクラスの定義（これが親クラス）
    def __init__(self, name, life):                   コンストラクタ
        self.name = name                                  name属性に引数の値を代入
        self.life = life                                  life属性に引数の値を代入

    def info(self):                                   属性の値を出力するメソッド
        print(self.name)                                  name属性の値を出力
        print(self.life)                                  life属性の値を出力


class Soldier(Human):                             Humanクラスを継承しSoldierクラスを定義
    def __init__(self, name, life, weapon):           コンストラクタをオーバーライド
        super().__init__(name, life)                      親クラスのコンストラクタを実行
        self.weapon = weapon                              weapon属性に引数の値を代入

    def info(self):                                   info()メソッドをオーバーライド
        print("私の名前は"+self.name)                      文字列とname属性の出力
        print("私の体力は{}".format(self.life))            文字列とlife属性の出力

    def talk(self):                                   Soldierクラスで新たに定義したメソッド
        print(self.weapon + "を携え、冒険に出発します")      台詞を出力


man = Human("トム（一般人）", 50)                   一般人のオブジェクトを作る
man.info()                                        そのオブジェクトのinfo()メソッドを実行
print("----------")                               出力内容を----------で区切る
prince = Soldier("アレクス（王子）", 200, "光の剣")  戦士のオブジェクトを作る
prince.info()                                     そのオブジェクトのinfo()メソッドを実行
prince.talk()                                     そのオブジェクトのtalk()メソッドを実行
```

　このプログラムを実行すると次のように出力されます。

339

Chapter 13

オブジェクト指向プログラミング

図13-4-2
list1304_1.pyの実行結果

```
トム(一般人)
50
----------
私の名前はアレクス(王子)
私の体力は200
光の剣を携え、冒険に出発します
>>>
```

　11〜21行目に記述したSoldierクラスが、1〜8行目のHumanクラスを継承して作ったクラスです。Soldierクラスではコンストラクタを def __init__(self, name, life, weapon) と記述してオーバーライドし、武器の名称を引数で渡せるようにしています。またnameとlifeの値を代入するために、13行目のように super().__init__(name, life) として親クラスのコンストラクタを実行します。super()は「スーパークラス（親クラス）の」という意味です。

　Soldierクラスではinfo()メソッドもオーバーライドしているので、24行目で作ったトムのオブジェクトでinfo()メソッドを実行した結果と、27行目で作ったアレクスのオブジェクトでinfo()メソッドを実行した結果が違います。アレクスのinfo()メソッドは「私の名前は○」「私の体力は□」と出力する機能を持つように上書きされています。

　それからSoldierクラスにはtalk()メソッドを追加しています。親クラスを継承して作る子クラスでは、このように機能を充実させていくことが一般的です。

　以上が継承とオーバーライドの学習ですが、難しい内容なのですぐに理解できなくても大丈夫です。オブジェクト指向プログラミングは一朝一夕に習得できるものではないので、焦らずにコツコツと学習を進めていただければと思います。

> オブジェクト指向プログラミングを理解できるようになれば、Pygameを使ったゲームのプログラムをオブジェクト指向で書くこともできます。

COLUMN

筆者も苦労したオブジェクト指向プログラミング

　筆者（以下、私）がプログラミングを学び始めた1980年代、世の中にはまだオブジェクト指向プログラミングは浸透していませんでした。当時学生だった私が読むコンピュータ関連の書物には、記憶にある限り、オブジェクト指向の話は出てこなかったと思います。ただ私はホビー（ゲーム）寄りのコンピュータ誌ばかり読んでいたので、ビジネス寄りのコンピュータ雑誌や書物にはオブジェクト指向の話が出ていたかもしれません。いずれにしても当時はまだオブジェクト指向必須という時代ではありませんでした。

　1990年代になると、コンピュータの急速な進歩とインターネットの普及により、大規模なソフトウェア開発が多く行われるようになります。そのような開発の場では複数のプログラマーが共同作業をしますが、オブジェクト指向でプログラミングすると、高度なプログラムを作業分担して作りやすいのです。またオブジェクト指向のプログラミング言語には、ソフトウェアの不具合の発生を抑制できる仕組みが備わっています。そのような理由から、90年代以降、Javaなどのオブジェクト指向を前提に設計されたプログラミング言語が普及していきました。

　オブジェクト指向プログラミングは難しいと感じる方も多いことでしょう。オブジェクト指向を学び始めた当初、私にとってもその概念は難しく、「どうもイメージがつかめない……」という悩ましい日々が続きました。ある日、「これまで自分が書いてきた手続き型のプログラムをオブジェクト指向にするには、どう記述すればよいのだろう？」と考え、それがオブジェクト指向を理解する突破口になりました。手続き型のプログラムの一部をオブジェクト指向の書き方に置き換えていくことで、オブジェクト指向プログラミングへの理解が進んだのです。

　プログラミング初心者や趣味のプログラマーの方は、オブジェクト指向に頭を悩ませる必要はありません。手続き型のプログラムでゲームを作ることができるのですから、この章の内容は全体を眺めれば十分です。

　将来ゲームプログラマーとして活躍したい方は、ある程度プログラミングの技術が身についたら、ぜひオブジェクト指向プログラミングにも挑戦してください。この章のサンプルプログラムを改良するところからスタートしてもよいでしょう。サンプルプログラムに手を加えることも、オブジェクト指向プログラミングを理解する方法の1つになると思います。継承やオーバーライドは難しい概念なので、すぐに理解できなくても大丈夫です。プログラミングの学習を続けていけばオリジナルゲームを作れるようになりますし、やがてオブジェクト指向プログラミングも理解できるはずです。

本書で学んだ知識を活かせばオリジナルゲームだって作れます。ここでは、Python研究部の活動を通して、3つのプログラムを紹介します。それらは本書サポートページより入手可能です。

特別付録
池山高校 Python研究部

Profile
顧問　長田啓介

数学教師。学校教育でプログラミングが盛んになり、勤務先の高校ではPython研究部が発足し、その顧問を任される。大学生時代にPythonを学ぶ機会があり、それ以後、趣味でPythonを使っている。

Profile
星野太雅

二年生。「プログラミングを学んでおくと、受験にも就職にも役に立つ」と聞いて入部。ゲームが好きなので、オリジナルゲームを作れるようになりたいと思っている。

Profile
小池みどり

1年生。コンピュータのプログラムは英単語の命令で作ると聞いて、「苦手な英語が得意になるかな？」と思い、入部。英会話部への入部も考えたが、未知の世界が好きなので、Python研究部を選択した好奇心旺盛な女の子。

Appendix

Intro ゲームをつくろう！

池山高校はとある地方都市にある県立高校です。

大学時代にPythonを学んでいた長田教諭が顧問となり、「Python研究部」が発足しました。

部員はたったの2人。

それでも、「ゲームをつくりたい！」という星野くんの熱意で、毎日勉強会が開かれました。

教科書はもちろん「**Pythonでつくる ゲーム開発 入門講座**」です。

Pythonの基礎から始まり、じょじょに簡単なゲームから本格RPGへと進み、なんとか1か月かけて読み終えることができました。

いろいろと分からない部分もあるかもしれないけど、1冊読み終えただけでも、だいぶ自信がついたんじゃないかな？

はい。おかげで、自分でもオリジナルのゲームがつくれそうな気がしてきました。そろそろゲームをつくりませんか？

わたしは英単語が勉強できるソフトがあるとうれしいです。

了解です。ではまず「Pythonでつくる ゲーム開発 入門講座」で学んだ迷路を塗るプログラムを元に、一筆書き迷路のゲームを発展させてみましょう。

オリジナルのゲームじゃないんですか？

344

今後、オリジナルのゲームも作りますが、その前に、学んだ内容から発展させると分かりやすいです。1つ目は一筆書き迷路ゲームで複数のステージを遊べるようにしましょう。それができたら英単語学習ソフトを作り、最後にオリジナルゲームを作りましょう。

わかりました！

1つ目 一筆書き迷路ゲーム

>>> **ルール**

画面全体を塗るとクリア。全部で5ステージあります。

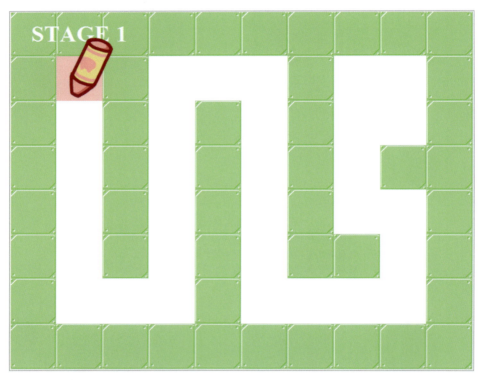

>>> **操作方法**

- 方向キーでクレヨンの移動。
- やり直しは左 Shift キーか G キー。

リスト▶maze_game.py

```python
import tkinter
import tkinter.messagebox

idx = 0
tmr = 0
stage = 1
ix = 0
iy = 0
key = 0

def key_down(e):
    global key
    key = e.keysym

def key_up(e):
    global key
    key = 0

maze = [[],[],[],[],[],[],[],[]]

def stage_data():
    global ix, iy
    global maze #リスト全体を変更する場合 global宣言が必要
    if stage == 1:
        ix = 1
        iy = 1
        maze = [# 0が床、1が塗ったところ、9が壁
        [9, 9, 9, 9, 9, 9, 9, 9, 9, 9],
        [9, 0, 9, 0, 0, 0, 9, 0, 0, 9],
        [9, 0, 9, 0, 9, 0, 9, 0, 0, 9],
        [9, 0, 9, 0, 9, 0, 9, 0, 9, 9],
        [9, 0, 9, 0, 9, 0, 9, 0, 0, 9],
        [9, 0, 9, 0, 9, 0, 9, 9, 0, 9],
        [9, 0, 0, 0, 9, 0, 0, 0, 0, 9],
        [9, 9, 9, 9, 9, 9, 9, 9, 9, 9]
        ]
    if stage == 2:
        ix = 8
        iy = 6
        maze = [
        [9, 9, 9, 9, 9, 9, 9, 9, 9, 9],
        [9, 0, 0, 0, 0, 0, 0, 0, 0, 9],
        [9, 0, 0, 0, 0, 0, 0, 9, 0, 9],
        [9, 0, 0, 9, 9, 0, 0, 9, 0, 9],
        [9, 0, 0, 9, 9, 0, 0, 9, 0, 9],
        [9, 9, 9, 9, 9, 0, 0, 9, 0, 9],
        [9, 9, 9, 9, 9, 0, 0, 0, 0, 9],
        [9, 9, 9, 9, 9, 9, 9, 9, 9, 9]
```

```python
49            ]
50        if stage == 3:
51            ix = 3
52            iy = 3
53            maze = [
54            [9, 9, 9, 9, 9, 9, 9, 9, 9, 9],
55            [9, 9, 9, 0, 0, 0, 0, 9, 9, 9],
56            [9, 9, 0, 0, 0, 0, 0, 0, 9, 9],
57            [9, 0, 0, 0, 0, 0, 0, 0, 0, 9],
58            [9, 0, 9, 0, 0, 0, 0, 0, 0, 9],
59            [9, 0, 0, 0, 0, 0, 0, 0, 9, 9],
60            [9, 9, 0, 0, 0, 0, 0, 9, 9, 9],
61            [9, 9, 9, 9, 9, 9, 9, 9, 9, 9]
62            ]
63        if stage == 4:
64            ix = 4
65            iy = 3
66            maze = [
67            [9, 9, 9, 9, 9, 9, 9, 9, 9, 9],
68            [9, 0, 0, 0, 0, 0, 0, 0, 0, 9],
69            [9, 0, 0, 0, 9, 0, 0, 0, 0, 9],
70            [9, 0, 0, 0, 0, 0, 0, 0, 0, 9],
71            [9, 0, 0, 9, 0, 0, 0, 9, 0, 9],
72            [9, 0, 0, 0, 0, 0, 0, 9, 0, 9],
73            [9, 0, 0, 0, 0, 0, 0, 0, 0, 9],
74            [9, 9, 9, 9, 9, 9, 9, 9, 9, 9]
75            ]
76        if stage == 5:
77            ix = 1
78            iy = 6
79            maze = [
80            [9, 9, 9, 9, 9, 9, 9, 9, 9, 9],
81            [9, 0, 0, 0, 0, 0, 0, 0, 0, 9],
82            [9, 0, 9, 0, 0, 0, 0, 0, 0, 9],
83            [9, 0, 0, 0, 0, 0, 9, 9, 0, 9],
84            [9, 0, 0, 0, 0, 9, 9, 9, 0, 9],
85            [9, 0, 0, 9, 0, 0, 0, 0, 0, 9],
86            [9, 0, 0, 0, 0, 0, 0, 0, 0, 9],
87            [9, 9, 9, 9, 9, 9, 9, 9, 9, 9]
88            ]
89        maze[iy][ix] = 1
90
91    def draw_bg():
92        for y in range(8):
93            for x in range(10):
94                gx = 80*x
95                gy = 80*y
96                if maze[y][x] == 0:
97                    cvs.create_rectangle(gx, gy, gx+80, gy+80, fill="white", width=0,
```

```python
     tag="BG")
98               if maze[y][x] == 9:
99                   cvs.create_image(gx+40, gy+40, image=wall, tag="BG")
100      cvs.create_text(120, 40, text="STAGE "+str(stage), fill="white", font=("Times
     New Roman", 30, "bold"), tag="BG")
101      gx = 80*ix
102      gy = 80*iy
103      cvs.create_rectangle(gx, gy, gx+80, gy+80, fill="pink", width=0, tag="BG")
104      cvs.create_image(gx+60, gy+20, image=pen, tag="PEN")
105
106  def erase_bg():
107      cvs.delete("BG")
108      cvs.delete("PEN")
109
110  def move_pen():
111      global idx, tmr, ix, iy, key
112      bx = ix
113      by = iy
114      if key == "Left" and maze[iy][ix-1] == 0:
115          ix = ix-1
116      if key == "Right" and maze[iy][ix+1] == 0:
117          ix = ix+1
118      if key == "Up" and maze[iy-1][ix] == 0:
119          iy = iy-1
120      if key == "Down" and maze[iy+1][ix] == 0:
121          iy = iy+1
122      if ix != bx or iy != by:
123          maze[iy][ix] = 2
124          gx = 80*ix
125          gy = 80*iy
126          cvs.create_rectangle(gx, gy, gx+80, gy+80, fill="pink", width=0, tag="BG")
127          cvs.delete("PEN")
128          cvs.create_image(gx+60, gy+20, image=pen, tag="PEN")
129
130      if key == "g" or key == "G" or key == "Shift_L":
131          key = 0
132          ret = tkinter.messagebox.askyesno("ギブアップ", "やり直しますか？")
133          root.focus_force() #for Mac
134          if ret == True:
135              stage_data()
136              erase_bg()
137              draw_bg()
138
139  def count_tile():
140      cnt = 0
141      for y in range(8):
142          for x in range(10):
143              if maze[y][x] == 0:
144                  cnt = cnt + 1
```

```python
145        return cnt
146
147  def game_main():
148      global idx, tmr, stage
149      if idx == 0: #初期化
150          stage_data()
151          draw_bg()
152          idx = 1
153      if idx == 1: #ペンの移動とクリア判定
154          move_pen()
155          if count_tile() == 0:
156              txt = "STAGE CLEAR"
157              if stage == 5:
158                  txt = "ALL STAGE CLEAR!"
159              cvs.create_text(400, 320, text=txt, fill="white", font=("Times New
     Roman", 40, "bold"), tag="BG")
160              idx = 2
161              tmr = 0
162      if idx == 2: #ステージクリア
163          tmr = tmr + 1
164          if tmr == 30:
165              if stage < 5:
166                  stage = stage + 1
167                  stage_data()
168                  erase_bg()
169                  draw_bg()
170                  idx = 1
171      root.after(200, game_main)
172
173  root = tkinter.Tk()
174  root.title("一筆書き迷路ゲーム")
175  root.resizable(False, False)
176  root.bind("<KeyPress>", key_down)
177  root.bind("<KeyRelease>", key_up)
178  cvs = tkinter.Canvas(root, width=800, height=640)
179  cvs.pack()
180  pen = tkinter.PhotoImage(file="pen.png")
181  wall = tkinter.PhotoImage(file="wall.png")
182  game_main()
183  root.mainloop()
```

≫≫≫「一筆書き迷路ゲーム」maze_game.pyの説明

　このプログラムはChapter 8の迷路を塗るプログラムを発展させた内容になっています。

　stage_data()という関数内で5ステージ分の迷路のデータを定義しています。stage_data()の処理はステージを管理するstageという変数の値によって、各ステージの迷路の形を二次元リストmazeにセットします。

　ゲームのメイン処理を行うgame_main()関数では、インデックスの値1の時にペンを動かし、迷路を塗りつぶしたかを判定し、インデックスの値2の時にステージクリアの処理を行っています。インデックスの使い方が曖昧であれば、Chapter 9のLesson 9-9で復習しましょう。

　このプログラムはステージ5で終了しますが、stage_data()関数に迷路データを追記し、157行目と165行目のifの条件式の値を書き換えれば、ステージ数を増やすことができます。

≫≫≫ 変数と関数の説明

変数名	用途
idx, tmr	ゲーム進行を管理するインデックスとタイマー
stage	ステージ番号
ix, iy	クレヨンの位置
key	押されたキーの値
maze	迷路のデータを入れるリスト

関数名	内容
key_down(e)	キーが押された時に働く
key_up(e)	キーが離された時に働く
stage_data()	各ステージのデータをセットする
draw_bg()	画面を描く
erase_bg()	画面を消す
move_pen()	クレヨンを動かす
count_tile()	塗っていないマスを数える
game_main()	メイン処理を行う

351

頭を使うゲームはあまり遊ばなかったけど、これ、シンプルで面白いな。

一見、簡単そうに見えて、けっこう難しいステージがあるわ。

リストで定義した迷路のデータを書き換えれば、いろいろな迷路に変更できます。
ステージ数も増やせますよ。オリジナルの迷路を追加してみましょう。
さて次は英単語学習ソフトを作りましょう。

2つ目 英単語学習ソフト

》》》 操作方法

- 画面に表示される英単語をキーボードで入力し、 Enter キーを押します。
- 入力し直しは Delete キーか BackSpace キーです。

リスト▶study_words.py

```python
import tkinter

FNT1 = ("Times New Roman", 12)
FNT2 = ("Times New Roman", 24)

WORDS = [
"apple", "リンゴ",
"book", "本",
"cat", "猫",
"dog", "犬",
"egg", "卵",
"fire", "火",
"gold", "金色",
"head", "頭",
"ice", "氷",
"juice", "ジュース",
"king", "王様",
"lemon", "レモン",
```

```python
19    "mother", "お母さん",
20    "notebook", "ノート",
21    "orange", "オレンジ",
22    "pen", "ペン",
23    "queen", "女王",
24    "room", "部屋",
25    "sport", "スポーツ",
26    "time", "時間",
27    "user", "ユーザー",
28    "vet", "獣医",
29    "window", "窓",
30    "xanadu", "桃源郷",
31    "yellow", "黄色",
32    "zoo", "動物園"
33    ]
34    MAX = int(len(WORDS)/2)
35    score = 0
36    word_num = 0
37    yourword = ""
38    koff = False # 1文字ずつ入力するためのフラグ
39
40    def key_down(e):
41        global score, word_num, yourword, koff
42        if koff == True:
43            koff = False
44            kcode = e.keycode
45            ksym  = e.keysym
46            if 65 <= kcode and kcode <= 90: #大文字
47                yourword = yourword + chr(kcode+32)
48            if 97 <= kcode and kcode <= 122: #小文字
49                yourword = yourword + chr(kcode)
50            if ksym == "Delete" or ksym == "BackSpace":
51                yourword = yourword[:-1] # この記述でお尻の1文字を削除
52            input_label["text"] = yourword
53            if ksym == "Return":
54                if input_label["text"] == english_label["text"]:
55                    score = score + 1
56                    set_label()
57
58    def key_up(e):
59        global koff
60        koff = True
61
62    def set_label():
63        global word_num, yourword
64        score_label["text"] = score
65        english_label["text"] = WORDS[word_num*2]
66        japanese_label["text"] = WORDS[word_num*2+1]
67        input_label["text"] = ""
```

```python
68          word_num = (word_num + 1)%MAX
69          yourword = ""
70
71  root = tkinter.Tk()
72  root.title("単語学習アプリ")
73  root.geometry("400x200")
74  root.resizable(False, False)
75  root.bind("<KeyPress>", key_down)
76  root.bind("<KeyRelease>", key_up)
77  root["bg"] = "#DEF"
78
79  score_label = tkinter.Label(font=FNT1, bg="#DEF", fg="#4C0")
80  score_label.pack()
81  english_label = tkinter.Label(font=FNT2, bg="#DEF")
82  english_label.pack()
83  japanese_label = tkinter.Label(font=FNT1, bg="#DEF", fg="#444")
84  japanese_label.pack()
85  input_label = tkinter.Label(font=FNT2, bg="#DEF")
86  input_label.pack()
87  howto_label = tkinter.Label(text="英単語を入力し[Enter]を押す¥n入力し直しは[Delete]か[BS]", font=FNT1, bg="#FFF", fg="#ABC")
88  howto_label.pack()
89
90  set_label()
91  root.mainloop()
```

》》》「英単語学習ソフト」study_words.pyの説明

　このプログラムは、本書で学んだ落ち物パズルやRPGのようなリアルタイム処理は行っていません。ユーザーがキーを押すなどソフトウェアに働きかけることで処理が進むイベントドリブン型のソフトです。イベントドリブン型のソフトの作り方はChapter 7（おみくじ）とChapter 8（診断ゲーム）で学びました。

　プログラムのポイントはkey_down(e)という関数です。この関数ではキーを押した時に、ラベルにアルファベットを追加する処理を行っています。1文字ずつ入力を受け付けるためにkoffという変数を用意しています。koffの値はキーを押すとFalse、キーを離すとTrueにし、if koff == Trueという条件式が成り立つ時（つまりいったんキーを離し、再びキーを押した時）に入力を受け付けています。

　key_down()関数では、Delete キーか BackSpace キーで文字を削除できるようにしています。Pythonでは51行目のように、変数 = 変数[:-1]とすると、その変数に入っている文字列の最後の1文字を削除できます。それから Enter キーを押した時には、入力した文字列が英単語と合っているかを判定しています。

》》》変数と関数の説明

変数名	用途
WORDS	英単語と日本語の意味を定義する
MAX	定義した英単語の数 len()はリストの要素数を返す命令
score	正解で1加算する
word_num	何番目の英単語を入力中か
yourword	ユーザーが入力中の語
koff	キーを離した時に立てるフラグ アルファベットを1文字ずつ入力するために使っている

関数名	内容
key_down(e)	キーが押された時に働く
key_up(e)	キーが離された時に働く
set_label()	ラベルに単語を表示する

このプログラムは簡単に英単語を増やせるようになっています。WORDSというリストに追記していくだけです。とりあえず中学生レベルの英単語を入れましたが、皆さんのレベルに合わせて入れ替えてみてください。

次の小テストに出る英単語に変えてみます！

キーボードのキーの位置を覚えるのにも役立ちますね。

そうですね。パソコンを使い慣れていない新入部員が入ったら、これでキー配列を覚えてもらいましょう。

3つ目　ブロック崩し

先生、次はいよいよオリジナルのゲームを作るんですよね？

はい、そうしましょう。

どんな内容ですか？

オレ、アクションゲームが好きだから、そういうのがいいな。

1970年代後半にヒットした「ブロック崩し」というゲームがあります。アクションゲームではないですが、反射神経の良さを問われるタイプのゲームなので、星野君も楽しめると思います。それを作ってみましょう。

知ってます、「ブロック崩し」！　パパがパソコンでやってました。子供の時に遊んだ懐かしいゲームだって。

そうでしたか。では小池さんが作ったプログラムをパパにプレゼントすると、きっと喜んでくれますよ。

反射神経なら、オレ得意かも。
先生、早く作り方、教えてください！

》》》 ルール

- バーでボールを打ち返し、画面上部のブロックを崩します。全て崩せばステージクリアです。
- ブロックは10点、バーで打ち返すと1点（バーの左右の角なら2点）入ります。

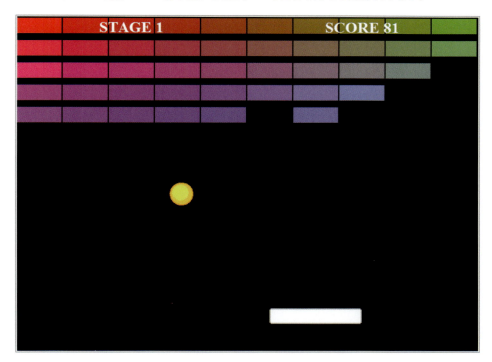

》》》 操作方法

キーボードの方向キーでバーを左右に移動します。

- 攻略のヒント

  バーの角でボールを打ち返すと、
  ボールが飛んで行く角度が変わります。

リスト ▶ block_game.py

```
1  import tkinter
2  import random
3
4  FNT = ("Times New Roman", 20, "bold")
5
6  key = ""
```

```python
 7   keyoff = False
 8   idx = 0
 9   tmr = 0
10   stage = 0
11   score = 0
12   bar_x = 0
13   bar_y = 540
14   ball_x = 0
15   ball_y = 0
16   ball_xp = 0
17   ball_yp = 0
18   is_clr = True
19
20   block = []
21   for i in range(5):
22       block.append([1]*10)
23   for i in range(10):
24       block.append([0]*10)
25
26   def key_down(e):
27       global key
28       key = e.keysym
29
30   def key_up(e):
31       global keyoff
32       keyoff = True
33
34   def draw_block():
35       global is_clr
36       is_clr = True
37       cvs.delete("BG")
38       for y in range(15):
39           for x in range(10):
40               gx = x*80
41               gy = y*40
42               if block[y][x] == 1:
43                   cvs.create_rectangle(gx+1, gy+4, gx+79, gy+32, fill=block_color(x,y),
     width=0, tag="BG")
44                   is_clr = False
45       cvs.create_text(200, 20, text="STAGE "+str(stage), fill="white", font=FNT, tag="BG")
46       cvs.create_text(600, 20, text="SCORE "+str(score), fill="white", font=FNT, tag="BG")
47
48   def block_color(x, y): # format()命令で16進数の値に変換できる
49       col = "#{0:x}{1:x}{2:x}".format(15-x-int(y/3), x+1, y*3+3)
50       return col
51
52   def draw_bar():
53       cvs.delete("BAR")
54       cvs.create_rectangle(bar_x-80, bar_y-12, bar_x+80, bar_y+12, fill="silver", width=0,
```

```python
     tag="BAR")
55       cvs.create_rectangle(bar_x-78, bar_y-14, bar_x+78, bar_y+14, fill="silver", width=0,
     tag="BAR")
56       cvs.create_rectangle(bar_x-78, bar_y-12, bar_x+78, bar_y+12, fill="white", width=0,
     tag="BAR")
57
58   def move_bar():
59       global bar_x
60       if key == "Left" and bar_x > 80:
61           bar_x = bar_x - 40
62       if key == "Right" and bar_x < 720:
63           bar_x = bar_x + 40
64
65   def draw_ball():
66       cvs.delete("BALL")
67       cvs.create_oval(ball_x-20, ball_y-20, ball_x+20, ball_y+20, fill="gold",
     outline="orange", width=2, tag="BALL")
68       cvs.create_oval(ball_x-16, ball_y-16, ball_x+12, ball_y+12, fill="yellow", width=0,
     tag="BALL")
69
70   def move_ball():
71       global idx, tmr, score, ball_x, ball_y, ball_xp, ball_yp
72       ball_x = ball_x + ball_xp
73       if ball_x < 20:
74           ball_x = 20
75           ball_xp = -ball_xp
76       if ball_x > 780:
77           ball_x = 780
78           ball_xp = -ball_xp
79       x = int(ball_x/80)
80       y = int(ball_y/40)
81       if block[y][x] == 1:
82           block[y][x] = 0
83           ball_xp = -ball_xp
84           score = score + 10
85
86       ball_y = ball_y + ball_yp
87       if ball_y >= 600:
88           idx = 2
89           tmr = 0
90           return
91       if ball_y < 20:
92           ball_y = 20
93           ball_yp = -ball_yp
94       x = int(ball_x/80)
95       y = int(ball_y/40)
96       if block[y][x] == 1:
97           block[y][x] = 0
98           ball_yp = -ball_yp
```

```python
 99            score = score + 10
100
101        if bar_y-40 <= ball_y and ball_y <= bar_y:
102            if bar_x-80 <= ball_x and ball_x <= bar_x+80:
103                ball_yp = -10
104                score = score + 1
105            elif bar_x-100 <= ball_x and ball_x <= bar_x-80:
106                ball_yp = -10
107                ball_xp = random.randint(-20, -10)
108                score = score + 2
109            elif bar_x+80 <= ball_x and ball_x <= bar_x+100:
110                ball_yp = -10
111                ball_xp = random.randint(10, 20)
112                score = score + 2
113
114    def main_proc():
115        global key, keyoff
116        global idx, tmr, stage, score
117        global bar_x, ball_x, ball_y, ball_xp, ball_yp
118        if idx == 0:
119            tmr = tmr + 1
120            if tmr == 1:
121                stage = 1
122                score = 0
123            if tmr == 2:
124                ball_x = 160
125                ball_y = 240
126                ball_xp = 10
127                ball_yp = 10
128                bar_x = 400
129                draw_block()
130                draw_ball()
131                draw_bar()
132                cvs.create_text(400, 300, text="START", fill="cyan", font=FNT, tag="TXT")
133            if tmr == 30:
134                cvs.delete("TXT")
135                idx = 1
136        elif idx == 1:
137            move_ball()
138            move_bar()
139            draw_block()
140            draw_ball()
141            draw_bar()
142            if is_clr == True:
143                idx = 3
144                tmr = 0
145        elif idx == 2:
146            tmr = tmr + 1
147            if tmr == 1:
```

```python
                cvs.create_text(400, 260, text="GAME OVER", fill="red", font=FNT, tag="TXT")
        if tmr == 15:
                cvs.create_text(300, 340, text="[R]eplay", fill="cyan", font=FNT, tag="TXT")
                cvs.create_text(500, 340, text="[N]ew game", fill="yellow", font=FNT,
    tag="TXT")
        if key == "r":
                cvs.delete("TXT")
                idx = 0
                tmr = 1
        if key == "n":
                cvs.delete("TXT")
                for y in range(5):
                    for x in range(10):
                        block[y][x] = 1
                idx = 0
                tmr = 0
    elif idx == 3:
        tmr = tmr + 1
        if tmr == 1:
                cvs.create_text(400, 260, text="STAGE CLEAR", fill="lime", font=FNT,
    tag="TXT")
        if tmr == 15:
                cvs.create_text(400, 340, text="NEXT [SPACE]", fill="cyan", font=FNT,
    tag="TXT")
        if key == "space":
                cvs.delete("TXT")
                for y in range(5):
                    for x in range(10):
                        block[y][x] = 1
                idx = 0
                tmr = 1
                stage = stage + 1

    if keyoff == True:
        keyoff = False
        if key != "":
            key = ""

    root.after(50, main_proc)

root = tkinter.Tk()
root.title("ブロックゲーム")
root.resizable(False, False)
root.bind("<Key>", key_down)
root.bind("<KeyRelease>", key_up)
cvs = tkinter.Canvas(root, width=800, height=600, bg="black")
cvs.pack()
main_proc()
root.mainloop()
```

》》》「ブロック崩し」block_game.pyの説明

　このブロック崩しはafter()命令を用いてリアルタイム処理を行うプログラムになっています。
　本書で学習した次の処理が入っています。

- ブロック、バー、ボールをtkinterのCanvasに図形を描く命令で表示する（Chapter 6のコラム）
- リストでブロックを管理する、キー入力でバーを移動する（Chapter 8）
- インデックスとタイマーでゲームの進行を管理する（Chapter 9）

　これらは本格的なゲームを作るために欠かせない技術ですので、曖昧な点があれば本書で復習しましょう。

　このプログラムにはPygameは用いていません。本書の落ち物パズルでもお分かりいただけるように、Pythonの標準モジュールであるtkinterで、リアルタイムに画面が変化しアクション要素のあるゲームを作ることができます。手軽にゲームを作るならtkinterで、高度なゲームを作るならPygameを用いるというように使い分けると良いでしょう。

≫≫ 変数と関数の説明

変数名	用途
key, keyoff	キー入力
idx, tmr	ゲーム進行を管理するインデックスとタイマー
stage	ステージ数
score	スコア
bar_x, bar_y	バーの座標
ball_x, ball_y	ボールの座標
ball_xp, ball_yp	ボールの移動量
is_clr	クリアならTrue ブロックを表示する時にFalseとすることで、ブロックが残っているか調べている
block	ブロックを管理するリスト

関数名	内容
key_down(e)	キーが押された時に働く
key_up(e)	キーが離された時に働く
draw_block()	ブロックを描く
block_color(x, y)	ブロックの位置から16進数の色の値を作る `col = "#{0:x}{1:x}{2:x}".format(15-x-int(y/3), x+1, y*3+3)` 16進数となってここに入る
draw_bar()	バーを描く
move_bar()	バーを動かす
draw_ball()	ボールを描く
move_ball()	ボールを動かす ブロックを壊す処理とバーで跳ね返る処理を行う
main_proc()	メイン処理を行う

インデックス	内容
0	ゲームスタート
1	ゲームをプレイ中
2	ゲームオーバー
3	ステージクリア

あっ、ミスった！

9ステージ突破！

先輩、うまいですね。

オレの得意な分野だからね。

楽しんでいるようですね。

先生、このプログラムを持って帰ってパパにあげます。パパ、夜中まで遊んでるかも。

ほどほどにするように、お父さんを見ておいてください（笑）

10ステージ突破！

……こうして、池山高校Python研究部の活動は、ゲームづくりからスタートしました。

　Pythonの基礎からはじめて、「ブロック崩し」までつくれるようになるなんて、すごいことですよね？　読者の皆さんもぜひこれらのゲームで遊んでみてください。また、彼らのように本書で学んだことを生かし、プログラムのアレンジやオリジナルゲームの制作にも挑戦してみましょう。

> **POINT**
>
> **書籍サポートからダウンロードできます**
>
> Python研究部が制作した3つのプログラムは、本書サポートページよりダウンロードできます。「py_samples」→「Appendix」フォルダに格納されています。

あとがき

　読者のみなさん、最後まで読んでいただき、大変ありがとうございます。

　私の夢はコンピュータ関連の技術書を書くこと、そしてもう1つの夢はゲーム開発の本を書くことでした。ソーテック社の今村さんに声をかけていただき、JavaScript、Javaの技術書、そして今回Pythonによるゲーム開発の本を書くことができました。夢を実現して下さった今村さんには感謝の言葉もございません。私がゲーム開発の本を書きたいと言ったことを覚えていて下さり、ある日突然「ゲーム開発本の企画、通りましたよ」とご連絡下さったのですが、その日は嬉しくて眠れませんでした。書くからには読んでくださる方が本当にゲームを作れるようになる解説をすると心に決めました。

　ゲーム開発未経験者が理解できる内容にするため、またプログラミング初心者がつまずくことのないように、プログラミングを全くしたことのない妻に執筆中の原稿を読んでもらい、実際にプログラムを入力して分かりにくい箇所を指摘してもらいました。私と力を合わせてくれた妻に心から感謝します。

　この本は、ゲームのアイデアを出す→プログラミングして動作確認する→読者に理解していただけるにはどう説明すべきか試行錯誤する、ということを繰り返しながら書き進めました。色々と頭を悩ませながらも、ゲームクリエイターである私にとって、執筆過程はとても楽しいものでした。みなさんも楽しみながら読んでいただけたのであれば嬉しいです。

　さて、私のゲーム開発歴を簡単にお話ししながら、ゲームを開発する上で役に立つであろう話をさせていただきます。私は大学卒業後、ナムコに入社しました。そしてゲームセンターに置かれるプライズマシンやエレメカ（機械式のゲーム機）など業務用ゲーム機を作る部署に配属されました。そこでプランナーとしてゲームクリエイターの道を歩み始めます。機械工学科を出たので機械式のゲーム機を作る部署に配属されたようです。本心は家庭用ゲームソフトのプランナーをやりたかったので、最初は少し残念な気持ちで働き始めたのですが、社内の企画コンペに出したアイデアが採用され製品化が決まると仕事がぐっと面白くなりました。企画を通すために「数撃ちゃ当たる戦法」で何本ものアイデア書を会社に提出したので、当時の上司は読むのが大変だったろうなと思います。

　その後だいぶ経ってから、機械式のゲーム機を開発する部署で働けたことが"ゲームクリエイターとしての骨格を作る"ことにつながったと気付きました。機械式のゲーム機は複雑な処理はできないので、新製品の企画立案時にゲームの根本的な面白さを考えることになります。絵や音、エフェクトなど雰囲気で誤魔化すことはできず、根本部分が面白くない企画には社内プレゼンで容赦ない突っ込みが入りました（笑）。私は業務用ゲーム機を開発した

後、家庭用のゲームソフトや携帯電話用のアプリを作るようになりましたが、どのようなゲームでも企画立案する際には必ず根本部分の面白さを考えます。ナムコ在籍中に培ったこの考え方のお陰で、その後の数々の企画立案のプレゼンの場で「こういう部分が面白いんです」とぶれずに説明することができました。それが企画採用になる確率アップにつながっていると思います。新入社員の時、働くのは違う部署が良かったと思ったことは、何と浅はかな考えだったでしょう。

　以上のような経験からゲームクリエイターを目指す学生たちに「ゲームの根本的な面白さとは何かを考えよう」と助言しています。プロのクリエイターを目指す方は、人に見せる企画書を書いたりゲームプログラムを作る時に、自分のアイデアのどこが面白いのかを言葉で説明できるようにしましょう。一方、趣味でゲームを作る時には難しいことは考えず、好きなものを作りましょう。私も趣味でゲームを作ったり、アルゴリズムの研究をしますが、そういった時は何より好きにプログラミングしています。「好きこそ物の上手なれ」という諺通り、好きなことを続けるうちに技術力がアップしていきます。

　最後まで読んでいただいたことに重ねてお礼申し上げ、本書がみなさんのお役に立てることを願いつつ、筆をおかせていただきます。

2019年初夏　廣瀬 豪

Index

記号

!=（関係演算子）	57
"""（コメント）	43
#（コメント）	43
%（余りを求める演算子）	230
*（四則算の演算子）	31
*（文字列の掛け算）	50
+（四則算の演算子）	31
+（文字列の連結）	41, 50
-（四則算の演算子）	31
/（四則算の演算子）	31
:（コロン）	56, 60, 65
<（関係演算子）	57
<=（関係演算子）	57
==（関係演算子）	57
>（関係演算子）	57
>=（関係演算子）	57
¥n（改行コード）	136, 321
\（バックスラッシュ）	136
__name__	226

A

after()	140
and	86, 159
append()	193
askokcancel()	128
askyesno()	128

B

bg=	110, 114, 130, 132
bind()	144
BooleanVar()	125
bool型	74
Brackets	39
break	51, 80
Button()	108

C

calendarモジュール	33, 73
Canvas()	110
Checkbutton()	124

C（続き）

choice()	79
class	327, 338
close()	321
command=関数	109, 126
coords()	151
create_arc()	117
create_image()	111, 152
create_line()	116
create_oval()	116
create_polygon()	116
create_rectangle()	116
create_text()	117
CUI	84

D

date.today()	75
datetime.now()	76
datetimeモジュール	75, 97
day	76
delete()	163
draw()	333

E

elif	168
else	58
Entry()	120
exit()	226

F

False	57, 74
fg=	114
file.close()	321
float()	322
format()	176
for文	60

G

geometry()	103
get()	120
global宣言	142
GUI	84, 102

H

height	110, 123
hour	76

I

IDLE	26
if __name__ == '__main__':	226
if〜elif	168
if〜else	58
if文	56
import	33, 72
input()	41
insert()	123
int()	136, 322
isleap()	74

K

keycode	145-146, 148
keysym	149

L

Label()	105
len()	169

M

mainloop()	103
math.pi	234
mathモジュール	234
maxsize()	104
messagebox	127
minsize()	104
minute	76
month	76
month()	33, 73

N

None	132, 182

O

ogg形式	243
One hour Dungeonのインデックス	313
One hour Dungeonのサウンドファイル	296
One hour Dungeonの各処理	315
One hour Dungeonの変数	312
One hour Dungeonの画像ファイル	295
One hour Dungeonの関数	314
open()	320-321
or	85

P

outline=	116-117
pack()	110
PhotoImage()	111
pip3	218-222
place()	105
prcal()	34
print()	32, 40
Pygame	218
Pygameのキー入力	236
Pygameのサウンド出力	241
Pygameのマウス入力	239
Pygameの図形描画	232
Pygameの文字表示	225
Pygameの日本語表示	244
Pygameの画像の拡縮・回転	230
Pygameの画像描画	227
Pygameの画面サイズ切り替え	230
Python	20

Q

quit()	226

R

randint()	78
random()	78
randomモジュール	78
range()	60
readlines()	321
resizable()	113
return	67
RGB値	138
rstrip()	321

S

ScrolledText()	123
second	76
seconds	97
self	327, 329
showerror()	128
showinfo()	127
showwarning()	128
sleep()	337
str()	81

Sublime Text	39
super()	340
Surface	224
sysモジュール	223, 226

T

tag=	151
Text()	122
time.sleep()	337
timeモジュール	337
title()	103
Tk()	103
tkinter.messageboxモジュール	127
tkinterモジュール	102, 331, 364
True	57, 74
try〜except	243

U

update()	115, 165

W

while文	62
width	110, 116
winsoundモジュール	215

Y

year	76

あ行

アルゴリズム	173
イベント	144
イベントドリブン型	141, 356
インスタンス	324
インデックス	
	168, 200, 282, 287, 313, 351, 365
インポート	33, 72
エディタウィンドウ	38
演算子	31, 57, 230
オーバーライド	339
オブジェクト	103, 324, 328
オブジェクト指向プログラミング	324
親クラス	338, 340

か行

改行コード	136, 321

拡張子	35
拡張モジュール	20, 215, 217
ガチャの確率	79
家庭用ゲームの市場	13
関係演算子	57
関数	64
関数の呼び出し	66
キャンバス	110
キーイベント	144
キーコード（keycode）	145-146, 148
キーボード定数	238
クラス	324, 327
グラフィックデザイナー	13
繰り返し	59
グローバル変数	142
継承	338
ゲーム業界	12
ゲームクリエイター	13, 28
ゲームの画面演出	287
ゲームの仕様	172
ゲームの進行管理	287
ゲームプログラマー	15
子クラス	338-340
コマンドプロンプト	30, 219
コメント	43
コンストラクタ	327, 329, 336

さ行

サウンドクリエイター	13
作業フォルダ（python_game）	37, 49
座標	105, 107-108, 111, 152, 159, 175, 177,
	181, 229, 240, 257, 264, 269, 275, 290
シェルウィンドウ	30
時間の計測	97
字下げ	44, 56, 60
四則算の演算子	31
条件式	55-57
条件分岐	55
消費メモリ	276
ジングル	296
シングルクォーテーション（'）	32
スーパークラス	338, 340
図形を描画する命令	116
添え字	52
属性	327, 329

た行

ターミナル	222
タイトル画面	200
タイムアタック	94
代入演算子	49
タイマー	287, 351, 365
ダウンロード型ソフト	13
タグ	151
タプル	88
ダブルクォーテーション(")	32
チェックボタン	124
使えるフォント	106
定数	86, 257
ディレクター	13
テキストエディタ	39
テキスト入力欄(1行)	120
テキスト入力欄(複数行)	122
撤退失敗の確率	82
手続き型	325
デバッガ―	13
統合開発環境(IDE)	26

な行

難易度の処理	208
二次元リスト	153, 180
二重ループのfor	154-156

は行

π(パイ)	234
ハイスコア	208
配列	52
バックスラッシュ(\)	136
パッケージソフト	13
光の三原色	138
引数	60, 66
引数と戻り値の有無	67

ファイルへ文字列を書き込む	320
フラグ	175
プランナー	13
フレームレート	225, 318
プログラミング言語	20
プログラムの記述ルール	42
ブロック	44, 56, 60
プロデューサー	13
変数	40, 48
変数の通用範囲	81
変数名の付け方	51
棒倒し法	252
ボタン	108

ま行

マウスイベント	174
メソッド	104, 329
メッセージボックス	127
モジュール	33, 72
文字列の掛け算	50, 90
文字列の出力	32
文字列の連結	41, 50
戻り値	67

や行

要素	52
予約語	51

ら行

ラジアン(弧度)	234
ラベル	105
乱数	78
リアルタイム処理	140
リスト	52
例外処理	243
ローカル変数	142
ローグライクゲーム	248

Attention

サンプルプログラムのパスワード

本書サポートページで提供しているサンプルプログラムはZIP形式で圧縮され、パスワードが設定されています。以下のパスワードを入力し、解凍してお使いください。

パスワード:Pnohtyg

参加クリエイター

▪ 白川いろは、水鳥川すみれ

原案：ワールドワイドソフトウェア
イラスト：生天目 麻衣

▪ Chapter 6

巫女のイラスト：巾 明日香

▪ Chapter 7

猫のアイコン：広瀬 将士

▪ Chapter 9

落ち物パズルイラスト：遠藤 梨奈

▪ Chapter 11～12

タイトルロゴ、イラスト：イロトリドリ

ドット絵デザイン：横倉 太樹

サウンド：青木 晋太郎

▪ Chapter 13

戦士と忍者のイラスト：セキ リュウタ

▪ Appendix

先生と生徒のイラスト：巾 明日香

▪ Prologue

イラスト：井上 敬子

▪ Special Thanks

菊地 寛之 先生（TBC学院）

著者について

▪ 廣瀬 豪（ひろせ つよし）

　　早稲田大学理工学部卒業。ナムコでプランナー、任天堂とコナミの合弁会社でプログラマーとディレクターを務めた後に独立し、ゲーム制作を行うワールドワイドソフトウェア有限会社を設立。家庭用ゲームソフト、業務用ゲーム機、携帯電話用アプリ、Webアプリなど様々なゲームを開発してきた。現在は会社を経営しながら、教育機関でプログラミングやゲーム開発を指導したり、本の執筆を行っている。初めてゲームを作ったのは中学生の時で、以来、本業、趣味ともに、C/C++、Java、JavaScript、Pythonなどの様々なプログラミング言語でゲームを開発している。著書に「いちばんやさしい JavaScript 入門教室」「いちばんやさしい Java 入門教室」（以上ソーテック社）がある。

375

Python でつくる ゲーム開発 入門講座

パイソン

2019年7月31日　初版　第1刷発行
2019年9月30日　初版　第2刷発行

著　　　　者	廣瀬豪	
装　　　　丁	平塚兼右（PiDEZA Inc.）	
発　行　人	柳澤淳一	
編　集　人	久保田賢二	
発　行　所	株式会社ソーテック社	
	〒102-0072　東京都千代田区飯田橋4-9-5　スギタビル4F	
	電話（注文専用）03-3262-5320　FAX 03-3262-5326	
印　刷　所	大日本印刷株式会社	

©2019 Tsuyoshi Hirose
Printed in Japan
ISBN978-4-8007-1239-4

本書の一部または全部について個人で使用する以外著作権上、株式会社ソーテック社および著作権者の承諾を得ずに無断で複写・複製・配信することは禁じられています。
本書に対する質問は電話では受け付けておりません。また、本書の内容とは関係のないパソコンやソフトなどの前提となる操作方法についての質問にはお答えできません。
内容の誤り、内容についての質問がございましたら切手・返信用封筒を同封のうえ、弊社までご送付ください。
乱丁・落丁本はお取り替え致します。

本書のご感想・ご意見・ご指摘は
http://www.sotechsha.co.jp/dokusha/
にて受け付けております。Webサイトでは質問は一切受け付けておりません。